底盘拆装与维护

主　编　陈贵清
参　编　陈小刚　刘艳宾　周亚玲　闫　建
　　　　古小平　董　军　谢　焕
主　审　王胜山

重庆大学出版社

内容提要

本书共8个主学习情境,19个子学习情境,以拖拉机底盘部件拆装,离合器、变速器、驱动桥、行驶系统、制动系统、转向系统、悬挂及动力输出工作装置的拆装、调整和常见故障诊断与排除等典型工作任务引领,每个子学习情境下有相对应的工作指导内容。

本书可作为高职高专农机应用与维护专业及相关专业教材,也可供农业机械技术人员参考。

图书在版编目(CIP)数据

底盘拆装与维护/陈贵清主编.—重庆:重庆大学出版社,2014.5(2016.2重印)

(高职高专汽车技术服务与营销专业示范建设丛书)

ISBN 978-7-5624-8053-2

Ⅰ.①底… Ⅱ.①陈… Ⅲ.①拖拉机—底盘—装配(机械)—高等职业教育—教材②拖拉机—底盘—车辆修理—高等职业教育—教材 Ⅳ.①S219.032②S219.07

中国版本图书馆CIP数据核字(2014)第048434号

高职高专汽车技术服务与营销专业示范建设丛书

底盘拆装与维护

主 编 陈贵清

主 审 王胜山

策划编辑:曾令维

责任编辑:李定群 高鸿宽 版式设计:曾令维

责任校对:关德强 责任印制:赵 晟

*

重庆大学出版社出版发行

出版人:易树平

社址:重庆市沙坪坝区大学城西路21号

邮编:401331

电话:(023) 88617190 88617185(中小学)

传真:(023) 88617186 88617166

网址:http://www.cqup.com.cn

邮箱:fxk@cqup.com.cn(营销中心)

全国新华书店经销

POD:重庆新生代彩印技术有限公司

*

开本:787×1092 1/16 印张:17.25 字数:398千

2014年5月第1版 2016年2月第2次印刷

ISBN 978-7-5624-8053-2 定价:46.00元

前　言

随着丘陵农业机械的发展,一些先进、复杂的农业机械得到了广泛的应用,特别是拖拉机逐渐在丘陵农业生产中展现出不可缺少的作用,中小型拖拉机的使用与维修已成为现代农业生产的瓶颈,而丘陵高职农业机械应用技术专业开设有拖拉机底盘维护维修课程,为满足丘陵农业生产及专业教学需要,我们编写了本教材。

本书是以拖拉机底盘为主的拆装过程的学习,通过两个学期的"教、学、做"一体化教学实施,使学生初步掌握拖拉机底盘的结构、工作原理等方面的基本知识,培养学生对常见农机底盘的保养、故障诊断和维修等专业职业能力。

本书以农业机械应用技术专业所面向的主要就业岗位职业能力为依据,突出丘陵农机特色,基于丘陵山地常用东方红、纽荷兰及清拖等国产中小型拖拉机为原型机而编写。以拖拉机在使用和维修过程中常见故障的维修权重将拖拉机底盘分为部件解体、离合器、变速器、驱动桥、行驶系统、制动系统、转向系统、工作装置的拆装、调整和常见故障诊断与排除等8个主学习情境,19个子学习情境,每个学习情境下有相应的实际工作内容。

本书由陈贵清主编,其中学习情境1由陈小刚编写,学习情境2、3、4由陈贵清编写,学习情境6由闫建、董军编写,学习情境7由古小平、谢焕编写,学习情境8由刘艳宾编写,学习情境5由重庆吉峰农机周亚玲编写。在编写过程中,得到了黑龙江农业工程职业学院李海金老师和重庆吉峰农机熊启跃的指导和大力支持,为我们提供了大量的相关编写技术资料。全书由常州机电职业技术学院王胜山老师审稿。

对在本书编写过程中给予帮助的相关领导和借鉴资料的各位作者老师表示感谢。

由于编者水平有限,不足之处在所难免,恳请各位专家、学者和读者指正。

编　者

2014年1月

目　录

学习情境1

拖拉机的部件解体

●学习目标

1. 了解拖拉机的整体结构。
2. 了解底盘的组成及各功能部件的功用。
3. 认识拖拉机修理基本流程及重点。

●工作任务

对拖拉机底盘进行部件拆卸和组装。

●信息收集与处理

在农业生产中,拖拉机广泛地应用于农业生产、运输中,是从事农业生产不可缺少的重要工具。通常拖拉机作为农业生产必备的可移动的动力机械。以拖拉机为基础发展起来的收获机械、种植机械也得到广泛使用。因此,本书重点以拖拉机底盘构造及维护保养为学习载体,并加入一些收割机、插秧机底盘维护保养实例进行学习。

(1)底盘组成

拖拉机主要由发动机、传动系统、行走系统、操纵系统、工作装置及电器设备等部分组成。轮式拖拉机如图1.1所示,履带式拖拉机如图1.2所示。其中,传动系统、行走系统、操纵系统及工作装置通常称为拖拉机底盘。传动系统包括离合器、变速器及驱动桥部分;操纵系统包括制动和转向两大部分;工作装置一般包括悬挂及动力输出装置。

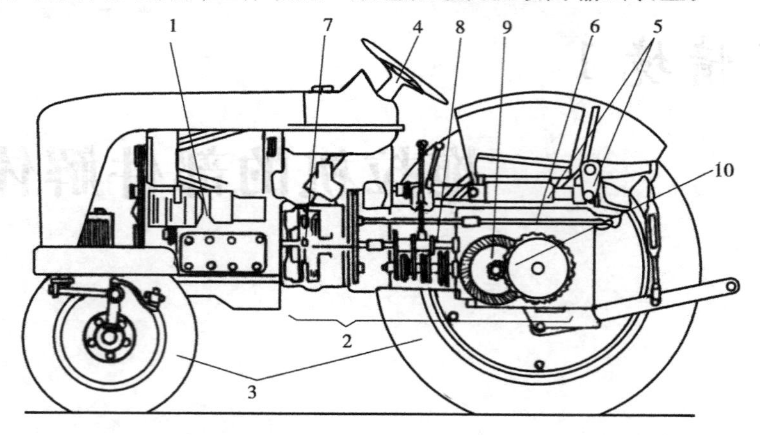

图1.1 轮式拖拉机结构示意图

1—发动机;2—传动系统;3—行走系统;4—转向系统;5—液力悬挂系统;
6—动力输出轴;7—离合器;8—变速箱;9—中央传动;10—最终传动

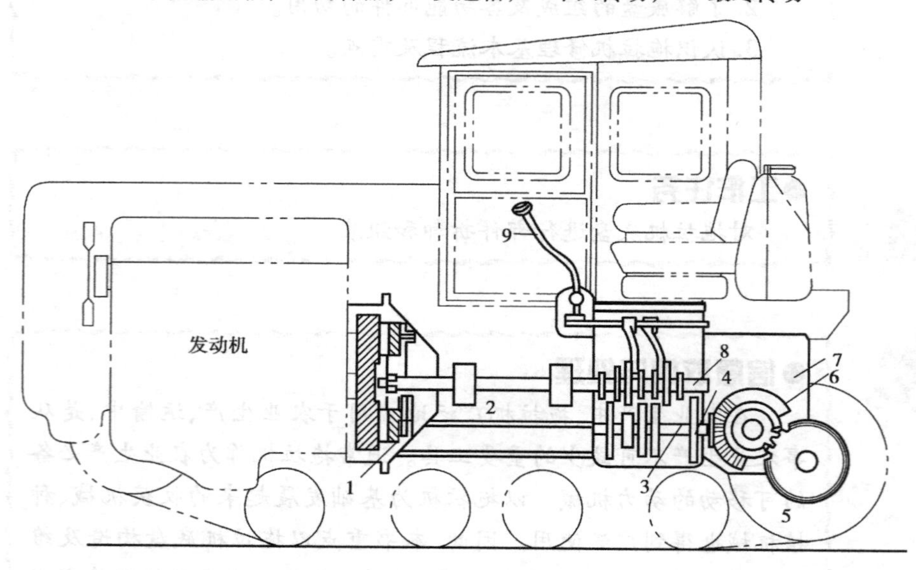

图1.2 履带式拖拉机结构示意图

1—离合器;2—联轴器;3—变速箱;4—从动轴;
5—最终传动;6—中央传动;7—后桥;8—主动轴;9—变速杆

根据拖拉机拆装与维护的过程单项技能的要求,一般包括以下方面:离合器拆装与维护、变速器故障的拆装与维护、驱动桥的拆装与维护、制动系统的拆装与维护、转向系统的拆

装与维护、行驶系统的拆装与维护及工作装置的液压悬挂及动力输出装置的拆装与维护。

(2)各部分性能

发动机的动力经传动系统传递给驱动轮,驱使拖拉机行驶。因此,传动系统的主要任务是传递动力以及根据需要改变拖拉机的行走速度。

传动系统功用主要有变扭变速、增扭减速、切断动力和平顺结合动力、改变动力的旋转方向、改变动力旋转平面等。可通过传动系统中某些部件将发动机的动力传给动力输出轴或皮带轮以驱动作业农具。

传动系统的主要组成部分有离合器、变速箱、中央传动及最终传动4个部分。中央传动、最终传动和位于同一壳体内的差速器,合称为后桥,常称驱动桥。

行走系统用于保证拖拉机的行驶、支承拖拉机的全部质量和产生拖带农具所需的牵引力。主要功用是把由发动机传出的扭力传给驱动轮作为驱动轮的驱动扭矩,驱动扭矩变为拖拉机所需的工作牵引力,支承拖拉机的全部质量并保证拖拉机的正常行驶。

轮式拖拉机和履带拖拉机行走系统的构造有所不同,轮式拖拉机通过车轮的转动在地面上行走;履带拖拉机通过履带的卷动在地面上行走。

操纵系统包括转向系统和制动系统两部分,转向系统用于控制和改变拖拉机的行驶方向,并保持拖拉机按规定要求的路线行驶。

制动系统是用来对运动着的驱动轮产生阻力,迫使拖拉机在高速行驶中减速,以使其能很快地减速或停止转动而迅速停车;保证拖拉机停在斜坡上不致滑溜;田间作业时还可用单边制动来协助转向。制动系统包括制动器和制动操纵机构。制动器可分为盘式、蹄式和带式等。

拖拉机的工作装置主要包括液压悬挂装置、液压动力输出、动力输出轴、牵引装置及功力输出等。拖拉机发动机的动力通过这些装置传送给农具或其他农业机械及液压执行元件,通过它们用来完成拖拉机的各种农业生产作业,提高拖拉机的综合利用性能。

(3)拖拉机修理基本流程

随着拖拉机使用时间的延长,拖拉机的动力性、经济性及可靠性将逐渐变差,会出现这样或那样的故障,为排除这些故障,必须对设备进行拆卸以发现问题和更换掉失效的零部件,更换合格件后按并原要求装配成套,因此拆装是设备维护保养的基本要求。拖拉机在拆装过程中必须遵守一些基本原则。

实践证明,全部合格的零件不一定能装配成为一台合格的机器产品;拆装方法的不合理将给零部件带来不应有的缺陷,因此必须认真对待设备修理中的拆装工作。拆装在整个设备修理工作中占有很大比重,并且直接影响设备的修理质量、成本和修理生产周期。

无论拆卸还是装配都必须遵守的原则有:首先要弄清机器的构造原理,认真阅读拆装产品的图纸,了解拆装对象的装配基准以及有关尺寸链中的相关尺寸。拆装前做好拆装工艺守则或工艺规程,制订相关工艺流程。如图1.3所示为东方红拖拉机修理工艺流程图。

在拆装过程中,应遵守正确的拆装顺序。拆卸时,要做好必要的记号和记录,零件应分类存放,合理使用工夹量具等。在拆装过程中,最应注意的是产品和人身的安全工作。

(4)拖拉机的交接

待修拖拉机的交接是修理工艺过程的第一个环节。拖拉机由使用者交付给修理者,拖

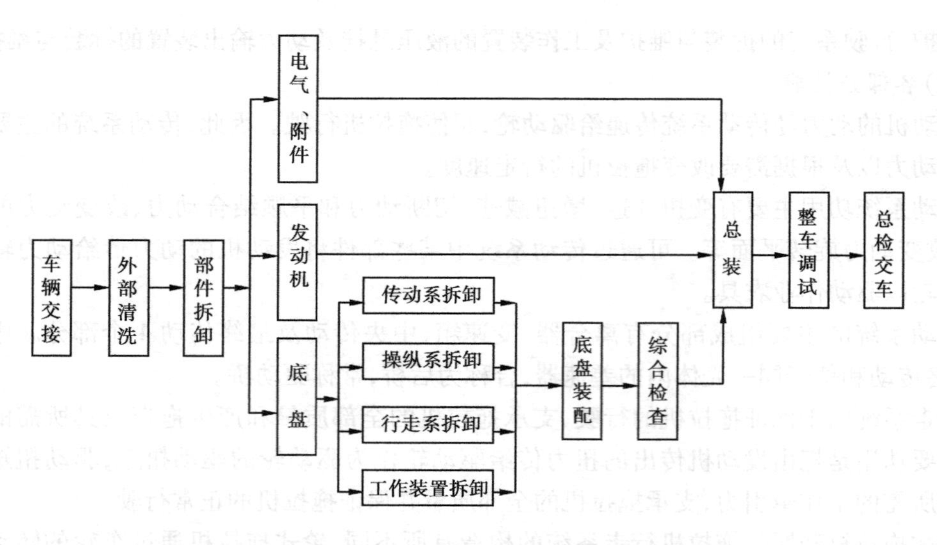

图 1.3　东方红拖拉机修理工艺流程图

拉机的技术状态和完整情况也应当一并交代清楚。拖拉机交接验收,就是为了更确切地掌握其技术状况和完整性,确定需要更换的总成及主要零部件,确定修理工时、费用定额及修竣时间等。

为了便于更及时发现拖拉机的质量问题,在交接时应尽量做好以下几项:待修拖拉机是否能保持行驶状态,拖拉机制技术状态情况如何,表现出来的故障现象及变化特征;待修拖拉机的有关技术资料能随同拖拉机进行交接;除少数通用件外,送修车辆或总成的装备应齐全,不缺少零件或总成。

(5)拖拉机的初步检查

1)外观检查

首先应认真察看拖拉机外部有无碰伤,零部件是否齐全;检查转向、传动、制动等机构有无松动、渗漏及缺损;检查各主要总成的基础件是否有变形、裂纹及渗漏;检查轮胎的磨损及其他损伤情况等。

2)行驶运行检查

检查方向盘自由行程,离合器及行车制动器踏板自由行程,驻车制动器的制动行程;发动拖拉机,听发动机有无异响,观察各仪表工作指示是否正常,底盘各部有无异响、振动;检查离合器有无打滑、发抖及分离不彻底;检查变速器有无脱挡、跳挡及乱挡情况,检查转向是否灵活轻便,有无方向不稳及跑偏现象,制动性能是否良好;停止行驶后,检查各轴承及密封部位有无渗漏及发热现象。

总之,在拖拉机解体前,通过问、看、嗅、摸、听的人工直观诊断方法,尽可能多地将故障情况掌握清楚,同时在不破坏原有设备精度的前提下,尽量减少不必要的拆卸。

(6)拖拉机的外部清洗

拖拉机在解体之前首先应进行外部清洗。清洗的目的是去除表面泥土、灰尘及油污,便于发现外部损伤和拆卸工作,并保持拆卸场所的清洁,改善劳动环境。外部清洗一般采用以下3种方式:固定式外部清洗机清洗、移动式外部清洗机清洗和自来水冲洗。

(7)拖拉机部拆分的程序

拖拉机的拆卸程序取决于拖拉机的结构及修理作业的组织形式。一般拆卸顺序是按照由表及里,由附件到主机。同时遵循由整机拆成总成,再由总成拆成部件,最后由部件拆成零件的原则进行拆卸。普通拖拉机解体的一般程序如下:

①拆去车厢、外挂等附属及工作装置。

②拆下拖拉机电气设备及各部分线路。

③拆下转向器总成,拆下驾驶室及附属构件。

④拆下发动机罩、散热器。

⑤拖拉机断腰,拆下离合器总成。

⑥拆下变速器。

⑦拆下动力输出。

⑧拆下前后桥总成。

⑨各总成分解。

(8)拆卸注意事项

为更好地完成拆卸工作,在拆卸过程中除要按规定程序进行外,还应注意下面事项,才能使拆卸工作事半功倍,顺利完成。

1)认真查看技术资料,弄清拖拉机的构造

拖拉机型号很多,构造上虽有类似之处,但也各有不同的特点。因此,弄清所拆拖拉机的构造、原理,可避免在拆卸过程中将机器拆坏,使拆卸工作能顺利进行。

2)严格按拆卸顺序要求进行拆卸

要按照合理的拆装作业指导书或工艺流程所规定的拆卸顺序进行拆卸,对其中容易损坏的零件应首先拆下,这样可保证拆卸工作的顺利进行。

3)能不拆的就不拆,该拆的必须拆

对于已确定没有问题或通过不拆卸检查就可断定零、部件是符合技术要求的,就完全不必进行拆卸。减少不必要的拆卸,不仅可减轻劳动工作量,而且还能延长零部件的使用寿命;当然,对于不拆卸难以确定其技术状态,或者初步检查后认为有故障或者怀疑有故障的部件,就应当进行拆卸以便进一步检查和修理。

4)尽量使用专用拆卸设备和合适的拆卸工具

在手工拆卸工作时,严禁猛打乱敲,以防损坏零部件而带来更大的损失。例如,在拆卸螺钉、螺母时,要选择尺寸合适的固定扳手或套筒扳手,尽量避免使用活动扳手,不要随意加长扳手的力臂。在拆卸衬套、齿轮、带轮和轴承时,则应使用合适的拉拔器或压力顶出机。

5)拆卸要为装配做好准备

拆卸过程中不要随意乱放零件,为了提高以后装配效率和保证装配的正确性,拆卸时应注意核对标识、做好记号。对于不可互换的同类零件应做出相对应的标号,配合件的相互位置的标号,有条件的在拆卸前进行标识并照相。

拆卸后的零件要根据材料性质、精密程度分类存放。不能互换的零件应分组存放,避免错乱而影响产品装配质量。

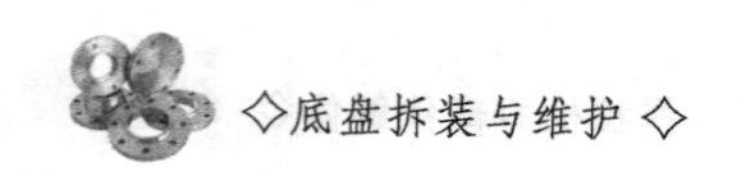

实施拖拉机解体作业

(1)拖拉机的使用与保养

为了使拖拉机正常工作和延长使用寿命,必须严格地执行技术维修保养规程。拖拉机的技术保养规程按照累计负荷工作小时划分一般如下:

①每班技术保养。

②累计工作 125 h 后的一级技术保养。

③累计工作 500 h 后的二级技术保养。

④累计工作 1 000 h 后的三级技术保养。

1)每班技术保养

①清除拖拉机上的污泥和尘土。

②检查水箱、燃油箱、转向油箱、传动系统、提升器内的液面高度,缺少时应加足。

③检查空气滤清器的滤芯和油是否变脏,如变脏则应清洗干净滤芯,加入新的机油至油面高度。

④检查前后轮胎气压,不足时应按说明书规定值充气。

⑤检查拖拉机外部紧固螺母和螺栓,如有松动应及时紧固。

⑥拧下左右制动器和变速箱壳体底部的放油螺塞,检查有无油液流出。若油液过多,应查清原因并及时排除。

⑦进行水田作业前,应按说明书润滑表对润滑点加注润滑脂,旱地作业可隔班进行。注意加注润滑脂时要挤出全部泥和水,直到清洁润滑脂溢出为止。

⑧按照柴油机使用说明书中日常技术保养的要求对柴油机进行保养。

2)一级技术保养(累计工作 125 h)

①完成每班技术保养内容。

②检查变速箱-后桥、前驱动桥中央传动、前驱动桥最终传动、液压转向油箱、最终传动及提升器的清洁度和油面高度。油脏时应清洁,不足时添加至规定高度。

③检查并调整前轮前束。

④检查并调整离合器和制动器踏板的自由行程。

⑤按照柴油机使用说明书中累计工作 125 h 后的技术保养要求对柴油机进行保养。

3)二级技术保养(累计工作 500 h)

①完成一级技术保养的全部内容。

②更换提升器壳体内机油,清洗提升器壳体和吸油滤清器总成及磁铁上的铁屑。

③变速箱-后桥、前驱动桥、最终传动等壳体内的机油放出,用清洁的柴油清洗其内腔,将放出的机油经清洁处理后重新加入使用,不足时应添加至规定高度。

④检查前后最终传动轴松紧情况,必要时调整。

⑤检查液压转向及提升器安全阀压力,必要时调整。

⑥检查离合器 3 个分离杠杆头部是否在同一平面上,误差不大于 0.2 mm。必要时,应

予以调整。

⑦检查并调整方向盘自由行程。

⑧检查电气线路各接头紧固情况,并清除油污和锈斑。

⑨清除各轮毂内的润滑脂。

⑩按柴油机使用说明书中累计工作500 h后的技术保养要求对柴油机进行保养。

4)三级技术保养(累计工作1 000 h)

①完成二级技术保养的全部内容。

②更换变速箱-后桥、最终传动、转向器、前驱动桥等壳体内的润滑油和润滑脂。

③清除燃油箱内的杂质及冷却系统内的水垢。

④检查并调整前后中央传动齿轮副轴承的间隙。

⑤清除排气管消音器中的积炭。

⑥根据前轮磨损情况,考虑左右调换使用。

⑦按柴油机使用说明书中累计工作1 000 h后的技术保养要求对柴油机进行保养。

(2)拖拉机部件拆装作业

拖拉机在出现大的故障需要排除时,一般要对拖拉机进行解体。因此,要掌握拖拉机部件解体技能。通过解体作业,熟悉拆卸操作技术规程,掌握拆卸方法与步骤;学会查阅维修手册,熟悉拖拉机总体布局,了解拖拉机结构及底盘构成。

1)拖拉机部件拆装事前准备

①前期准备

a.待修拖拉机及常用拆装工具。

b.按厂家维修手册要求制作或购买的专用拆装工具。

c.按厂家维修手册要求制作或购买专用调整工具。

d.相关说明书、厂家维修手册和零件图册。

e.专用支承台架、零件摆放台、接油盘、记号笔、记录纸等辅助设施。

f.千分尺、百分表等测量工具。

g.吊装设备及吊索。

②安全注意事项

a.操作人员应按规定正确着装。

b.采用合适吨位的吊装设备、吊钩及吊绳,钢丝吊绳应与设备间有隔离垫块,起吊过程重物下面严禁有人,起吊物上严禁有人。

c.吊下的部件不能直接放在地面上,应垫枕木。

d.箱体部件拆卸孔洞应进行封口。

e.不得用铁棒直接敲击工件,避免伤害工件精度。一般要用铜、橡胶或塑料锤子。

f.如果用力过大,可能导致部件损坏。

g.采用合适吨位的吊装设备吊装和移动所有重型部件。吊装和移动时,应确保装置或零件有合适的吊索或挂钩支承。

h.在安装齿轮、花键轴等带尖角的零部件时,要注意不要被尖角划伤。

i. 不得使用汽油或其他易燃液体清洗零部件。

j. 密封面或精密配合面不得用起子等硬金属撬开,以免划伤表面。

k. 拆装时要格外小心,避免弄丢或损伤小的物件。

l. 装配前应彻底清洗所有零件,装配时密封件应涂上润滑油。精密配合件可用手直接推入,不得硬性敲击。

m. 装配时不得戴棉线等易落毛渣的手套,不得使用棉纱等抹布擦拭密封或精密配合表面,不得在灰尘密布的环境下装配。

2)相关作业内容

根据拖拉机图册,将拖拉机拆卸成各总成部件。在拆卸前,首先拆除车厢及外挂联接螺栓,将车厢及外挂工作装置放置到安全位置,拖拉机其余部件拆装作业时按表1.1进行。

表1.1　拖拉机部件拆分作业指导书

操作内容	操作说明	图　示
拆下拖拉机电气设备及各部分线路	1. 拆开蓄电池负极电缆 2. 放出变速箱及后桥壳体中的机油 3. 排空发动机冷却水 4. 抬起发动机机罩,拆开大灯接线及其他各部分线路	1—负极连接桩
拆下转向器总成,拆下驾驶室及附属构件	拆下油箱上的管夹,拆下各液压油管等,并将各液压油管封口	
	拆下转向器总成,拆下有驾驶室拖拉机的驾驶室及附属构件	1—转向柱
拆下发动机罩、散热器	拆下支承发动机的气压弹簧,拆下发动机罩、散热器	1—螺母

续表

操作内容	操作说明	图　示
拆下离合器总成	放置拖拉机拆装台架,并将支架放到变速器下方,将移动支架放在发动机下面并支承	1—固定支架;2—移动支架;3—楔块
	拆卸发动机与变速器的联接,移开移动支架与发动机前桥部分	1—固定螺栓
	拆下离合器总成,松开离合器与发动机飞轮间的紧固螺钉,并用离合器从动盘定位工具将从动盘定位,避免离合器拆下后从动盘脱落	1—连接螺栓
拆下变速器	将变速箱壳体与减速器及后桥壳体分离,从而取下变速箱(含内组件)	
拆下动力输出装置	将动力输出轴从变速箱体中拆出	

续表

操作内容	操作说明	图 示
拆下前后桥总成	从前桥总成上拆下发动机,剩余部分即为前桥	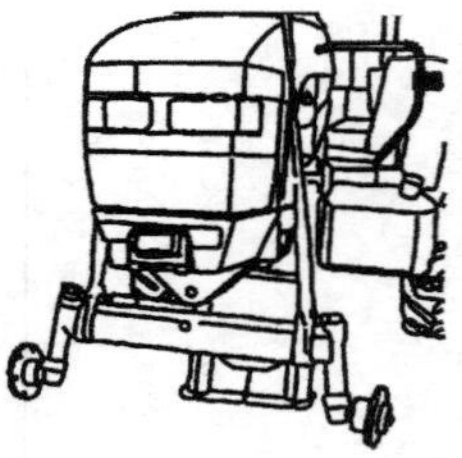
	从后桥中拆出中央传动部分	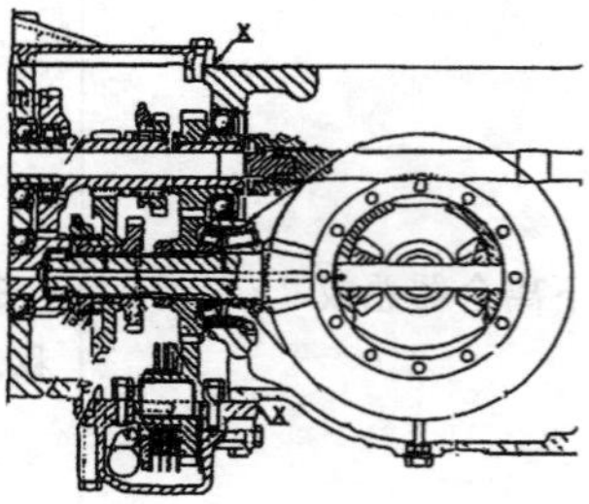
	从后桥总成上拆下左右最终传动	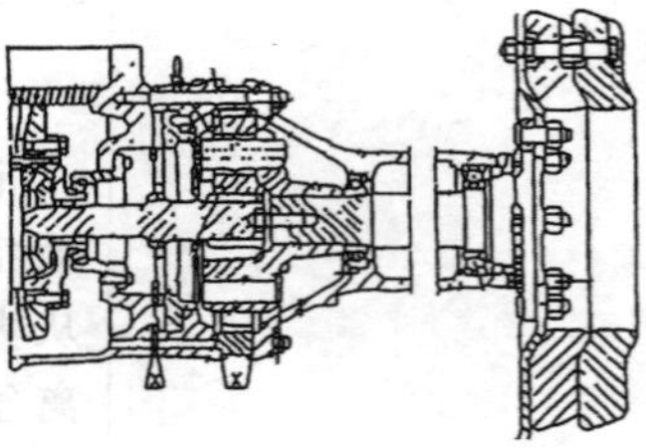
	最后剩余部分就是差速器部件	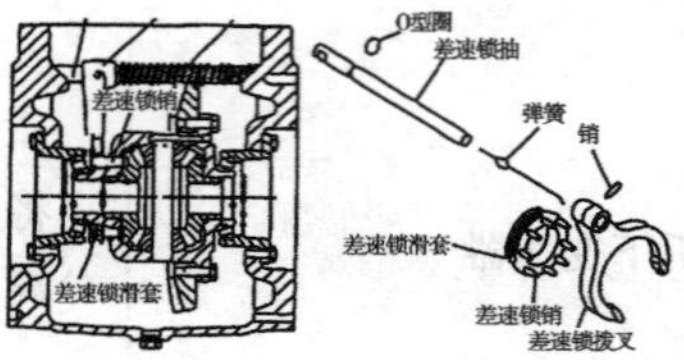

学习情境2

离合器的拆装与维护

●学习目标

1. 能描述离合器的用途及工作原理。
2. 能选择适当的工具拆装常见离合器。
3. 会调整拖拉机离合器自由间隙。
4. 会诊断和排除离合器故障。

●工作任务

对拖拉机离合器进行部件拆装与维护；能排除离合器常见故障。

●信息收集与处理

离合器是拖拉机动力传动系统中的重要部件之一。离合器在使用过程中，随着时间的推移会出现一些故障使拖拉机不能正常工作。要有效排除拖拉机的故障，必须做到对拖拉机离合器进行正确的拆装与维护，能对离合器主要的零部件进行检修。因此，本章重点进行离合器的拆装与维护、离合器主要零部件检修及离合器常见故障诊断与排除的学习。

学习情境 2.1　离合器的拆装与维护

[学习目标]

1. 了解离合器的基本功用、类型、组成及工作原理。
2. 了解典型离合器的结构。
3. 能选用适当工具对离合器进行拆装及维护。

[工作任务]

对拖拉机离合器进行拆卸、组装及维护保养。

[信息收集与处理]

拖拉机、汽车及其他车辆的传动系统中均设有离合器。一般情况下,离合器位于内燃机与变速器之间,履带拖拉机的主离合器位于发动机和万向传动装置之间,轮式拖拉机离合器位于发动机和变速箱之间,离合器接合时传递动力,分离时切断动力。离合器是传动系统的重要组成部分。

(1)离合器的功用

1)临时切断动力

发动机启动后,变速箱的第 1 轴上的齿轮立即随发动机飞轮一起转动,如果将它立即与静止的从动轮相啮合,很容易将从动齿轮打坏。因此,必须在发动机与变速箱之间装有离合器,以便临时切断动力,以利于变速箱的顺利挂挡和换挡。

2)切断或接合与动力输出装置之间的动力

动力输出装置在接合或分离时也需要切断动力,切断动力的任务同样也是由离合器来完成的。

3)平顺结合动力

拖拉机的质量很大,由静止突然起步时需要很大的启动力,这不仅容易损坏传动系统零件,还会造成发动机熄火。只有平顺结合动力才能使传动系统中转矩逐渐增大,以保证拖拉机的平稳启动。

4)保护作用

当拖拉机突然遇到大负荷时,离合器会被迫打滑,从而保证传动系统零件不被损坏。拖拉机正常工作时,离合器始终处于接合状态不会打滑,若发生打滑现象,不仅使传递动力不

足，还会造成从动盘、压盘的急剧磨损甚至烧坏。

(2)离合器的类型

离合器有多种类型，如图2.1所示。

离合器根据其传递动力的方式不同，可分为摩擦式、电磁式和液力式。摩擦式是利用摩擦面相互靠紧时在接触面间产生摩擦力来传递扭矩；电磁式是靠电磁吸力来传递扭矩；液力式则利用液体作为工作介质来传递扭矩，又称液力偶合器。目前，农用汽车、拖拉机广泛采用盘式摩擦离合器。

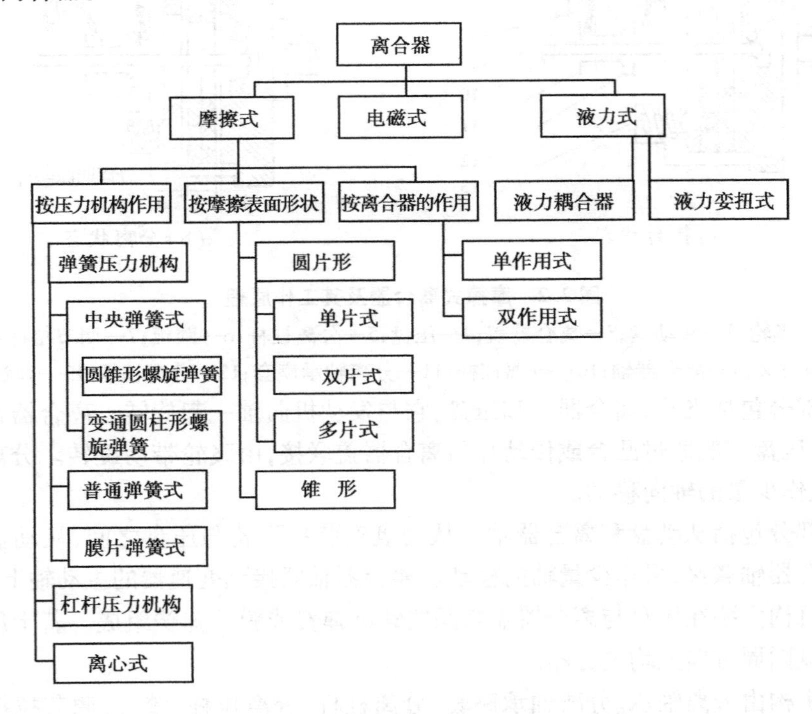

图2.1　常见离合器分类

拖拉机广泛采用的摩擦式离合器，按其结构及工作特点又可分类如下：

①按摩擦表面工作条件，可分为干式和湿式。湿式离合器一般采用油泵的压力油来冷却摩擦表面，带走热量和磨屑，以提高离合器寿命。

②按压紧装置的结构，可分为弹簧压紧式、杠杆压紧式、液力压紧式及电磁力压紧式。虽然目前拖拉机上离合器普遍采用弹簧压紧式，但液力压紧式正在越来越多地被采用，它具有操纵轻便和不需要调整等优点。杠杆压紧式又有带补偿弹簧和不带补偿弹簧两种。

③按摩擦片数目，可分为单片式、双片式和多片式。单片式离合器分离彻底，从动部分转动惯量小；双片式和多片式接合平顺，但分离不易彻底，从动部分转动惯量较大，且不易散热。

④按离合器在传动系统中的作用，分为单作用式和双作用式。拖拉机双作用离合器中的主离合器控制传动系统的动力；副离合器控制动力输出轴的动力。主、副离合器只用一套操纵机构且按顺序操纵的，称为联动双作用离合器；主、副离合器分别用两套操纵机构的，称为双联离合器。

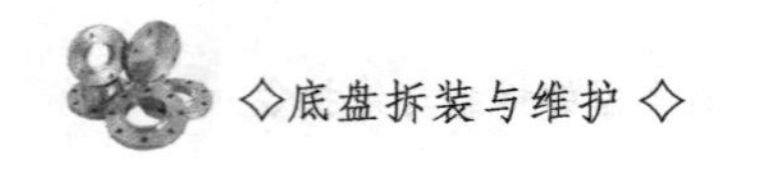

(3)离合器的基本组成

离合器由主动部分、从动部分、压紧部分及操纵机构等组成,如图2.2所示。

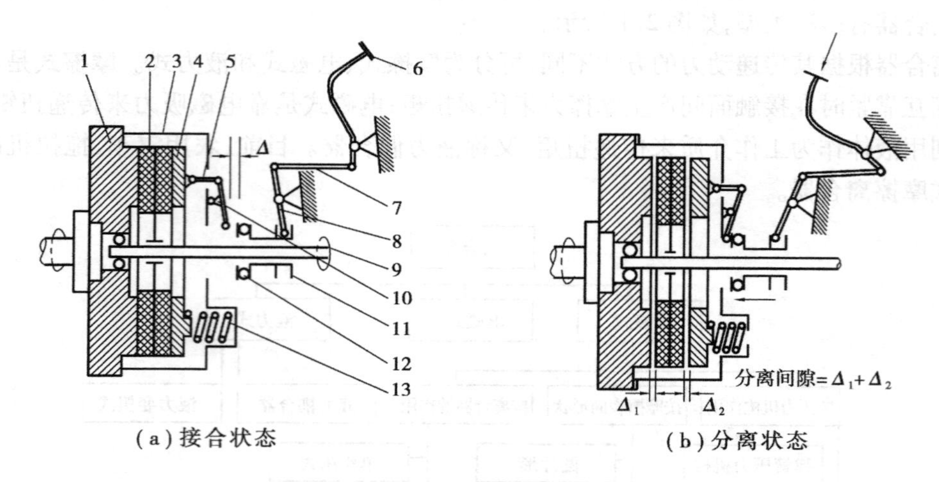

(a)接合状态　　(b)分离状态

图2.2　摩擦式离合器及其工作原理

1—飞轮;2—从动盘;3—离合器盖;4—压盘;5—分离杠杆;6—踏板;7—调节拉杆;8—拨叉;9—离合器轴;10—分离杠杆;11—分离轴承座套;12—分离轴承;13—弹簧

①主动部分包括飞轮、离合器盖和压盘,它与发动机曲轴一起旋转。离合器盖用螺钉固定在飞轮上,压盘一般通过凸台或传动片与离合器盖联接,由飞轮带动旋转。分离或接合离合器时,压盘作少量的轴向移动。

②从动部分包括从动盘和离合器轴。从动盘安装在飞轮与压盘之间,从动盘通过毂孔内花键与离合器轴联接,可作少量轴向移动。离合器轴联接到变速器的主动轴上。

③压紧机构由装在压盘与离合器盖之间的螺旋弹簧或膜片弹簧组成。若干压紧螺旋弹簧一般在压盘圆周方向上均匀分布。

④操纵机构由分离轴承、分离轴承座套、分离杠杆、分离拉杆、踏板、调节拉杆及拨叉等组成。分离轴承座套活套在离合器轴上,并可轴向移动。分离杠杆以某种方式支承在离合器盖上,通过分离拉杆与压盘联接。若干分离拉杆和分离杠杆沿压盘圆周均布。

如图2.3所示为干式摩擦离合器的基本组成示意图。

(4)离合器的工作原理

如图2.2所示,摩擦式离合器的工作原理分为3个过程来论述。

1)接合状态

离合器处于接合状态时,踏板处于最高位置,分离套筒在回位弹簧作用下与分离叉内端接触,此时分离杠杆内端与分离轴承之间存在间隙,压盘在螺旋弹簧作用下压紧从动盘,发动机的转矩即经飞轮及压盘通过两个摩擦面的摩擦作用传给从动盘,再由从动轴输入变速器。

它所传递的最大转矩取决于摩擦面间的最大静摩擦力矩。它与摩擦面间的压紧力、摩擦面尺寸、摩擦面数及摩擦片的材料性质有关。对于一定结构的离合器而言,其最大静摩擦力矩是一个定值,若传动系统传递的转矩超过这一值,离合器将打滑,从而限制了传动系统所承受的转矩,起到过载保护作用。

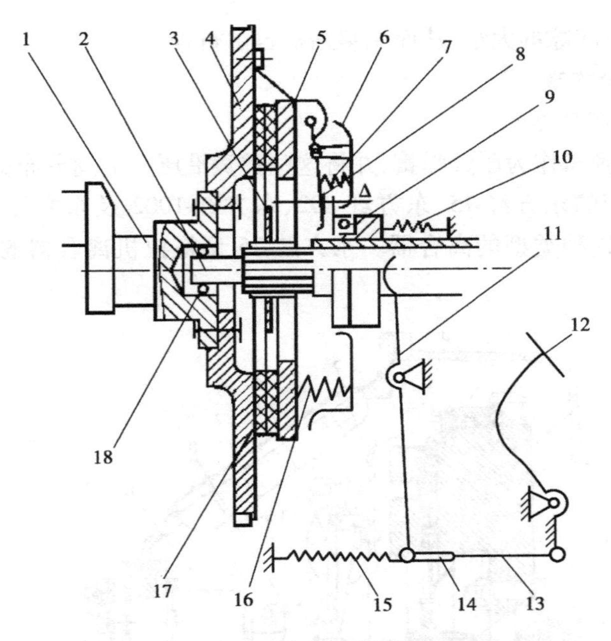

图 2.3　干式摩擦离合器的基本组成示意图

1—曲轴;2—从动轴;3—从动盘;4—飞轮;5—压盘;6—离合器盖;7—弹簧;8—分离杠杆;
9—分离轴承;10,15—回位弹簧;11—分离叉;12—踏板;13—拉杆;14—拉杆调节叉;
16—压紧弹簧;17—从动盘摩擦片;18—轴承

2)分离过程

需要离合器分离时,只要踏下离合器踏板,待消除间隙后,分离杠杆外端即可拉动压盘克服螺旋弹簧的压力向后移动,从而解除作用于从动盘的压紧力,摩擦作用消失,离合器主、从动部分分离,中断动力传递。

3)接合过程

当需要恢复动力传递时,缓慢抬起离合器踏板,在螺旋弹簧压力作用下,压盘向前移动并逐渐压紧从动盘,使接触面之间的压力逐渐增加,相应的摩擦力矩也逐渐增加。当飞轮、压盘和从动盘接合还不够紧密,产生的摩擦力还比较小时,主从动部分可以不同步旋转,即离合器处于打滑状态。随着飞轮、压盘和从动盘之间的压紧程度的逐步加大,离合器主、从动部分转速渐趋相等,直到离合器完全接合而停止打滑时,接合过程结束,摩擦式离合器进入接合状态。

从离合器的工作原理可知,从动盘摩擦片经使用磨损变薄后,在压紧弹簧作用下,压盘要向飞轮方向移动,分离杠杆内端则相应的要向后移动,才能保证离合器完全接合。如果未磨损前分离杠杆内端和分离轴承之间没有预留一定间隙,则在摩擦片磨损后,分离杠杆内端因抵住分离轴承而不能后移,使分离杠杆外端牵制压盘不能前移,从而不能将从动盘压紧,则离合器难以完全接合,传动时会出现打滑现象。这不仅使离合器所能传递的最大转矩的数值减小,而且会使摩擦片和分离轴承加速磨损。因此,当离合器处于正常接合状态时,在分离杠杆内端与分离轴承之间必须预留一定量的间隙,即离合器的自由间隙。为消除这一间隙所需的离合器踏板行程,称为离合器踏板自由行程。通过拧动拉杆调节叉,改变拉杆的工作长度,可调整自由间隙的大小,从而调整踏板自由行程。

(5)典型离合器的构造

1)单片周布弹簧离合器

采用若干个螺旋弹簧作为压紧弹簧,并将这些弹簧沿压盘圆周分布的离合器,称为周布弹簧离合器,我国生产的东方红-75、东方红-802、东方红-1002及东方红-902型等多种型号的履带拖拉机均采用这种类型的离合器。东方红-75型拖拉机离合器的具体结构如图2.4和图2.5所示。

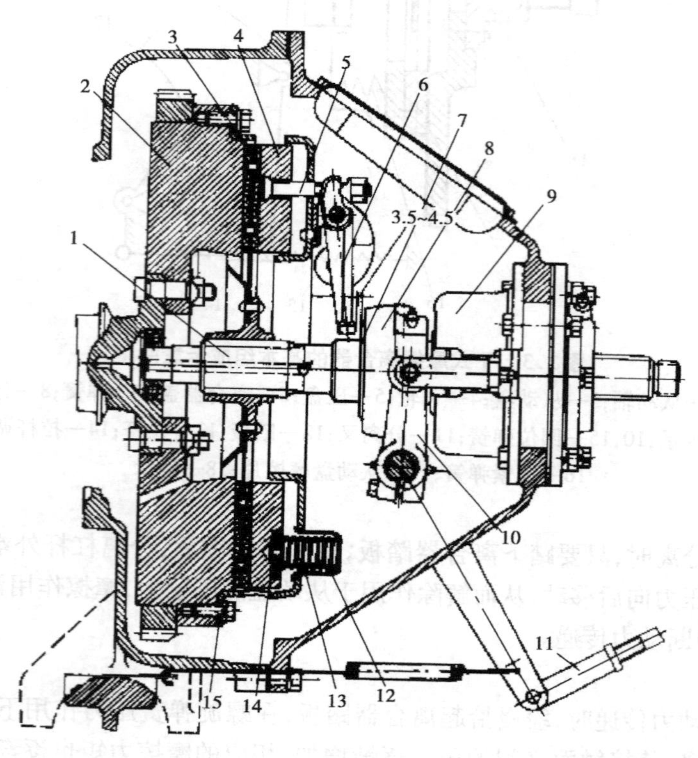

图2.4 东方红-75型拖拉机离合器

1—离合器轴;2—飞轮;3—从动盘;4—压盘;5—分离杠杆;6—分离杠杆;7—分离轴承;8—分离套筒;9—支架;10—分离拨叉;11—拉杆;12—压紧弹簧;13—弹簧座;14—隔热垫片;15—离合器盖

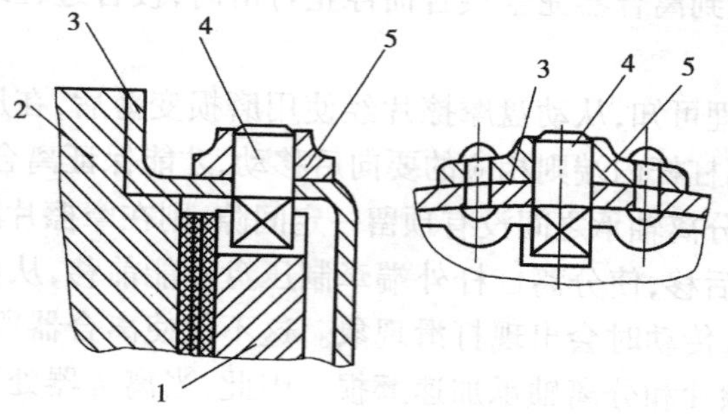

图2.5 离合器压盘的驱动

1—压盘;2—飞轮;3—离合器盖;4—驱动销;5—销座

①主动部分

如图2.4所示,发动机的动力经过飞轮2与压盘4的摩擦面传给从动盘3。飞轮上有甩油孔,以便在离心力的作用下将漏入离合器中的油甩到离合器室内,从放油孔放出。压盘用灰铸铁制成,有足够的刚度,可防止变形;同时,为了有效地吸收滑磨过程中产生的热量,压盘有足够的厚度和体积。压盘与飞轮一起旋转,并在离合器分离或接合过程中作轴向移动。如图2.5所示,在压盘圆周上均布着3个方形切口在离合器盖3的外圆表面上铆有3个销座5,座孔内压装着方头驱动销4。3个方头驱动销分别插入压盘的3个切口内。离合器盖用螺钉固定在飞轮2上,因此,压盘1通过驱动销与飞轮构成一个整体旋转,同时又可轴向移动。

②从动部分

从动盘的结构如图2.6所示。它由轮毂、摩擦衬片、甩油盘及从动片等组成。从动片用薄钢板冲裁而成。为了防止和减小钢片受热后产生翘曲变形,钢片上均布有6条径向切口,这也是消除内应力和分散翘曲变形的一种措施。

钢片、甩油盘用铆钉铆接在轮毂上。为了提高摩擦力,钢片上铆有摩擦衬片。铆钉用铝或铜制成,铆钉头应埋入摩擦衬面的台阶孔内1~2 mm。在使用中摩擦衬片磨薄,当铆钉头快要显露时,应及时更换摩擦衬片,以免铆钉头刮伤飞轮和压盘的摩擦表面。

离合器轴前端用滚珠轴承支承在飞轮的中心孔中,后端支承在离合器壳的轴承座中。离合器轴上有通往前端轴承的注油孔道,使用中应按规定的周期和数量加注黄油。后端轴承和分离轴承也用黄油润滑,都在保养方便的部位装有黄油嘴。后轴承盖内装有自紧油封和毛毡圈,防止润滑油外漏和尘土泥沙等侵入。

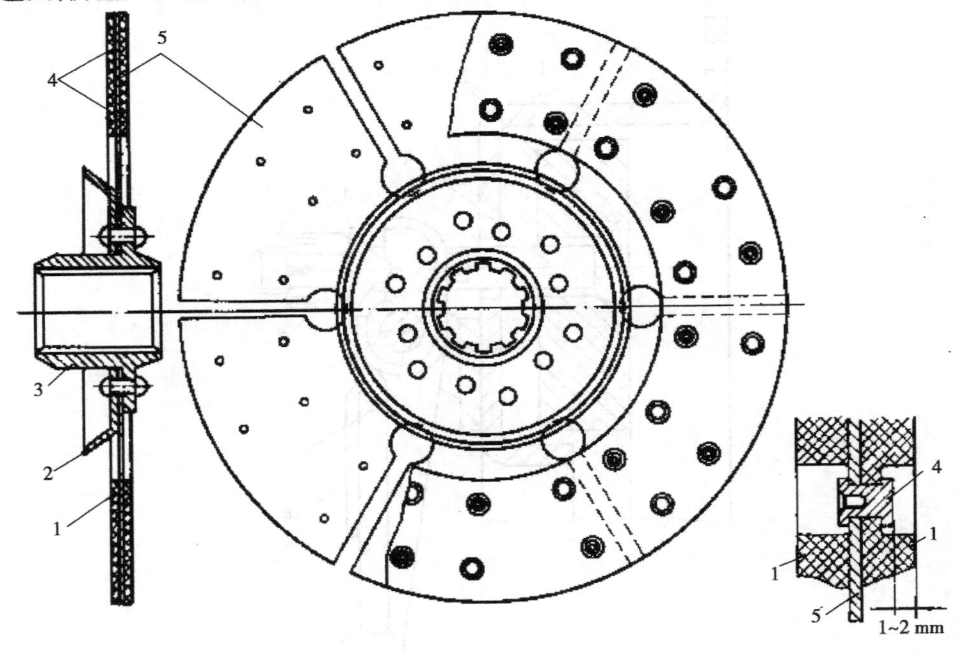

图2.6　从动盘的结构

1—摩擦衬片;2—甩油盘;3—轮毂;4—铆钉;5—从动片

③压紧装置

压紧弹簧共有15个(见图2.4),均布在压盘的两个不同直径的圆周上。弹簧的一端坐落在弹簧座内,另一端通过隔热垫片压在压盘上。隔热垫片可保护弹簧不致因受热退火而使弹力降低。弹簧座底部和离合器盖上都开有通风窗口,以加强通风散热;同时保证摩擦副间滑磨时,因高温产生的油烟和灰末等能及时排出,以改善离合器的工作条件。

④操纵机构

操纵机构由踏板、分离轴承、分离杠杆及分离拉杆等组成。如图2.7和图2.8所示为东方红-75型拖拉机离合器分离机构和操纵机构简图。离合器盖上装有沿圆周均布的3个分离杠杆,在离合器分离和接合的过程中,分离杠杆绕销轴摆动,其杠杆的两端作圆弧运动,所以分离拉杆在作轴向移动的同时,也伴随有一定范围的摆动。为避免运动发生干涉,将分离拉杆的头部做成球面。分离拉杆与压盘穿孔间留有充分的摆动间隙。分离拉杆与分离杠杆的联接处设有圆柱面垫圈,以保证运动的自由度。

显然,若改变图2.7中调整螺母的轴向位置,就可以调整自由间隙,从而改变踏板的自由行程。调整时应保证3个分离杠杆头部与分离轴承端面之间的间隙一致,以免分离时压盘倾斜,使分离间隙分布不均,造成离合器分离不彻底。

反压弹簧的功用是防止离合器在旋转时各分离杠杆自由窜动和造成杂音。

如图2.4所示,在分离套筒内安装有分离轴承。离合器分离时,分离轴承内圈和分离杠杆头部一起转动,这就避免了接触部位的相对滑磨。当离合器踏板运动到限位装置时,便不能继续下踩,此时离合器应彻底分离,即达到规定的分离间隙。分离是否彻底,一般在外部

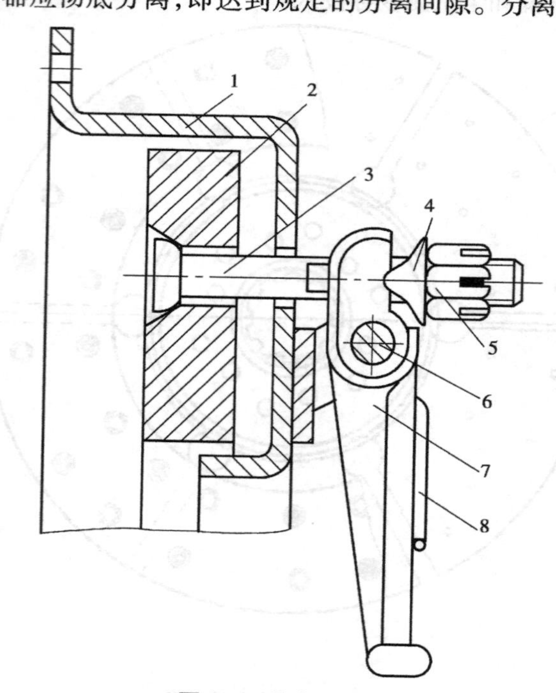

图2.7　分离机构

1—离合器盖;2—压盘;3—分离拉杆;4—圆柱面垫圈;
5—调整螺母;6—销轴;7—分离杠杆;8—反压弹簧

不易观察,可通过挂挡时齿轮有无冲击来间接判断。在使用过程中,随着摩擦衬垫的磨损变薄,自由间隙减小,可调整图2.8中拉杆的长度。东方红-75型拖拉机离合器出厂时规定自由间隙为3.5～4.5 mm,相应的踏板自由行程为30～40 mm。

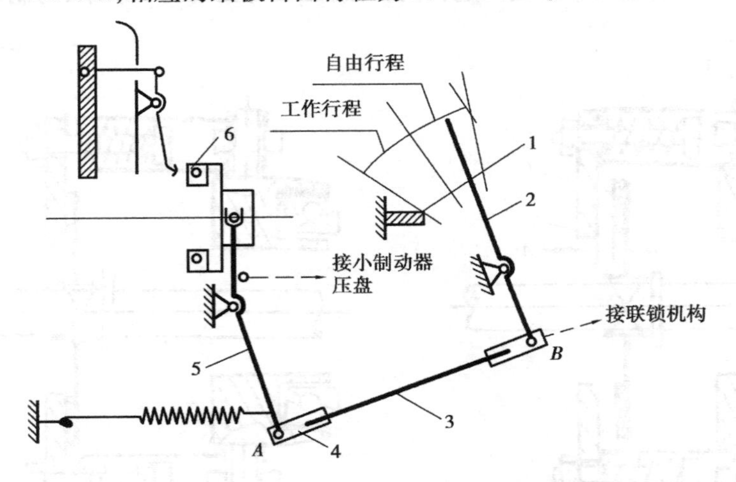

图2.8　东方红-75型拖拉机离合器操纵机构

1—限位块;2—离合器踏板;3,4—拉杆组;5—分离拨叉;6—分离轴承

⑤小制动器

在东方红-75型拖拉机的离合器轴上设有小制动器。由于履带拖拉机行驶速度较低,行走装置本身的行走阻力又较大。因此,当离合器分离、变速箱换入空挡时,拖拉机很快减速、停车。但这时,离合器从动盘、传动轴联轴节及变速箱第一轴在惯性作用下还在转动。这样,就造成变速箱第1轴上的齿轮与第2轴上的齿轮之间存在较大的线速度差,使挂挡打齿或换挡时间拖得过长。小制动器的作用就是在离合器分离之后,立即制动离合器轴,消除挂挡齿轮间的线速度差,以便迅速、无冲击地挂挡。

小制动器的结构和工作过程如图2.9和图2.10所示。制动盘的两个凸耳从固定的支

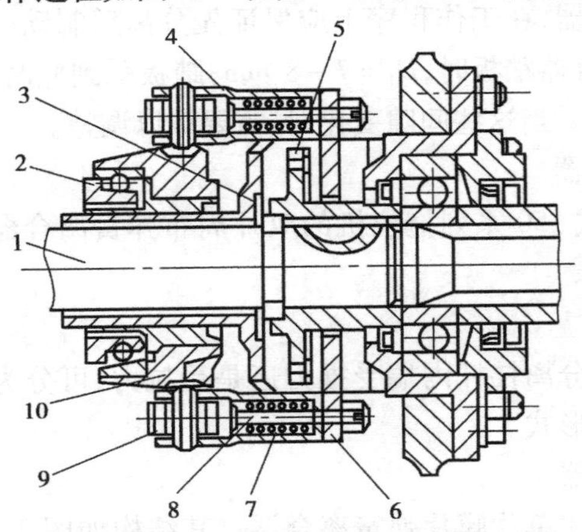

图2.9　东方红-75型离合器小制动器

1—离合器轴;2—分离轴承;3—支架;4—拉套;5—制动器主动盘;
6—制动盘;7—拉销;8—弹簧;9—分离拨叉;10—分离套筒

架窗口中伸出，使制动盘只能沿轴向移动而不能转动。

当离合器接合时，小制动器处于如图 2.10(a)所示的分离状态，主动盘与制动盘之间保持7～8 mm 间隙。主动盘用半月键固定在离合器轴上，为提高制动效果，与制动盘接触的面上铆有摩擦衬片。

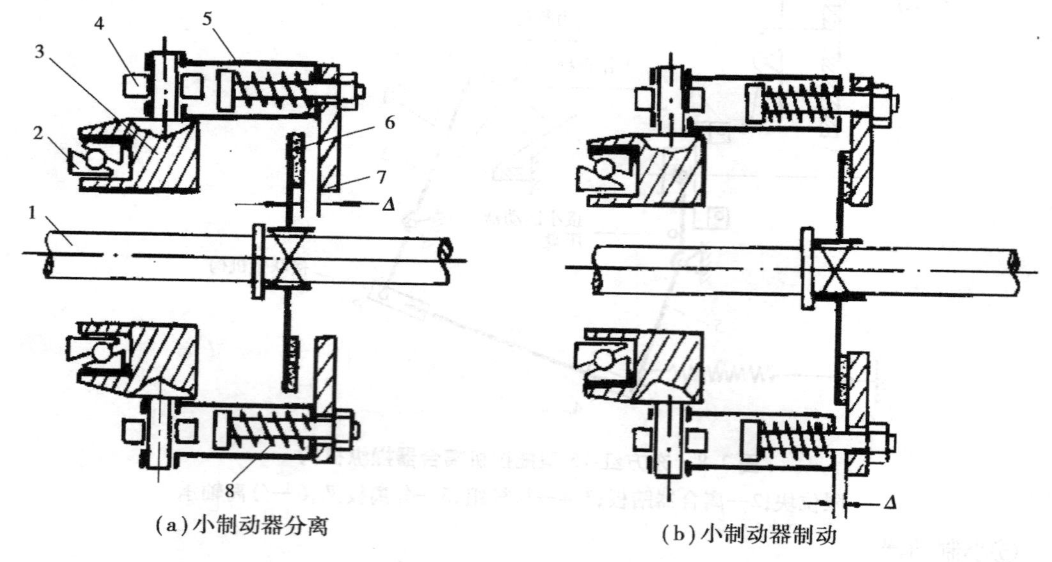

(a)小制动器分离　　(b)小制动器制动

图 2.10　小制动器工作原理

1—离合器轴；2—分离轴承；3—分离套筒；4—分离拨叉；
5—拉套；6—主动盘；7—制动盘；8—弹簧

主离合器分离过程中，在分离拨叉的拨动下，制动盘随分离套筒一起向主动盘方向移动。在离合器分离的同时，小制动器制动盘也开始对主动盘制动，如图 2.10(b)所示。这种制动的压力是通过装在拉套内的弹簧传递的，制动力是逐渐增加的。因此，制动比较柔和，而且可防止与离合器的分离过程相干涉。

具有小制动器的离合器，在工作程序上应保证先分离后制动。为此，东方红-75 型拖拉机离合器规定，在不踩离合器踏板时，$D_1 = 7 \sim 8$ mm；踏板踩到底时，拉套后端与制动盘凸耳之间的间隙 $D_2 = 3 \sim 5$ mm。当这些间隙变化时，需要加以调整。

2)双片周布弹簧离合器

如图 2.11 所示为轮式 150 系列拖拉机的双片周布弹簧离合器示意图。其工作原理与单片周布弹簧离合器相同。

3)膜片弹簧离合器

膜片弹簧离合器按照分离杠杆内端受推力还是受拉力，可分为推式膜片弹簧离合器和拉式膜片弹簧离合器两种形式。

①推式膜片弹簧离合器

某型农用货车采用推式单片膜片弹簧离合器。其结构如图 2.12 所示。离合器的压紧弹簧是一个用优质薄弹簧钢板制成的带有锥度的膜片弹簧，靠中心部分开有 16 条径向切槽，槽的末端接近外缘处呈圆孔，形成 16 根弹性杠杆。

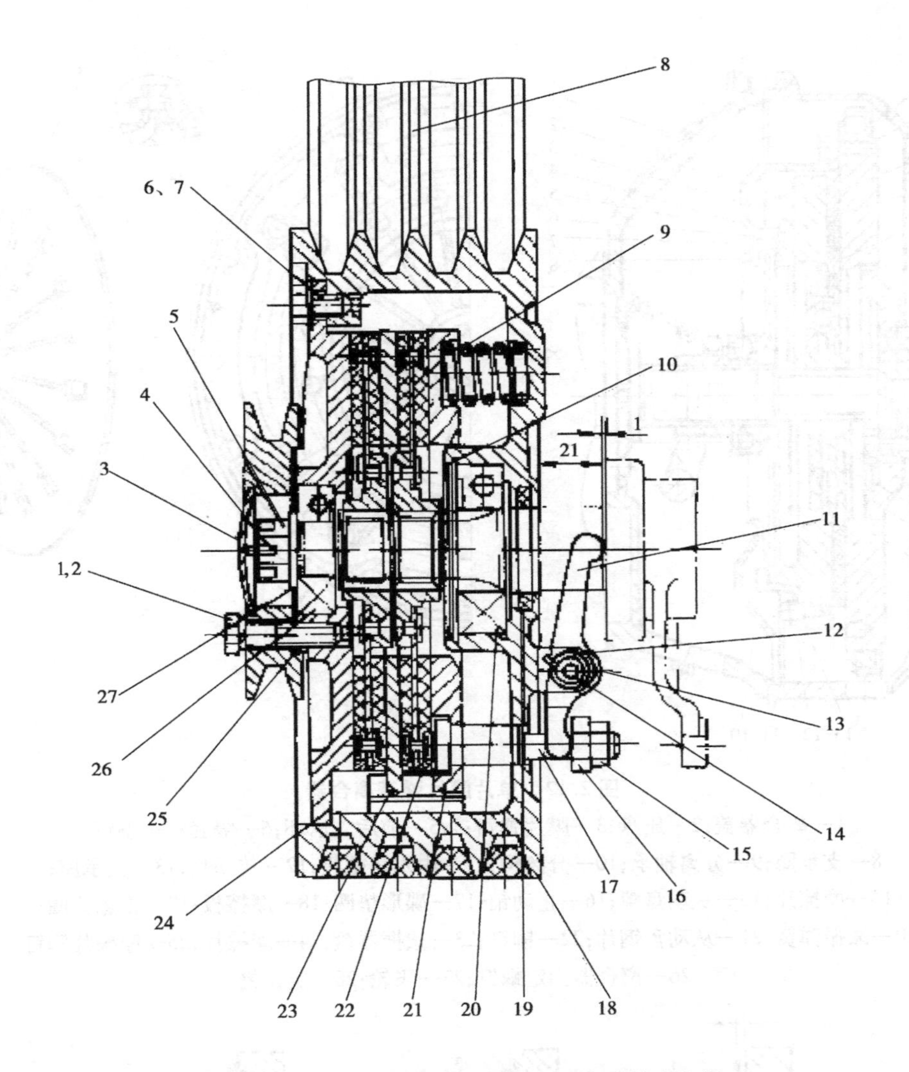

图2.11　轮式150系列拖拉机双片周布弹簧离合器

1,6,12,27—垫圈;2,7—主动带轮合件;4,13—销;5,15—螺母;8—V带;9—离合器弹簧;10—挡圈;11—分离杠杆;14—销轴;16—离合器调整螺母;17—调整螺杆(分离杠杆);18—带轮;19—毡圈;20,26—轴承;21—压盘;22—从动盘总成;23—主动盘;24—带轮盖;25—纸垫

膜片弹簧两侧有前后支承环4和5,借助铆钉、隔套及支承圈固定在离合器盖上,成为膜片弹簧的支点。膜片弹簧外缘抵靠在压盘的环形凸起上,分离钩和传动片共4组,每组3片,用内六角螺栓固定在压盘上。

膜片弹簧离合器的工作原理如图2.13所示。

当离合器盖未固定到飞轮上时(见图2.13(a)),在飞轮后端面与离合器盖装配面之间有一段距离,膜片弹簧不受力,处于自由状态。

当用螺钉将离合器盖紧固在飞轮上时(见图2.13(b)),由于离合器盖前移消除距离,后支承环压靠膜片弹簧使之发生弹性形变,同时膜片弹簧外端对压盘产生压紧力,离合器处于接合状态。

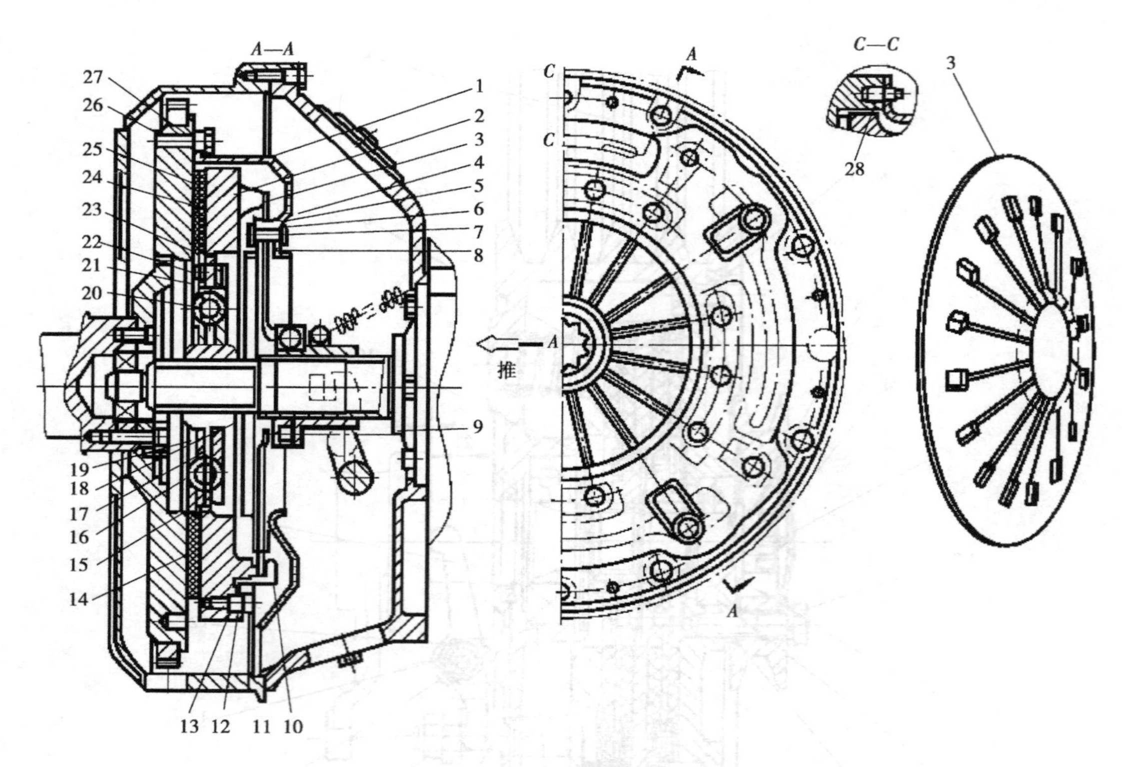

图 2.12　单片膜片弹簧离合器

1—离合器盖;2—压盘;3—膜片弹簧;4,5—前后支承环;6—隔套;7—铆钉;
8—支承圈;9—分离轴承;10—分离钩;11—内六角螺栓;12—传动片;13—支承座;
14—摩擦片;15—从动盘毂;16—止动销;17—碟形垫圈;18—摩擦板;19—摩擦垫圈;
20—减振弹簧;21—从动盘钢片;22—铆钉;23—减振器盘;24—摩擦片;25—摩擦片铆钉;
26—离合器固定螺钉;27—飞轮;28—定位销

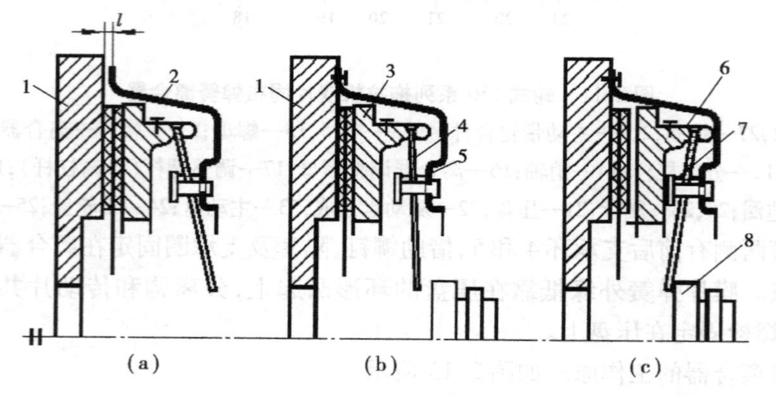

图 2.13　膜片弹簧离合器工作原理示意图

1—飞轮;2—离合器盖;3—压盘;4—膜片弹簧;
5—后支承板;6—分离钩;7—前支承环;8—分离轴承

当分离离合器时(见图 2.13(c)),离合器踏板力通过传动杆件使分离轴承前移,推动离合器膜片弹簧小端前移,膜片弹簧被压在前支承环上,并以前支承环为支点顺时针转动,于

是膜片弹簧外端后移，并通过分离钩拉动压盘后移，使离合器分离。可知，膜片弹簧兼起着压紧弹簧和分离杠杆的作用。

②拉式膜片弹簧离合器

拉式膜片弹簧离合器的结构形式与推式膜片弹簧离合器的结构形式大体相同，只是将膜片弹簧反装，使其支承点和力的作用点位置有所改变。支承点由原来的中间支承环处移至膜片弹簧大端外径的边缘处，支承在离合器盖上。其支承结构形式如图2.14所示。

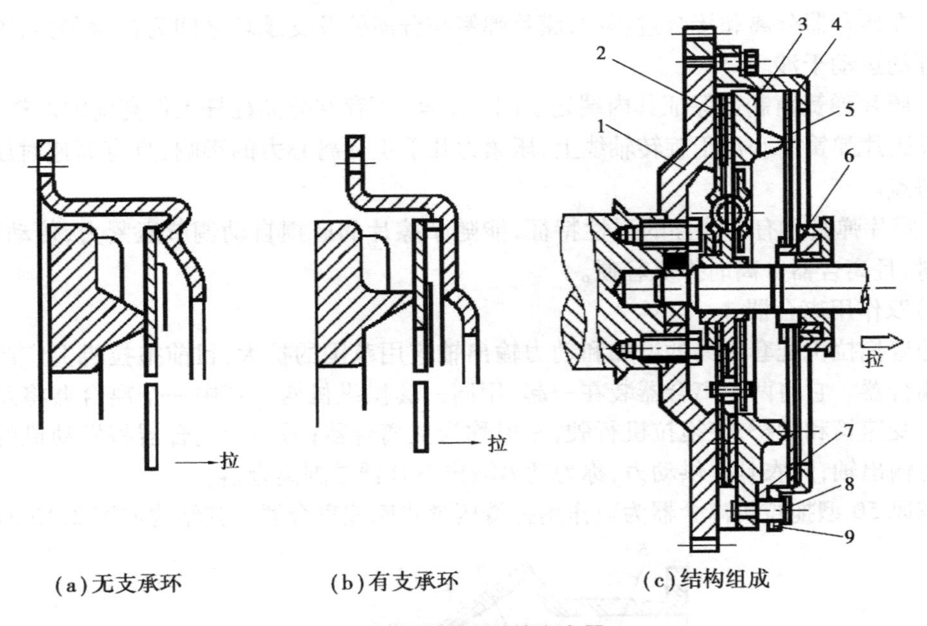

(a)无支承环　　(b)有支承环　　(c)结构组成

图2.14　拉式膜片弹簧离合器

1—飞轮；2—从动盘；3—压盘；4—支承环；5—膜片弹簧；
6—分离套筒及轴承；7—传动片；8—驱动销；9—离合器盖

如图2.14(a)所示为无支承环，将膜片弹簧的大端直接支承在离合器盖冲出的环形凸台上；如图2.14(b)所示为有支承环，将膜片弹簧的大端支承在离合器凹槽中的支承环上，力的作用点为膜片弹簧碟簧部分的内径端压紧在离合器压盘上，这样可获得较大的压紧力，其操纵方式由推式操纵变为拉式操纵。离合器在分离时，将分离轴承向后拉，使膜片弹簧带动压盘离开飞轮，因此，拉式膜片弹簧离合器的膜片弹簧分离端需要嵌装适合拉式用的分离轴承。

如图2.14(c)所示，膜片弹簧反向安装，即接合状态下锥顶向前，外缘抵靠在支承环上，中部与压盘的环形凸起部接触，并对压盘产生压紧力，离合器处于接合状态。分离离合器时，只需通过分离套筒及轴承将膜片弹簧中央部分往右拉。由于支承环移到膜片弹簧的外端，使其支承结构大为简化，膜片弹簧结构强度也得到提高。离合器盖的中央窗孔也可制作得较大些，进一步改善了离合器的通风散热条件。

与推式膜片弹簧离合器相比较，拉式膜片弹簧离合器的机构更为简化，便于提高压紧力和转矩；增强了离合器盖的刚度，提高了分离效率，有利于分离负荷的降低，改善了离合器操纵的轻便性。另外，拉式膜片弹簧离合器的支承环磨损后，膜片弹簧仍能保持与支承环接触而不会产生间隙。但其缺点是膜片弹簧的分离指与分离轴承套总成嵌装在一起，结构较复杂,安装与拆卸较困难,分离行程也比推式要求略大些。

③膜片弹簧离合器的特点

a. 膜片弹簧与压盘的整个圆周方向接触,压紧力分布均匀、摩擦片接触良好、磨损均匀、压盘不易变形、接合柔和、分离彻底。

b. 膜片弹簧兼有压紧弹簧和分离杠杆的双重作用,与周布弹簧离合器相比,膜片弹簧离合器结构简单紧凑、轴向尺寸小、零件少、质量轻、容易平衡。

c. 在离合器分离和接合过程中,膜片弹簧与分离钩及支承环之间为接触传力,不存在分离杠杆的运动干涉。

d. 膜片弹簧由制造保证其内端处于同一平面,不存在分离杠杆工作高度的调整。

e. 膜片弹簧中心位于旋转轴线上,压紧力几乎不受离心力的影响,具有高速时压紧力稳定的特点。

f. 膜片弹簧具有非线性的弹性特征,能随摩擦片的磨损自动调节压紧力,传动可靠,不易打滑,且离合器分离时操纵轻便。

4)双作用离合器

随着拖拉机配套农具的增加和动力输出轴应用范围的扩大,目前拖拉机上广泛采用双作用离合器。它将两个离合器装在一起,用同一套操纵机构。其中一个离合器将发动机动力传给变速箱和后桥,使拖拉机行驶,一般称为主离合器;另一个离合器将发动机的动力传给动力输出轴,向农具提供动力,称为动力输出离合器或副离合器。

东风-50 型拖拉机离合器为双作用弹簧压紧式摩擦离合器。其结构如图 2.15 所示。

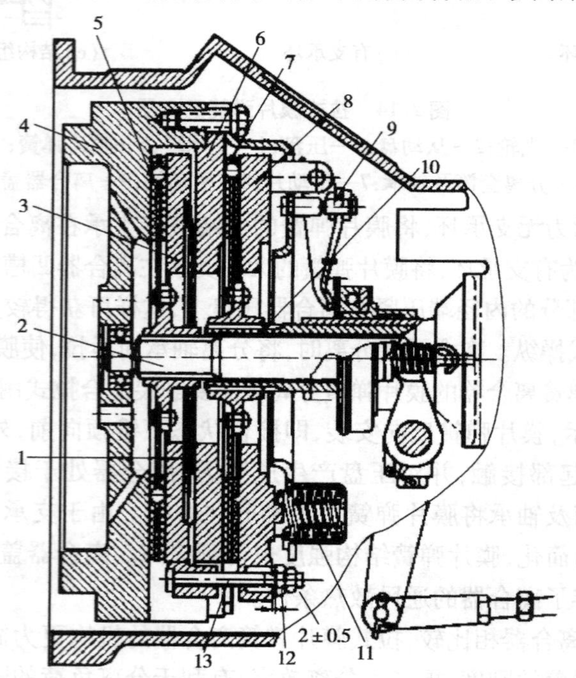

图 2.15　东风-50 型拖拉机双作用离合器

1—膜片弹簧;2—副离合器轴;3—前压盘;4—飞轮;5—副离合器从动盘;6—隔板;7—主离合器从动盘;8—后压盘;9—调整螺钉;10—主离合器轴;11—主离合器弹簧;12—限位螺母;13—联运销

离合器的隔板将主离合器与副离合器分开。副离合器在前，主离合器在后。副离合器用碟形弹簧压紧。主离合器用双螺旋弹簧压紧。前、后压盘上有凸台，分别由隔板和离合器盖驱动。分离杠杆的外端与后压盘驱动销上的孔铰接，并绕调整螺钉的可变支点摆动，进行运动补偿。联动销将前、后压盘活动地连在一起，并在后压盘与调整螺母之间留有分离间隙2 mm。

当分离杠杆拉动后压盘向后移动时，首先使主离合器分离。主离合器彻底分离后，若继续踩下踏板，消除后压盘与调整螺母之间的间隙后，后压盘即通过联动销拉动前压盘，使副离合器分离。

这种双作用离合器的主、副离合器不是同时分离或接合的，而是有一个先后次序。在分离过程中，首先分离主离合器，使拖拉机停车，然后分离副离合器使动力输出轴及农具工作部件停止转动。接合过程则相反，先接合副离合器，后接合主离合器，即农具工作部件先运转，拖拉机后起步。

这种先、后依次分离和接合的特点，在生产使用中是十分必要的。例如，拖拉机配合收割机作业，要求收割机割刀先运转，然后拖拉机起步前进，以免起步时机组惯性矩过大，起步困难。在收割过程中，有时割刀部分堵塞，要求拖拉机停驶，而割刀不停止运转，以便清除堵塞物。但这种双作用离合器还不能满足拖拉机行驶中使农具停止运转的要求。

实施离合器的拆装与调整作业

(1)车上拆下离合器总成

在拖拉机离合器出现故障时，有的故障不必拆下离合器总成而可通过调整操纵机构进行排除，但是，有的故障必须拆下离合器进行维修及更换新的离合器部件。

1)车上拆下离合器总成事前准备

①前期准备

a.待修拖拉机及常用拆装工具。

b.按厂家维修手册要求制作或购买的专用拆装工具。

c.按厂家维修手册要求制作或购买专用调整工具。

d.相关说明书、厂家维修手册和零件图册。

e.专用支承台架、零件摆放台、接油盘、记号笔、记录纸等辅助设施。

f.千分尺、百分表等测量工具。

g.吊装设备及吊索。

②安全注意事项

a.操作人员应按规定正确着装。

b.采用合适吨位的吊装设备、吊钩及吊绳，钢丝吊绳应与设备间有隔离垫块，起吊过程重物下面严禁有人，起吊物上严禁有人。

c.吊下的部件不能直接放在地面上，应垫枕木。

d.箱体部件拆卸孔洞应进行封口。

e. 不得用铁棒直接敲击工件，避免伤害工件精度。一般要用铜、橡胶或塑料锤子。

f. 如果用力过大，可能导致部件损坏。

g. 采用合适吨位的吊装设备吊装和移动所有重型部件。吊装和移动时，应确保装置或零件有合适的吊索或挂钩支承。

h. 在安装齿轮、花键轴等带尖角的零部件时，要注意不要被尖角划伤。

i. 不得使用汽油或其他易燃液体清洗零部件。

j. 密封面或精密配合面不得用起子等硬金属撬开，以免划伤表面。

k. 拆装时要格外小心，避免弄丢或损伤小的物件。

l. 装配前应彻底清洗所有零件，装配时密封件应涂上润滑油。精密配合件可用手直接推入，不得硬性敲击。

m. 装配时不得戴棉线等易落毛渣的手套，不得使用棉纱等抹布擦拭密封或精密配合表面，不得在灰尘密布的环境下装配。

2）相关作业内容

不同的车型有不同的离合器，不同的离合器有不同的拆装程序。拖拉机离合器从车上拆下时，一般情况下尽量按说明书要求进行。在拆卸时，为了确保装配时不会出现错装、漏装等现象，拆卸时进行合理的拍照是非常有助于装配的。下面以 SNH800 型拖拉机为例介绍拆装离合器的关键步骤，见表 2.1。

表 2.1　车上拆下离合器总成作业指导书

操作内容	操作说明	图　示
根据拖拉机图册，要将离合器总成从拖拉机上拆卸下来，首先必须将带前桥的发动机与变速器分开，在拆卸的过程中要有效也对其他部分进行有效的保护		
拆开蓄电池负极电缆	拆开蓄电池负极电缆。注意将拆下的螺母组放在规定的地方	1 1—负极连接桩
放出变速器-后桥壳体内的油	拧下手制动器上的放油堵塞，放出变速器-后桥壳体内的机油 注意接油盘的使用	1 1—放油堵塞

续表

操作内容	操作说明	图　示
排净发动机冷却液	拧开放水阀门，排净发动机冷却系统中的冷却液 如果冷却水太脏，建议先期进行清洗或作好记录，避免后期装配时忘记清洗	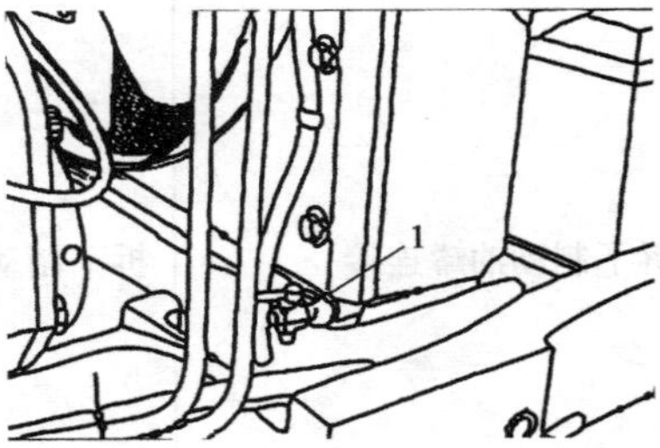 1—放水阀门
拆下前配重	拧下固定前配重的螺母和螺栓，用吊装工具取下前配重 注意吊绳安全	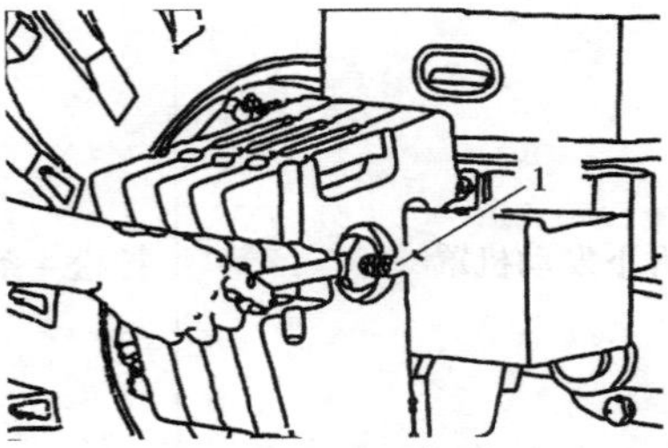 1—固定螺母和螺栓
拆下前大灯接线	抬起发动机罩，拆开前大灯的连接线束	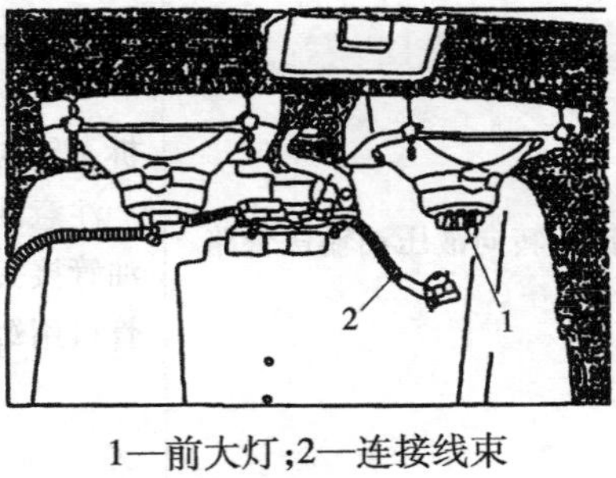 1—前大灯；2—连接线束
拆下支承发动机罩的气压弹簧	从发动机罩上拆下螺母和气压弹簧	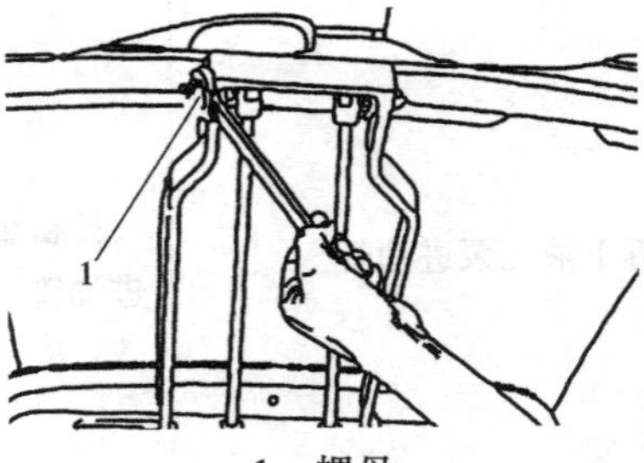 1—螺母

续表

操作内容	操作说明	图　示
拆下制动油罐连接	拆下制动油罐上的金属夹子	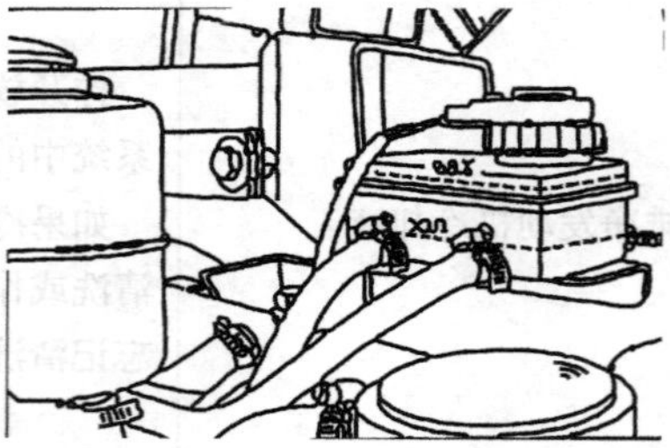
拆下发动机罩	拧松4条枢轴螺栓，拆下发动机罩	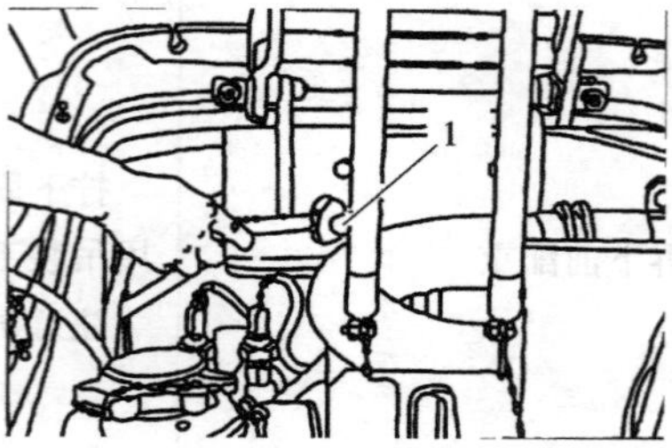 1—枢轴螺栓
拆下转向液压油输送管路	拆下转向油输送管路 注意油管管路中的余油，在拆卸油管接头下垫上毛巾，拆下的油管管口用塑料布包扎(下同)	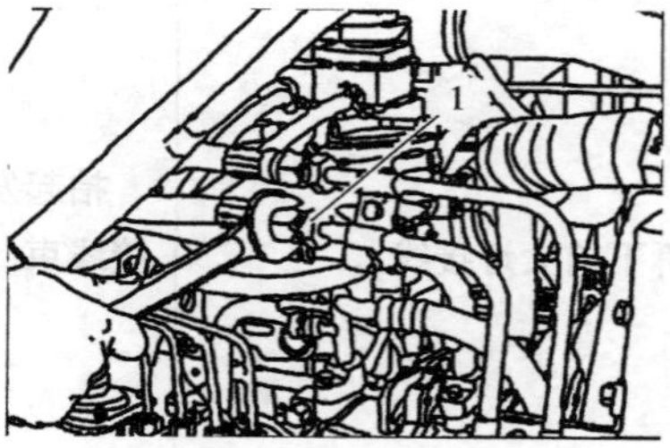 1—油管接头
拆下液压泵进油管	拧松金属夹子，取出液压泵上的进油管	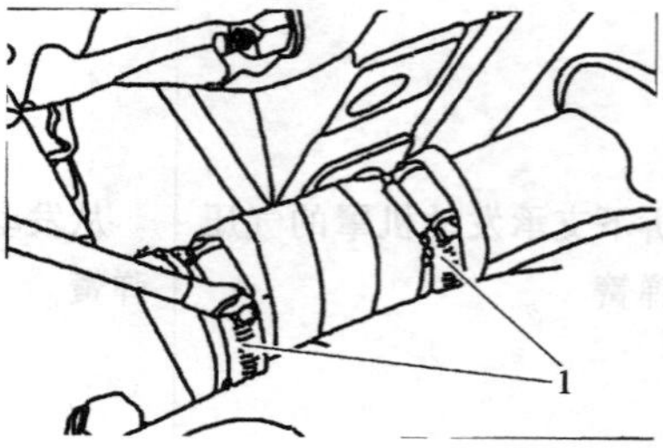 1—金属夹子

续表

操作内容	操作说明	图　示
拆下转向油罐	拆下固定转向油罐的金属夹子	1—金属夹子
拆下转向油泵输油管及暖气进/回水软管	拆下转向泵输油管路，松开暖气进水软管和回水软管上的金属夹子	1—转向油泵输油管；2—进水管；3—回水管
拆下燃油输送管路和电热塞	拆下燃油输送管路和电热塞	1—输油管接头
拆下液压管路	拆下液压管路	1—油压油管接头

续表

操作内容	操作说明	图　示
拆下喷油器燃油回油管路	拆下喷油器燃油回油管路	1—回油管
拆下制动泵压力传感器接线	拆下制动泵压力传感器(用于控制制动信号灯)接线	1—制动泵
拆开电气连接	拆开电气连接。发动机左右两侧及驾驶室和发动机端子之间的所有电气连接,例如,冷却液传感器、喇叭接插件和转速传感器端子等	1—线束接头;2—连接端子
拆开液压转向油缸进出油软管	拆开两根液压转向油缸进/出油软管	1—油管接头

续表

操作内容	操作说明	图　示
拆下驾驶室暖气管及支承托架	拆下驾驶室暖气管和支承托架	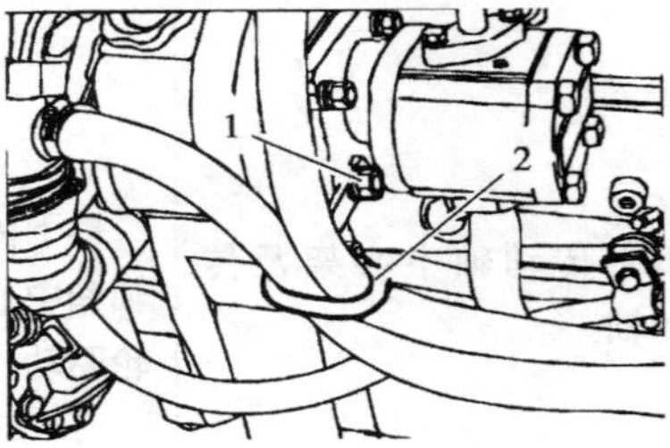 1—支承托架固定螺栓； 2—暖气管及托架
拆下前传动轴护罩	拧下前传动轴护罩前后的固定螺栓，然后拆下护罩。适用于四轮驱动	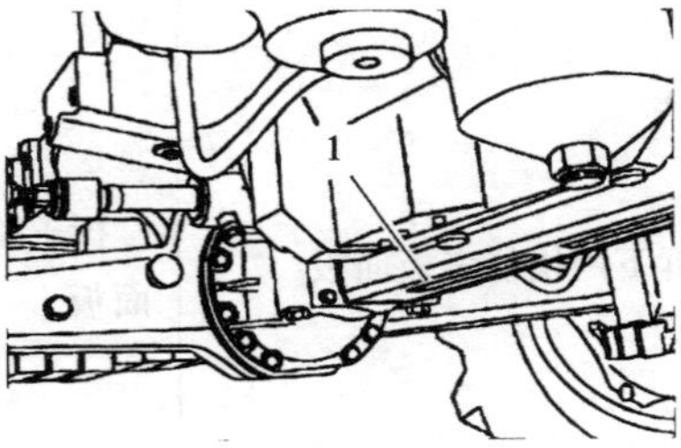 1—传动轴护罩
拆卸传动轴分动器联接	拆下卡环沿箭头方向移动套筒直至其从分动器上的凹槽中脱出。适用于四轮驱动	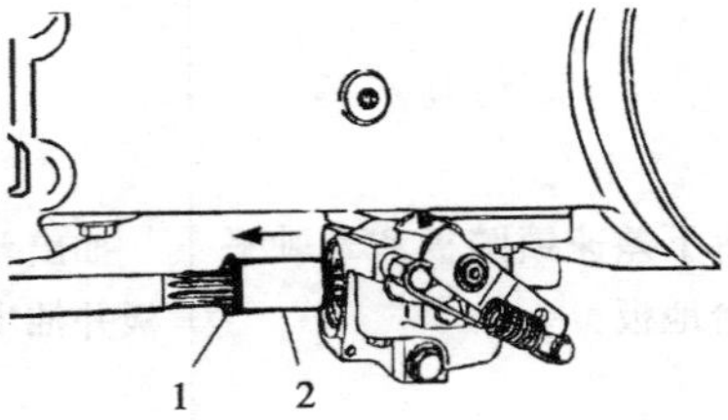 1—卡环；2—联接套筒
拆卸传动轴前驱动桥联接	拆下卡环，向后移动套筒直至其从前桥支座的凹槽中脱出。适用于四轮驱动	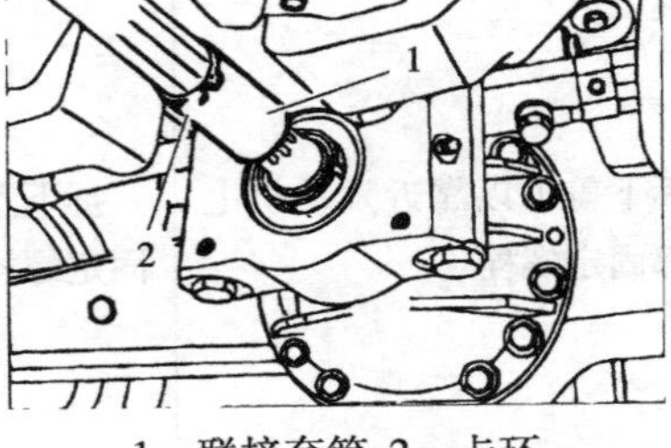 1—联接套筒；2—卡环

续表

操作内容	操作说明	图　示
拆下传动轴中心架及传动轴	拆下传动轴中心架固定螺栓，将轴和中心架一起抽出。适用于四轮驱动	1—传动轴中心架
拆下两块仪表板面板	拆下4个捏手，拆下两块仪表板面板	1—捏手；2—仪表板面板
拆下差速锁踏板和驾驶平台地板	抽出差速锁踏板锁止销，拆下踏板并抽出驾驶平台地板	1—踏板；2—驾驶平台地板
拆下盖子以靠近发动机上部固定螺栓	拆下盖子并靠近发动机上部的固定螺栓	1—盖子

续表

操作内容	操作说明	图　示
拆下油门拉线	从油门踏板上拆下油门拉线	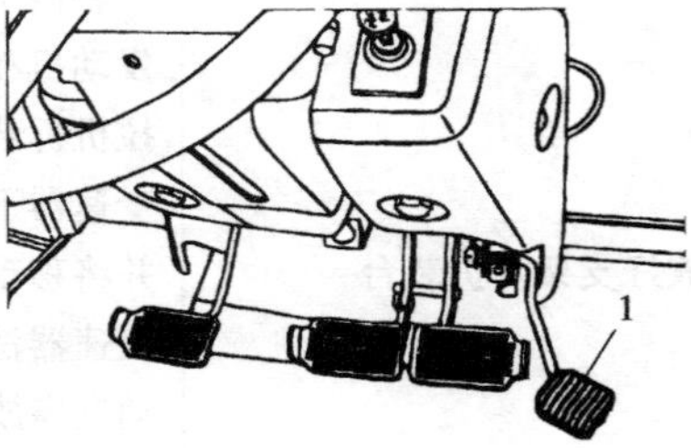 1—油门踏板
拆下驾驶室的联接	拆下驾驶室前面两个固定螺母	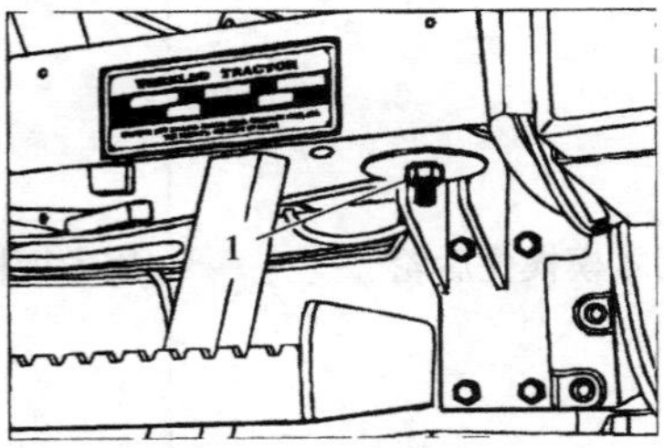 1—驾驶室固定螺母
吊起驾驶室	将驾驶室固定在吊装架或吊带上，从前部将驾驶室抬起约 60 mm；穿过拆掉的盖子后露出的狭槽，拧松两个发动机与变速器固定螺母	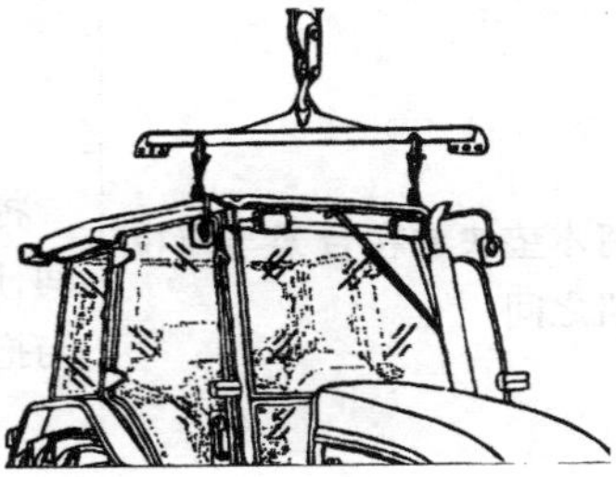
拆卸发动机与变速器的联接	拧松4个靠下的发动机与变速器固定螺栓	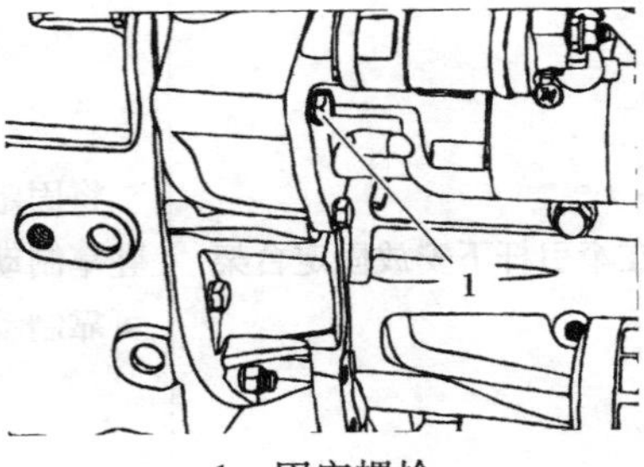 1—固定螺栓

续表

操作内容	操作说明	图　示
放好支架及拆装台	将两个楔块放在前桥上以防止发动机在车轴枢轴上摆动，放好拖拉机拆装台架，将固定支座装到后变速器下靠近发动机法兰的地方，并将移动支座装到发动机下靠近变速器法兰的地方。将另一个移动支座放到前配重支架下，以防止拆除变速器时发动机发生旋转或向前倾覆	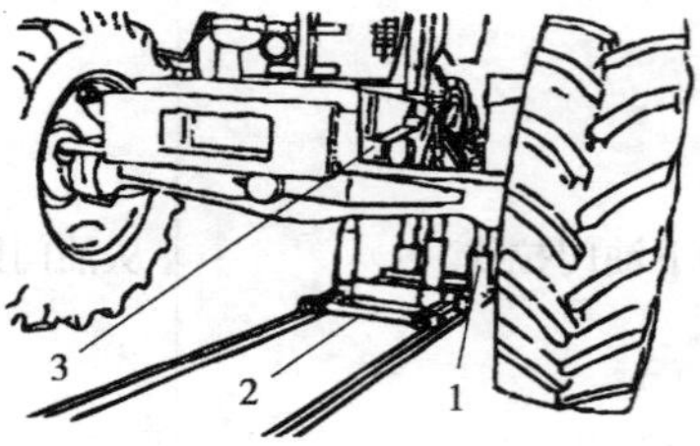 1—固定支座；2—移动支座；3—楔块
用木楔楔住后轮	用木楔楔住后轮，防止滑动	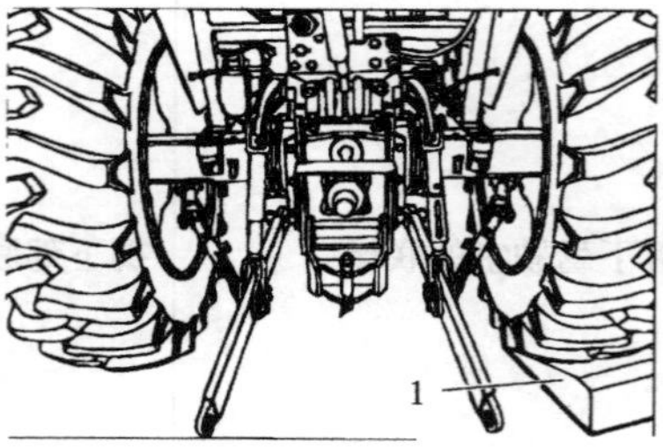 1—木楔块
将木垫块放在台架与拖拉机之间	将木垫块放到台架和拖拉机之间，用螺钉调整台架的高度使木块与拖拉机接触	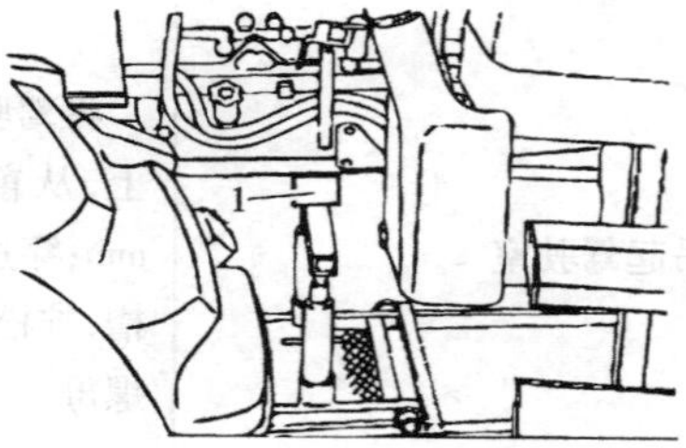 1—木垫块
在牵引杆下安放固定台架	将固定台架放到牵引杆下，拉起驻车制动器手柄至制动位置，使车可靠制动	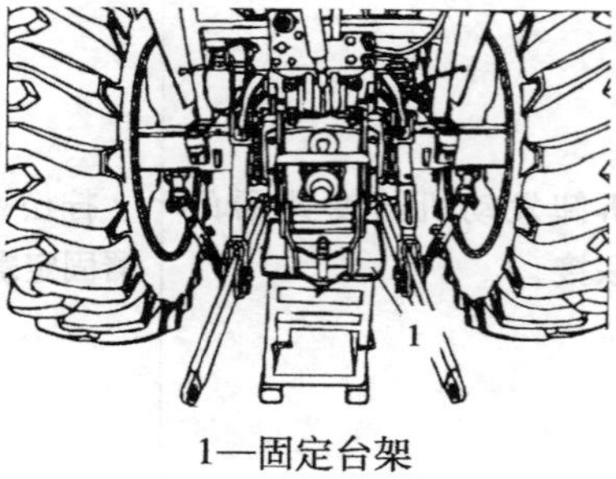 1—固定台架

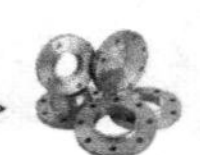

续表

操作内容	操作说明	图 示
拆除剩余的发动机变速器固定螺栓	拆下剩下的4个发动机/变速器固定螺栓,将发动机和变速器分开	1—固定螺栓
在配重支架下安放固定台架	将一个固定台架放在配重支架下,用木楔楔住前轮	1—固定台架;2—木楔
离合器的拆卸	松开离合器与发动机飞轮之间的紧固螺栓	1—离合器壳体与飞轮联接螺钉
离合器的拆卸	利用离合器从动盘定位工具将从动盘定位,避免离合器拆下后,从动盘滑脱	1—离合器壳体与飞轮联接螺钉; 2—从动盘定位工具

(2)离合器总成的拆装

从车上拆下离合器是为了有效地对离合器进行检修,要对离合器进行检修,必须对离合器总成进行分解后才能知晓离合器中什么零件出现了质量问题,是否需要修理或更换,而离合器总成的拆卸是有一定规范的。下面同样以 SNH800 拖拉机离合器的分解为例进行拆卸操作。

1)调整事前准备

①前期准备

a. 待修拖拉机及常用拆装工具。

b. 按厂家维修手册要求制作或购买的专用拆装工具。

c. 按厂家维修手册要求制作或购买专用调整工具。

d. 相关说明书、厂家维修手册和零件图册。

e. 专用支承台架、零件摆放台、接油盘、记号笔、记录纸等辅助设施。

f. 千分尺、百分表等测量工具。

g. 吊装设备及吊索。

②安全注意事项

a. 操作人员应按规定正确着装。

b. 采用合适吨位的吊装设备、吊钩及吊绳,钢丝吊绳应与设备间有隔离垫块,起吊过程重物下面严禁有人,起吊物上严禁有人。

c. 吊下的部件不能直接放在地面上,应垫枕木。

d. 箱体部件拆卸孔洞应进行封口。

e. 不得用铁棒直接敲击工件,避免伤害工件精度。一般要用铜、橡胶或塑料锤子。

f. 如果用力过大,可能导致部件损坏。

g. 采用合适吨位的吊装设备吊装和移动所有重型部件。吊装和移动时,应确保装置或零件有合适的吊索或挂钩支承。

h. 在安装齿轮、花键轴等带尖角的零部件时,要注意不要被尖角划伤。

i. 不得使用汽油或其他易燃液体清洗零部件。

j. 密封面或精密配合面不得用起子等硬金属撬开,以免划伤表面。

k. 拆装时要格外小心,避免弄丢或损伤小的物件。

l. 装配前应彻底清洗所有零件,装配时密封件应涂上润滑油。精密配合件可用手直接推入,不得硬性敲击。

m. 装配时不得戴棉线等易落毛渣的手套,不得使用棉纱等抹布擦拭密封或精密配合表面,不得在灰尘密布的环境下装配。

2)相关作业内容

下面以 SNH800 型拖拉机为例介绍离合器总成的拆装的关键步骤,见表 2.2。

表 2.2　离合器总成的拆装作业指导书

操作内容	操作说明	图　示
拧下3个副离合器分离杠杆调整螺母	拧下动力输出轴离合器3个副离合器分离杠杆调整螺母	1—调整螺母
取下前压盘	从带螺旋弹簧的分离杠杆上取下前压盘即副离合器压盘	1—前压盘;2—螺旋弹簧
安装夹具	将3个专用夹具间隔120°安放到离合器壳体上,并且逐步小心地挤压膜片弹簧片	1—专用夹具
取出弹簧止动片	将6片月牙形弹簧止动片从其底座上抽出	1—月牙形弹簧止动片

续表

操作内容	操作说明	图　示
取出膜片弹簧	拆下3个夹具,取出膜片弹簧压圈和膜片弹簧	1—膜片弹簧
拧松主离合器分离杠杆调整螺钉的锁紧螺母	松开主离合器分离杠杆调整螺钉上的3个锁紧螺母	1—锁紧螺母
拆下主离合器分离杠杆调整螺钉	拆下3个主离合器分离杠杆调整螺钉	1—调整螺钉
取下后压盘	抽出后压盘即主离合器压盘	1—压盖

续表

操作内容	操作说明	图　示
取出主离合器从动盘	抽出主离合器从动盘 注意：拿起离合器从动盘时从外缘或中心孔处着手，不要触摸摩擦片，以免污染摩擦片	1—从动盘
拆下副离合器分离杠杆上的弹簧	拆下副离合器分离杠杆上的弹簧	1—扭力弹簧
抽出副离合器分离杠杆的枢销	抽出副离合器分离杠杆上的枢销	1—枢销
拆下主离合器分离杠杆上的弹簧	拆下主离合器杠杆上的弹簧	1—扭力弹簧

续表

操作内容	操作说明	图　示
抽出主离合器分离杠杆上的枢销	抽出主离合器分离杠杆上的枢销	1 1—枢销

拖拉机离合器的组装：

离合器的装配是在各机件全部修复完后进行的一道重要工序，它直接影响着离合器的正常工作。离合器的装配程序应根据其结构特点而定，离合器总成装配注意事项如下：

①装配时，各活动部位如分离叉支承衬套、分离轴承座内腔、联接销等应涂以润滑脂，摩擦片及压盘表面不得沾上油污

②装配时要使用专用压具。压紧弹簧应按弹力和自由长度对称均布，弹簧与压盘之间的绝热垫不得漏装。离合器盖与压盘、盖与飞轮之间，均应按原来记号安装，盖与飞轮联接螺栓拧紧力矩应符合要求

③离合器装配时应注意从动盘的安装方向，长短毂不允许装反。单片离合器从动盘装配时，应注意从动盘毂短的朝向；而带有扭转减振器的从动盘，应注意减振器方向；否则，就会使从动盘与飞轮结合不好，引起离合器打滑。双片离合器两从动盘毂短的一面相对装入

④选用变速器第1轴作为定位轴，插入从动盘毂与飞轮中心孔内，待离合器装好后，再抽出定位轴。安装时，单片离合器要用导杆导向，双片离合器要用带花键的导杆或专用工具将离合器总成与飞轮固定

⑤各分离杠杆高度一致，分离杠杆内端应位于同一平面内

⑥双片离合器的中压盘分离弹簧安装时注意安装位置和方向。根据车型不同，有的弹簧装在中压盘上，有的则安装在飞轮上

⑦对离合器主要旋转件如飞轮、压盘、从动盘等，首先要单独进行静平衡，并在与曲轴装配一体后还要对组合件进行动平衡。离合器装合后应进行静平衡试验，不平衡度应不大于规定值。平衡后应在离合器盖或飞轮上做上记号。因此，有的从动盘上加有平衡片，有的压盘、飞轮在其端面或圆柱表面上钻有不同深度的孔，或在离合器盖的螺栓上加装有平衡片。为了避免在拆装时破坏其平衡，离合器中平衡片的位置、压盘与离合器盖间及离合器盖与飞轮之间的相互位置都不能随意改动，拆装时应注意装配位置标记

学习情境2.2　离合器主要零部件检修

[学习目标]

1. 认识离合器主要零件并了解其在离合器中的作用。
2. 能借助检测工具识别离合器主要零件的质量状况。
3. 能更换不合格的零件并使离合器零件达到使用要求。

[工作任务]

对离合器主要零件进行检修。

[信息收集与处理]

离合器上的零件很多,主要的零部件包括离合器从动盘、压盘和压紧弹簧等。

(1) 离合器从动盘

离合器的从动盘是离合器重要部件,一般分为带扭转减振器的柔性从动盘和不带扭转减振器的刚性从动盘两种。刚性从动盘是整体圆形盘,直接固定在花键毂上。如图2.16(a)所示为典型不带扭转减振器离合器的结构图。为了提高接合的柔和性,能够平稳起步,通常单盘离合器从动片做成具有轴向弹性结构,能使主从动部分之间的压力逐渐增加,有效地提高接合的柔和性,带扭转减振器的从动盘如图2.16(b)所示。

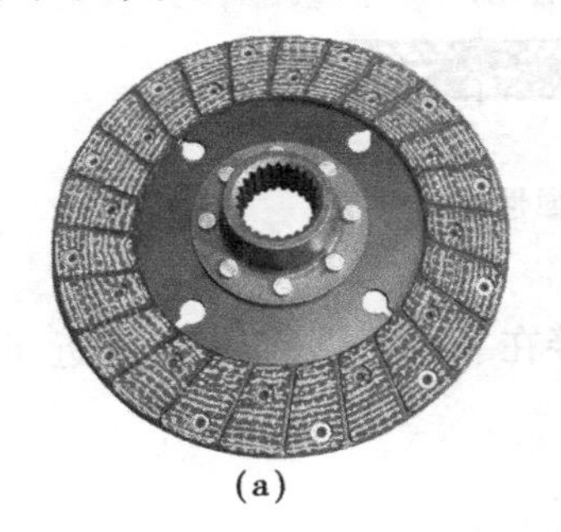
(a)

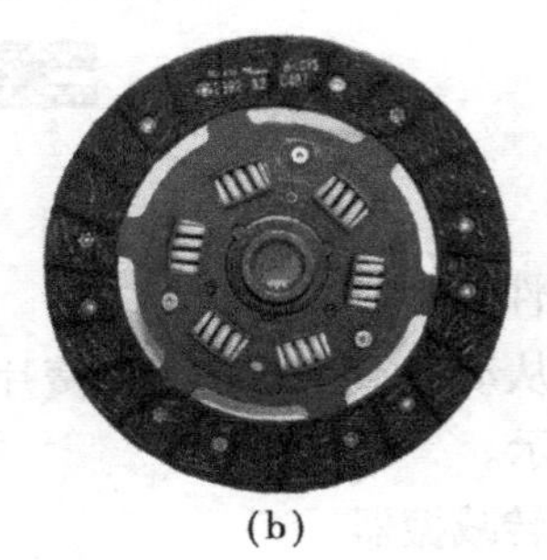
(b)

图2.16　带扭转减振器的从动盘

具有轴向弹性的从动片有整体式、分开式和组合式3种。

1) 整体式弹性从动盘

整体式弹性从动盘其特点是从动盘本体是完整的钢片,本体外缘处开有T形槽,两T槽间的钢片做成波状扇形,摩擦片直接铆接在从动盘本体上开有T形槽的外缘处。接合时,依靠波状扇形的弯曲来获得柔和性,如图 2.17 所示。

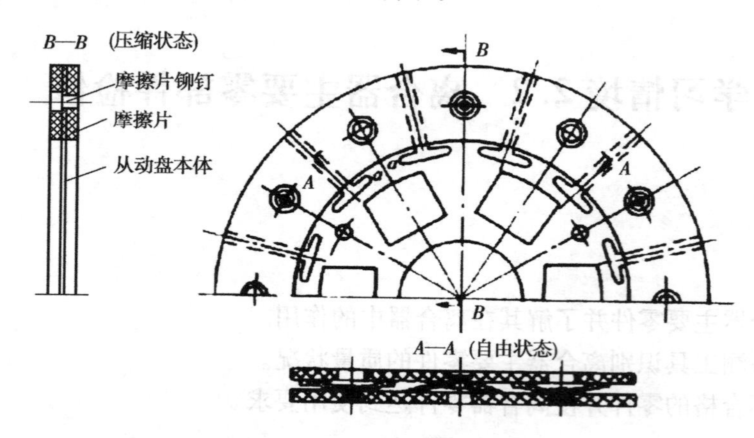

图 2.17 整体式弹性从动盘

2)分开式弹性从动盘

分开式弹性从动盘的特点是波形弹簧片铆接从动盘本体上,摩擦片铆接在波形弹簧片上,如图 2.18 所示。

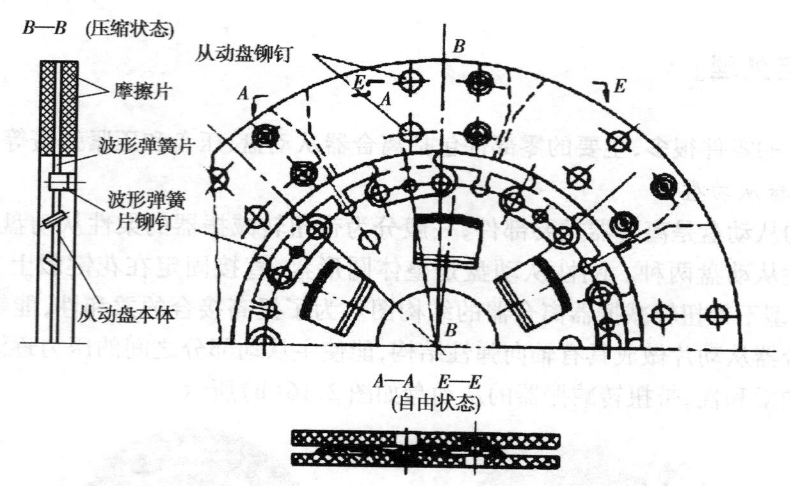

图 2.18 分开式弹性从动盘

3)组合式弹性从动盘

组合式弹性从动盘特点是波形弹簧片只铆接在靠近压盘的一面,靠近飞轮的另一面没有,如图 2.19 所示。

4)从动盘扭转减振器

对于柔性从动盘,在盘片和花键毂之间安装有扭转减振器。其结构如图 2.20 所示。从动盘本体与从动盘毂之间通过减振器来传递转矩。

在这种结构中,在从动盘本体、从动盘毂和减振盘上都开有几个相对应的矩形窗孔,每个窗孔中装有一个减振器弹簧,用来实现从动盘本体和从动盘毂之间的圆周方向上的弹性联接。减振盘和从动盘本体铆成一个整体,将从动盘毂及其两侧的阻尼片夹在中间,从动盘

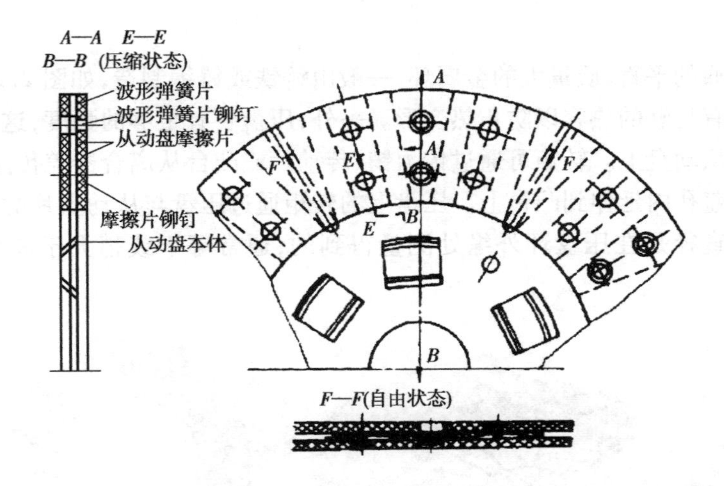

图 2.19　组合式弹性从动盘

本体及减振器盘上的窗孔上都有翻边，使窗口中的弹簧不会致脱出。同样从动盘毂上的缺口与隔套之间留有间隙，从而使从动盘本体与从动盘毂之间能相对转动一个角度。

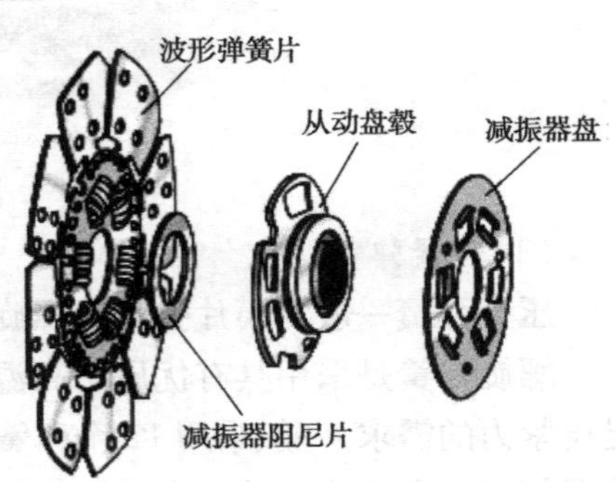

图 2.20　扭转减振装置

扭转减振器具有一定的吸振特性，主要作用是吸收来自发动机扭转振动，避免这些振动直接传至变速器的齿轮上，减少因周期性冲击载荷而使零件疲劳破坏，影响使用寿命。从动盘不工作时，处于如图 2.21(a)所示的状态。当离合器接合工作时，两侧摩擦片所受摩擦力矩首先传递到从动盘本体和减振器盘上，再经弹簧传递给从动盘毂。这时，弹簧被压缩而吸收传动系统所受的冲击力，工作时从动盘处于如图 2.21(b)所示的状态。

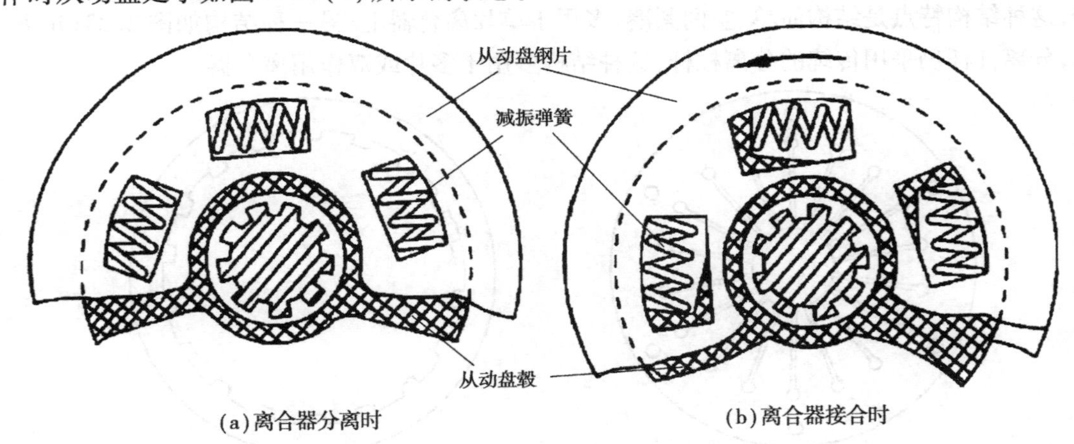

(a)离合器分离时　　(b)离合器接合时

图 2.21　扭转减振器的工作

(2)压盘

压盘是个普通的平直、质量大的金属环,一般由铸铁或铸钢制造,如图2.22所示。质量大有利于散热和有足够的热容以防止热变形。另外,压盘要有足够的强度,这样弹簧力将均匀分布到离合器从动盘上。转矩可通过传力销、传动片或凸台从离合器盖传递给压盘,分离杠杆则从离合器盖孔内延伸到凸台上。压盘上的转矩通过压盘与从动盘片的接触而传递到从动盘上。压盘直径是在压盘环外缘处测量得到的,通常等于或稍大于离合器从动盘的尺寸。

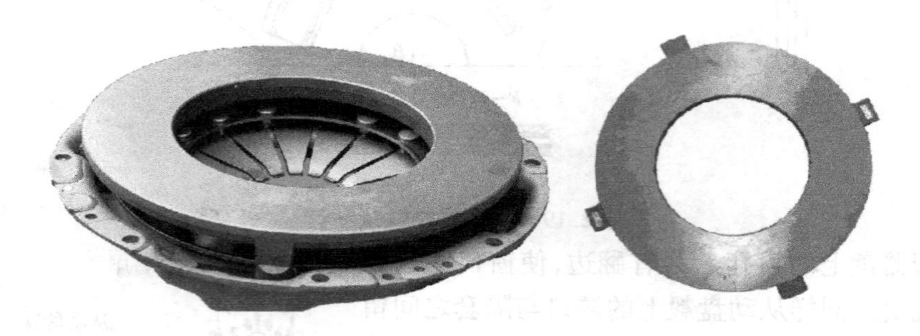

图2.22　离合器压盘

(3)压紧弹簧

压紧弹簧一般为膜片弹簧或螺旋弹簧,弹簧产生压紧力使得离合器能传递转矩。

螺旋弹簧是采用具有优质耐高温特性的弹簧钢绕制而成,螺旋弹簧的尺寸和数量应满足压紧力的需求,一般采用12个弹簧均布的形式,必须确保弹力在轴向分布均匀,以防止离合器打滑。在螺旋弹簧的支承端加装有隔热垫可防止弹簧高温失效。

膜片弹簧的形状为碟形,上面开有若干径向切槽,切槽的内端是开通的,为防止应力集中而产生裂纹其外端为圆边孔。

目前,有两种形式的膜片弹簧:一种是如图2.23(a)所示的由切槽之间钢板充当分离杠杆,这种结构特点是结构简单、空间紧凑,多用于单片离合器上;另一种结构如图2.23(b)所示,分离杠杆仍采用传统的分离杠杆,这种结构多用于多片或双作用离合器。

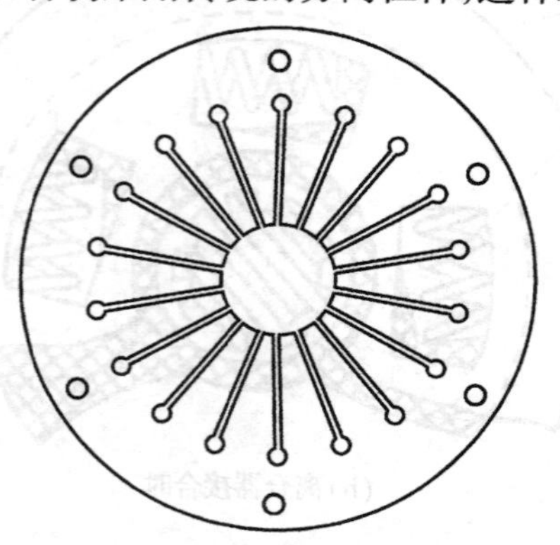

(a)带分离合指的膜片弹簧

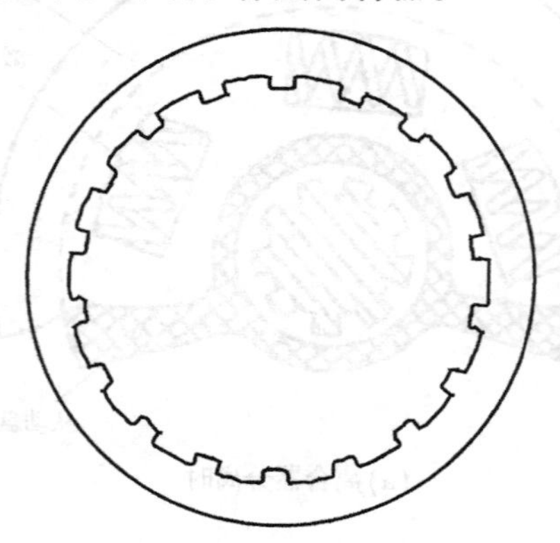

(b)不带分离指的膜片弹簧

图2.23　两种膜片弹簧

(4)离合器操纵机构

离合器操纵机构是指拖拉机操作者操纵和控制离合器分离、接合的机构,简称为操纵机构。离合器操纵机构可分为气压式、液压式和机械式3种形式。机械式操纵机构最常用的,如图2.24所示。机械式操纵机构又分为杆式传动和绳索式传动两种。

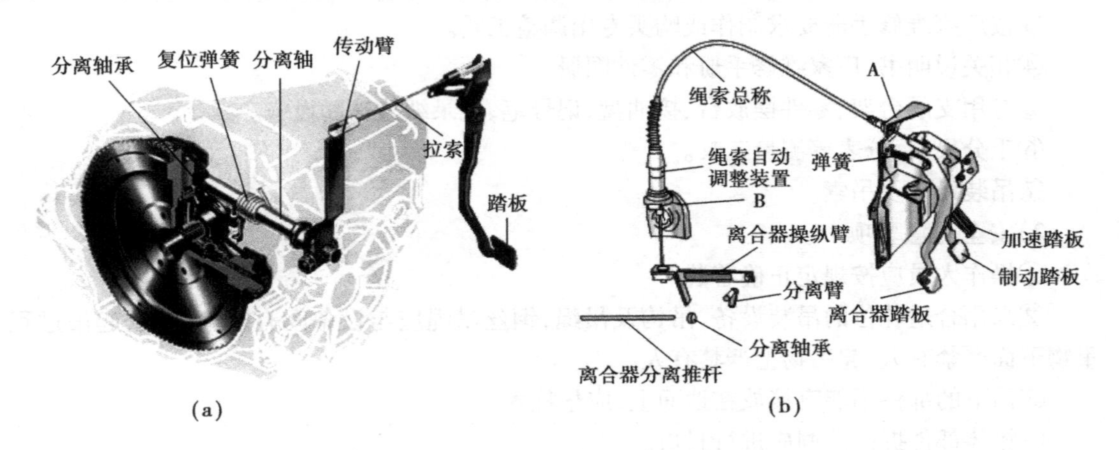

图2.24　离合器机械式操纵机构

1)杆式传动操纵机构

如图2.8所示,它是由一组杆系组成。当踩下离合器踏板时,通过拉杆组和分离叉臂,使离合器分离轴承移动,离合器分离。因为这种离合器结构简单、工作可靠、成本低,故广泛应用于各种类型的拖拉机上。

2)绳索式操纵机构

绳索式操纵机构如图2.24(b)所示,绳索式操纵机构可采用便于驾驶员操作的吊挂式踏板。结构简单,价格低,维修调整方便。但是绳索使用寿命较短,拉伸刚度较小,因此只在一些轻便驾驶的机型上得到使用。

拖拉机操作人员在踩下离合器踏板后,需要先消除操纵机构中的机械和液压间隙以及离合器分离间隙,然后才能分离离合器。为了消除这些间隙所需要的离合器踏板行程,称为离合器踏板自由行程。拖拉机行驶一定里程后保养时都要调节离合器分离间隙、踏板高度和自由行程等。

另外,气压及液压式离合器操纵机构有增力作用,因此操纵省力,并具有摩擦阻力小、传递效率高、便于布置、接合平顺等优点,液压式只在一些四轮驱动的拖拉机和农用车上使用,而主要使用在大部分汽车,特别是中型、重型汽车和工程车辆。

实施离合器主要零部件调整与检修作业

故障离合器在分解总成后要检查每个零件,以确定零件是否已经失效。这样做是为了确定在重装离合器前哪些零件需要进行修复或更换。

(1)离合器主要零部件调整与检修事前准备

1)前期准备

①待修拖拉机及常用拆装工具。

②按厂家维修手册要求制作或购买的专用拆装工具。

③按厂家维修手册要求制作或购买专用调整工具。

④相关说明书、厂家维修手册和零件图册。

⑤专用支承台架、零件摆放台、接油盘、记号笔、记录纸等辅助设施。

⑥千分尺、百分表等测量工具。

⑦吊装设备及吊索。

2)安全注意事项

①操作人员应按规定正确着装。

②采用合适吨位的吊装设备、吊钩及吊绳,钢丝吊绳应与设备间有隔离垫块,起吊过程重物下面严禁有人,起吊物上严禁有人。

③吊下的部件不能直接放在地面上,应垫枕木。

④箱体部件拆卸孔洞应进行封口。

⑤不得用铁棒直接敲击工件,避免伤害工件精度。一般要用铜、橡胶或塑料锤子。

⑥如果用力过大,可能导致部件损坏。

⑦采用合适吨位的吊装设备吊装和移动所有重型部件。吊装和移动时,应确保装置或零件有合适的吊索或挂钩支承。

⑧在安装齿轮、花键轴等带尖角的零部件时,要注意不要被尖角划伤。

⑨不得使用汽油或其他易燃液体清洗零部件。

⑩密封面或精密配合面不得用起子等硬金属撬开,以免划伤表面。

⑪拆装时要格外小心,避免弄丢或损伤小的物件。

⑫装配前应彻底清洗所有零件,装配时密封件应涂上润滑油。精密配合件可用手直接推入,不得硬性敲击。

⑬装配时不得戴棉线等易落毛渣的手套,不得使用棉纱等抹布擦拭密封或精密配合表面,不得在灰尘密布的环境下装配。

(2)相关作业内容

下面介绍离合器主要零部件调整与检修过程中的常规动作,见表2.3。

表2.3　拖拉机离合器主要零部件调整与检修作业指导书

操作内容	操作说明	图　示
从动盘的检修	从动盘是离合器中最易损坏的部件,离合器从动盘摩擦片的技术状况不良,将会影响离合器的正常工作,不能有效地传递发动机的动力。从动盘摩擦片如有严重磨损、破裂、烧蚀、从动盘花键孔与花键轴配合松旷、整体严重翘曲变形等都应予以修理或更换	

续表

操作内容	操作说明	图　示
目视检查从动盘摩擦片的表面质量	如摩擦片表面轻微烧蚀、硬化或沾有油污时，可用粗砂布或锉刀修磨以后再用	离合器片已经出现明显打滑痕迹
	如摩擦片表面有裂纹、烧蚀严重、铆钉外露、减振弹簧断裂等情况，则应更换从动盘组件	
检查摩擦片的磨损	用深度尺检查铆钉尝试来确定从动盘摩擦片的磨损程度 用深度游标卡尺测量每个铆钉头沉入摩擦片表面的深度，即铆钉头和摩擦片表面之间的距离（见图），以确定摩擦片的磨损程度，从而确定该摩擦片是否可继续使用。如果其中任意一个铆钉头沉入深度小于0.5 mm，则须更换离合器摩擦片或整个从动盘。换用的新摩擦片直径、厚度应符合原车规格，两片应同时更换，质量应相同	
	用游标卡尺检查离合器从动盘来确定从动盘摩擦片的磨损程度（见图）。当总厚度小于规定值时，应更换。更换摩擦片时，两摩擦片的厚度差不应超过0.50 mm。在新摩擦片上钻的铆钉孔要规范，从动盘及花键孔经检测可用 铆合时要确保摩擦片和从动盘贴合严密，铆钉头朝向要相邻头尾交错排列。铆好后摩擦片总厚度符合要求，表面平整，不允许有油污	游标卡尺

续表

操作内容	操作说明	图　示
检查离合器从动盘花键毂的磨损	离合器从动盘花键毂的磨损过大，将导致起步或车速突然改变时发出响声。检查时，将从动盘装在变速器第1轴的花键上，用百分表在从动盘的外圆圆周上进行测量。固定变速器第1轴，用手轻轻来回转动从动盘作配合检查，不得有明显的晃动，百分表的摆差不得超过规定值，否则须更换离合器从动盘组件 从动盘组件经修理或更换摩擦片后要进行静平衡试验，不平衡度应在原规定范围内，一般的不平衡允许误差为18 g·cm	摩擦片 从动盘本体 波形弹簧片 铆钉 从动盘毂 分开式弹性从动盘
检查从动盘钢片的变形	从动盘钢片的翘曲变形会引起汽车起步时离合器发抖和磨损不均匀，其翘曲度的测量(见图)。使用百分表在距从动盘外边缘2.5 mm处测量从动盘的端面圆跳动量，其值不应超过允许值	1 2 从动盘变形的检查 1—百分表;2—从动盘
	当从动盘的端面圆跳动量，其值超过允许值时，应进行校正或更换，(见图) 从动盘钢片与从动盘毂的铆钉可用手锤敲击检查，如有松动和断裂应予更换或重铆	1 2 从动盘变形的校正 1—扳钳;2—从动盘钢片
压盘的检修	离合器压盘和中压盘的主要损伤是工作表面的磨损，严重时会出现磨损沟槽，使用不当时，甚至会产生翘曲或破裂现象 摩擦片铆钉头外露擦伤压盘表面，使压盘表面磨出沟槽。工作表面的轻微磨损起槽、不平，可用油石修平。磨损沟槽深度超过0.50 mm，平面度误差超过0.12 mm，应修平平面。压盘的极限减薄量不得大于1 mm	

续表

操作内容	操作说明	图　示
压盘平面度检测	离合器打滑和分离不彻底容易使压盘受热产生翘曲变形或不均匀磨损。压盘平面度不应超过0.20 mm,检查方法是用钢直尺压在压盘上,然后用厚薄规测量缝隙(见图) 压盘若有严重翘曲、烧蚀、变色、磨损严重、破裂等缺陷则应更换。中间压盘传动销承孔磨损超过0.50 mm时,应更换 压盘经过修理加工后,应进行静平衡,其不平衡度允许误差为15～20 g·cm	1—直尺;2—厚薄规;3—压盘;4—离合器盖
离合器盖的检修	离合器盖因压紧弹簧力强弱不均匀或紧固螺栓松动,会发生形变或有裂痕。离合器盖分离杠杆的窗孔磨损,使窗孔与分离杠杆或压盘凸耳的配合间隙增大,从而使离合器工作时发出响声。离合器盖在使用过程中,易产生与飞轮接触平面的变形或产生裂纹、分离杠杆孔磨损或分离杠杆支架固定螺栓处产生凹陷等	
	离合器盖变形,可放在平板上用手按住检查,如有摇动即为变形;或用厚薄规在离合器盖的几个凸缘处测量,如间隙超过0.50 mm,应予以校正。窗孔磨损可先堆焊再进行锉修,直到分离杠杆或压盘凸耳与其配合时,左右侧面没有松动。离合器盖上铆接有传动片时,应无松动现象,若有明显松动,应予重铆。若发现裂纹、破损或变形严重,应更换离合器盖或压盘总成	
飞轮翘曲检查	飞轮表面径向跳动误差对于平稳和振动有很大影响。跳动为0.1 mm时会引起抖振。用一百分表检查飞轮的表面径向跳动(见图)	带支架的百分表 飞轮端面

续表

操作内容	操作说明	图示
压紧弹簧的检修	螺旋弹簧的检修 螺旋弹簧可在弹力检验仪上进行检查。当自由长度减小值大于 2 mm,在全长上的偏斜超过 1 mm,或出现断裂和变形时,均应予更换	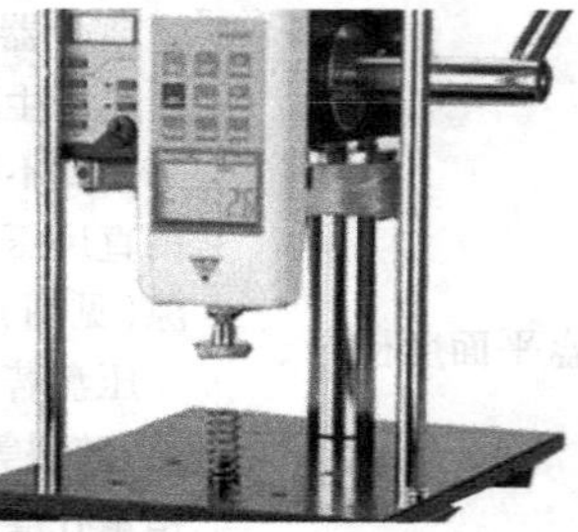
	膜片弹簧的检修:膜片弹簧长期经受交变载荷,易疲劳变形、性能衰减,从而影响动力的传递。膜片弹簧若有簧片折断、烧伤、出现裂纹等缺陷,都应更换 检查膜片弹簧内端与分离轴承的接触部位有无磨损。膜片弹簧分离指端的磨损情况,可用游标卡尺或深度尺来检测,检测方法见图,其深度 h 应小于0.60 mm,宽度 b 应小于 5 mm,如果磨损严重,则须更换离合器盖组件	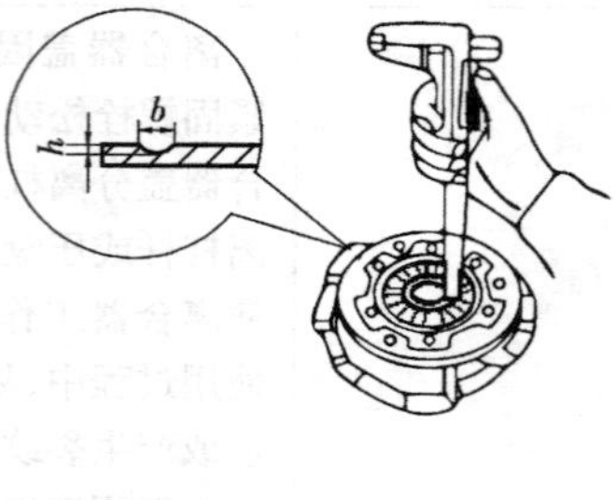 b h
压紧弹簧的检修	膜片弹簧分离指端平面度的检查: 检查膜片弹簧的内端是否在同一平面上。检测方法见图,将离合器从动摩擦片、膜片弹簧、压盘、离合器盖等装到发动机飞轮上后,用专用工具检查膜片弹簧分离指端是否在同一平面内。所有指端高低最大差值应小于规定值,否则要用专用工具进行校正	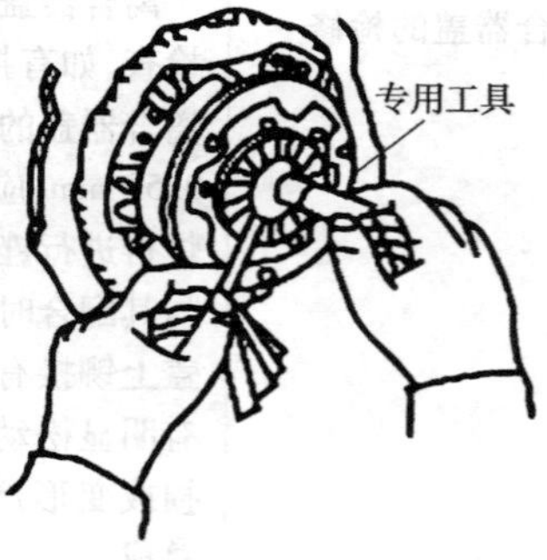 专用工具
	膜片弹簧分离指端平面度的校正: 当指端高低最大差值大于规定值,则要用专用工具进行校正,如图所示。一般情况下应予更换 检查膜片弹簧铆钉有无松动现象。如果铆钉松动或开始有松动时,踩下离合器踏板离合器盖组件将会发出"咔嗒"的响声,这时应更换离合器盖组件。膜片弹簧支承槽磨损大于 0.5 mm 或出现断裂、弹力减弱和变形时,应予更换	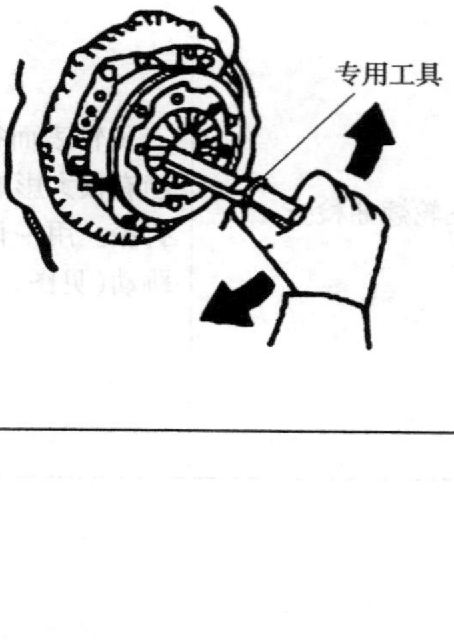 专用工具

续表

<table>
<tr><th>操作内容</th><th>操作说明</th><th>图　示</th></tr>
<tr><td rowspan="5">离合器分离杠杆高度的调整</td><td colspan="2">离合器各分离杠杆与分离轴承的接触平面应在与飞轮工作平面平行的同一平面内,这个平面应与飞轮平面之间保持原厂规定的距离,该距离调整不当将影响离合器的分离状况
虽然各种周布弹簧离合器采用的都是螺旋弹簧,但结构形式还是有所不同,分离杠杆的调整也有差异,其调整部位及要求与车型有关
调整时,应确保各分离杠杆与分离轴承接触端面位于同一平面上。该尺寸有车上调整和车下调整两种方法</td></tr>
<tr><td>车上调整专用调整工具。采用图示的工具,可以确保3个分离杠杆高度一致</td><td>1—调准器;2—定中心器</td></tr>
<tr><td>车上检查方法见图</td><td></td></tr>
<tr><td>主离合器分离杠杆高度的调整:
将定中心器插入离合器从动盘轴座中(见图),确定其端部接触到飞轮轴承后,压下调准器。旋松主离合器分离杠杆调整螺钉的锁定螺母,顺序旋动3个分离杠杆调整螺钉,改变主离合器分离杠杆高度,直至用塞尺测量分离杠杆端部与调准器定位之间的间隙为0.1 mm</td><td>1—定中心器</td></tr>
<tr><td>副离合器分离杠杆高度的调整:
副离合器分离杠杆高度参照此主离合器分离杠杆高度的调整</td><td>1—定中心器</td></tr>
</table>

续表

操作内容	操作说明	图　示
离合器自由行程的检查	机械操纵式离合器踏板自由行程的调整： 一般是通过分离叉拉杆调整螺母调整拉杆或钢索长度，使离合器踏板自由行程符合规定。液压操纵式离合器踏板自由行程一般是主缸活塞与其推杆之间和分离杠杆内端与分离轴承之间两部分间隙之和在踏板上的反映。因此，踏板自由行程的调整实际上就是这两处间隙的调整	
	当踏板移动时，首先会感到回位弹簧的阻力较小。经过小段行程后，阻力会明显增大，此时分离轴承刚好接触到了分离杠杆。用直尺或带尺测量踏板的位移，将测量结果与厂家规定的标准值比较。如果自由行程偏离标准值较大说明需要调整。清拖 750 离合器踏板自由行程为 20～27 mm，检查方法（见图）	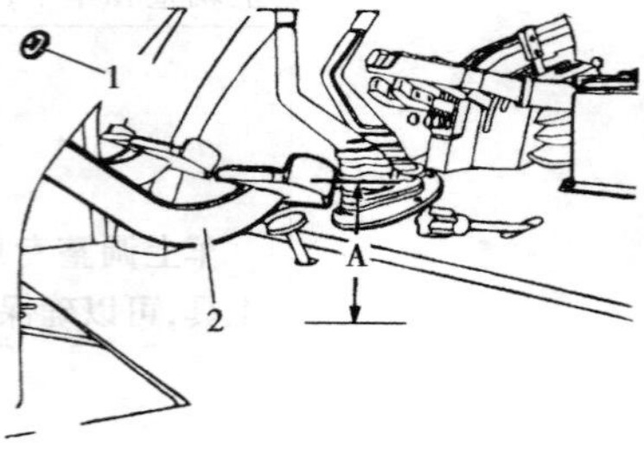 A—自由行程； 1—仪表固定捏手；2—离合器踏板
主离合器操纵杆系的调整	离合器踏板自由行程的调整可通过图示的调整螺母来进行。将螺母逆时针转动，踏板自由行程加大。调整时，应注意分离叉传动臂与支架之间的距离。如该距离不当，可将分离叉传动臂固定螺母松开，将传动臂从分离叉支承轴上取下，转过一个角度后装复，直至该距离达到标准为止	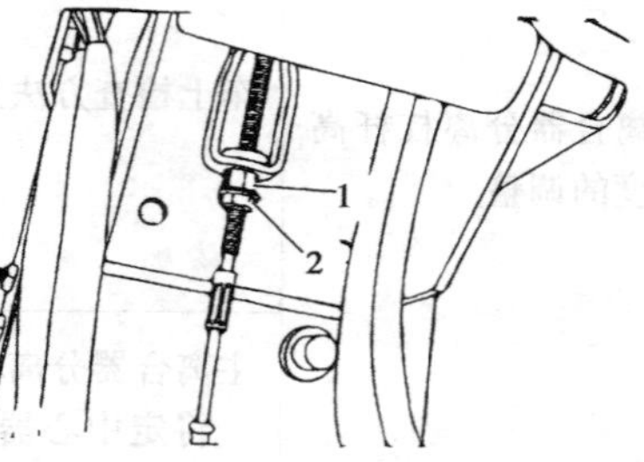 1—锁定螺母；2—调整螺母
离合器操纵机构的检修	离合器操纵机构有多种，机械操纵机构多为杆件，联接关系简单，拆卸后主要检查并更换分离轴承与回位弹簧；液压操纵机构检修重点为主缸和工作缸。检修机械操纵机构时，因分离杠杆端部与分离轴承接触，易使其端部磨损，磨损度一般应不超过 1 mm。若分离杠杆的端面磨损严重或变形，应予以更换。若超差过多，可予焊修并打磨	
检查分离轴承	方法（见图）。在对分离轴承施加一定轴向力的同时，用手转动轴承，分离轴承应灵活无响声，若轴承发卡或转动阻力大，应更换分离轴承。分离套筒与分离轴承配合过松时，应更换分离轴承或套筒，并检查分离套筒回位弹簧的弹力	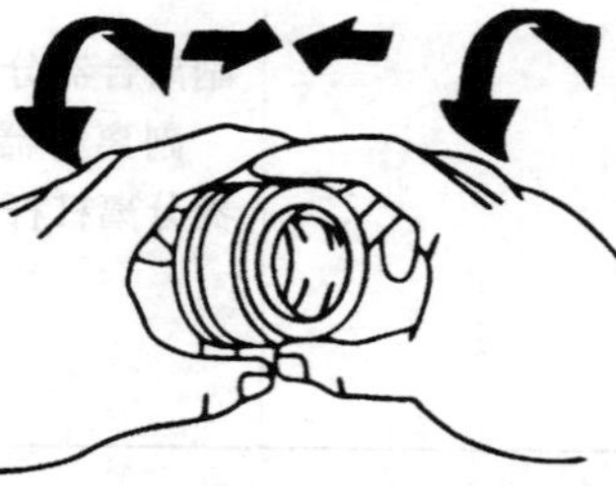

学习情境2.3　离合器故障诊断与排除

[学习目标]

1. 了解拖拉机离合器常见故障表现的现象。
2. 能分析拖拉机离合器常见故障的产生的原因。
3. 能正确、有效地排除拖拉机离合器常见故障。

[工作任务]

对拖拉机离合器常见故障进行诊断和排除。

[信息收集与处理]

离合器是拖拉机动力传动系统中的重要部件之一。离合器在使用过程中,随着时间的推移,会出现一些故障使拖拉机不能正常工作。目前,拖拉机传动系统中应用最多的是单片干式常接合双作用摩擦片式离合器,常见的离合器故障有离合器打滑、离合器分离不彻底、离合器发抖、离合器有不正常响声等。

(1)离合器打滑

离合器打滑时,不但会损坏离合器的摩擦片,更重要的是拖拉机的动力得不到充分发挥,传给变速器的转矩会减少,严重时造成拖拉机前进及后退困难。

1)故障现象

拖拉机起步时,当离合器踏板完全放松后,离合器虽然处于接合状态,但从动盘的转速仍然低于飞轮和压盘的转速。发动机的动力得不到全部的输出,造成拖拉机起步困难及加速迟钝。负荷较重时拖拉机根本不能起步。出现低挡起步迟缓、高挡起步困难现象,有时拖拉机起步发生抖动;拖拉机牵引力降低;当负荷增大时车速忽高忽低,严重时甚至停车,但内燃机声音无变化;严重时由于摩擦片长期打滑而产生离合器过热而高温烧损,表现出摩擦片冒烟并伴有烧焦气味。

2)诊断方法

将拖拉机停车在平地上,把变速器挂上非空档,拉紧驻车制动器,使离合器处于完全接合状态下,用专用工具摇转柴油机,如能摇动即为离合器打滑。

在测试路面上启动发动机,拉紧驻车制动,挂入低速挡,慢慢地放松离合器踏板,并踩下加速踏板逐渐加油,若拖拉机不能前进,而发动机能运转又不熄火,说明离合器打滑。

3)故障分析

导致离合器产生打滑的根本原因是离合器压紧力下降或摩擦片表面质量恶化,使摩擦系数降低,从而导致摩擦力矩变小。导致摩擦力矩变小的具体因素有离合器压盘压力过小或压盘压力不平衡、从动盘摩擦片等有油污、从动盘翘曲变形或摩擦片表面烧损、摩擦片严重磨损、离合器盖与飞轮联接螺栓松动及操作不当等原因引起。

①离合器压盘压力过小或压盘压力不平衡

当离合器压盘压力过小或压盘压力不平衡时,会使离合器摩擦副之间有过大的滑动,摩擦力减小导致摩擦力矩变小。其主要原因如下:

a. 调整不当致使离合器踏板的自由行程过小,有时甚至没有自由行程,分离轴承常压在离合器分离杠杆上,压盘始终处于半分离状态造成压盘压力不足而导致摩擦力矩小。

b. 离合器压盘弹簧折断、弹力减小以及弹簧工作长度变短,致使压盘压力减小;个别弹簧弹力不足,致使压盘一边压力大一边小,从而使压盘接合压力不平衡而造成离合器打滑。

c. 离合器踏板受阻滞,或者是分离轴、踏板轴销等润滑不良、有锈蚀,或者是踏板回位弹簧脱落、弹力减小等原因致使离合器踏板不能回位,分离轴承仍然与分离杠杆接触造成离合器打滑。

d. 由于离合器 3 个分离杠杆端头不在周一个平面内而导致离合器在接合的情况下,仅有一个或两个分离杠杆端头与分离轴承接触,从而使压盘压力不平衡,造成离合器打滑。

②从动盘摩擦片等有油污

当离合器从动盘摩擦片、压盘及飞轮之间沾有油污时,离合器摩擦表面的摩擦系数会降低从而使摩擦力矩变小。离合器中油污的来源如下:

a. 离合器在使用过程中,由于频繁接合,造成摩擦发热,分离轴承温度升高后,分离轴承中的润滑脂变稀而被甩进摩擦副表面,造成摩擦副摩擦性能变差,致使离合器打滑。

b. 拖拉机变速器第一轴的油封、轴承座处损坏或曲轴后油封损坏而漏油,以及各联接螺栓松动而造成密封不严,使变速器内的齿轮油或者曲轴箱内的机油漏入离合器室内,造成离合器打滑。

c. 离合器壳体下方的排污小孔堵塞后未及时进行疏通,致使离合器室内的尘土和油污排不出去,尘土和油污进入摩擦副表面从而引起离合器打滑。

d. 离合器在装配时错误地在离合器轴花键上涂润滑脂,因离合器工作时发热,润滑脂融化后被甩到压盘和摩擦片之间,从而致使离合器打滑。

③摩擦片严重磨损

当摩擦片严重磨损时,摩擦片表面的铆钉头部凸出,从而减弱从动盘摩擦片接触;同时,摩擦片厚度减薄后,压盘会向飞轮方向靠近,压紧弹簧伸长增加致使压紧力减弱,分离杠杆向后翘起,分离合器的自由行程变小甚至消除,减少了压紧弹簧的部分压力,摩擦副间因接触不良而降低摩擦力,致使离合器打滑。

④从动盘翘曲变形或摩擦片表面烧损

a. 从动盘摩擦片翘曲变形或者飞轮接合面、压盘平面磨损后不平时,会使摩擦片与飞轮、压盘三者之间接触不良,使摩擦片接触面积减少造成传递力矩降低。

b. 由于离合器打滑后，摩擦片、飞轮及压盘平面接合面产生烧损，其表面生成一层光滑的硬化层，使摩擦副表面摩擦系数降低造成离合器打滑。

⑤联接螺栓松动

飞轮与离合器盖联接螺栓松动。

⑥使用中操作不当使离合器打滑

其主要表现如下：

a. 操作者的脚经常放在离合器踏板上，使离合器处于半合半离状态。

b. 经常大油门、高挡位、重负荷起步。

c. 分离离合器不够迅速、干脆，使摩擦片滑转、磨损。

d. 操作不熟练，使离合器打滑。

e. 当拖拉机陷车后，用突然加油和猛抬离合器的方法硬冲，造成摩擦片滑转。

(2) 离合器分离不彻底

离合器分离不彻底时不能切断发动机输出的动力，不但拖拉机换挡困难或挂不上挡，而且会加剧变速器齿轮早期磨损甚至损坏。

1) 故障现象

离合器分离不彻底的故障现象表现为当离合器踏板踩到底以后，发动机与变速箱之间的动力不能完全切断，离合器处于半合半离状态，仍有部分动力传给变速箱；发动机在怠速时，离合器踏板完全踏到底后，挂挡困难，变速器中有齿轮撞击声。当勉强强行挂入挡后，离合器踏板不回位，拖拉机则立即向前行驶或发动机发生熄火。

2) 诊断方法

拖拉机有以上故障表现，可确定离合器的故障就是分离不彻底。在检修或保养拖拉机时，将变速器放到空档，踏下离合器踏板，用旋具拨动离合器摩擦片，若能轻轻地转动，则离合器能分离、能切断动力；若拨不动，则表示离合器分离不彻底或不能分离。

3) 故障分析

导致离合器产生分离不彻底的根本原因是离合器在需要分离时，从动盘仍与压盘间有压紧力的作用，从而导致摩擦力矩仍然存在。故障原因具体表现有操纵机构行程调整不当、从动盘装配时存在安装问题、从动盘严重翘曲变形、部分零件失效或损毁。

①操纵机构行程调整不当

操纵机构行程调整不当主要是指离合器的自由行程和分离行程调整不当。

a. 3 个分离杠杆端头与分离轴承端面的间隙过大，使离合器踏板自由行程过大，有效行程变小。

b. 3 个分离杠杆间隙不一致，当踩下离合器踏板时，压盘向后移动不足，或移动时压盘产生歪斜，致使主动盘和从动盘分离不彻底。

②安装时从动盘装反或更换的从动盘摩擦片过厚

当踩下踏板分离离合器时，从动盘移动微小或不移动，使从动盘无轴向间隙，造成主动盘和从动盘不能分离。

③从动盘轴向移动不畅

从动盘毂花键与离合器轴花键齿锈蚀、有毛刺及脏物卡住、磨出台阶或者装配过紧等，都使从动盘轴向移动困难，摩擦片不能在离合器轴上自由滑动，使得摩擦盘片与飞轮贴合在一起。

④从动盘严重翘曲变形

从动盘翘曲变形后相当于厚度增加，即使离合器调整有正常的分离行程，但分离时从动盘和主动盘仍有局部接触，从而使离合器分离不彻底。

⑤离合器轴或曲轴轴向间隙过大

轴承及其座孔严重磨损，会造成离合器轴、离合器总成有轴向窜动；曲轴止推片严重磨损，使曲轴轴向间隙过大。当踩下离合器踏板时，从动盘作轴向移动，由于轴向间隙过大，则可能产生离合器轴向前窜动或者曲轴向后窜动，因而使主、从动盘不能彻底分离。

⑥压力弹簧折断、脱落或失效

压力弹簧折断、脱落或失效会使压盘不能立即回位，而使从动盘分离不彻底。

⑦压力弹簧的高度不一致或者有的压力弹簧端面不平

压力弹簧的高度不一致或者有的压力弹簧端面不平会使弹簧弹性不一致、弹簧弹力强弱悬殊，导致压盘在分离时被拉偏，从而造成离合器分离不彻底。

⑧离合器轴与飞轮上的轴承黏结

曲轴后端或飞轮上的离合器轴前轴承严重缺油而黏结、咬死，会造成离合器轴与飞轮上的轴承黏结，当从动盘分离时，离合器轴仍然继续被飞轮上的离合器轴前轴承带转。

⑨分离部件损坏或断裂

由于长期使用，分离杠杆上的销孔与销轴磨损严重，使配合间隙增大。分离杠杆端头上的承压面磨损严重会导致离合器自由行程变大，从而引起分离杠杆或销轴折断，当踩下踏板时，压盘不能分开；或者能分开但压盘偏斜，造成离合器分离不彻底。

⑩从动盘摩擦片铆钉松动

离合器从动盘摩擦片铆钉铆接不牢，有部分铆钉松动后，踩下离合器踏板，离合器压盘后移时，未铆紧的摩擦片就会离开钢片向外张开造成摩擦片仍与飞轮和压盘端面接触，致使离合器分离不彻底。

⑪从动盘摩擦片烧损变质

从动盘摩擦片由于某种原因烧损变质，在行驶一定路程后，从动盘摩擦片自身达到一定温度之后，黏附在飞轮或压盘上，造成离合器分离不彻底。

(3)离合器发抖

拖拉机起步时离合器发生抖动，整个拖拉机也会跟着抖振，有时会出现连续性的冲击。严重时，会使整个拖拉机发抖。

1)故障现象

离合器发抖的具体表现是拖拉机起步时，驾驶员按正常操作平缓地放松离合器踏板，离合器正常平缓地接合时，拖拉机不是平稳起步并逐渐地加速，而是间断接通动力造成拖拉机跟着抖振。

2）诊断方法

在使用或检修拖拉机时，如果发生以上故障表现，就可确定离合器的故障就是发抖。

3）故障分析

导致离合器发抖的故障的根本原因就是离合器间断接合，故障具体表现如下：

①离合器分离杠杆与分离轴承的间隙不一致。

②离合器从动盘翘曲变形或摩擦片铆钉松动。

③离合器压盘各弹簧弹力差异过大或有个别弹簧折断。

④离合器曲轴与飞轮固定螺栓松动。

⑤从动盘摩擦片有油污或者离合器压盘、中压板、飞轮表面硬化、损伤。

⑥发动机支架螺栓或变速器固定螺栓松动。

(4) 离合器有不正常响声

离合器产生不正常异响，说明离合器有故障。因此，在使用过程中一定要停车检查，不能听之任之，避免发生更大的事故。

1）故障现象

离合器异响多发生在离合器接合或分离时，当踩下或放松离合器踏板时，在离合器处可听到不正常响声。离合器刚接合时，有时会有"沙沙"的响声；接合、分离或转速突然变化时，会有异常的响声，等等。

2）诊断方法

在使用或检修拖拉机时，如果发生以上故障，就可确定离合器的故障就是有不正常响声。

3）故障分析

导致离合器产生异响的根本原因是离合器室内有异物出现或者有如联接处有松动等现象，故障具体表现如下：

①分离杠杆与分离轴承经常接触

由于分离杠杆与分离轴承间隙过小、调整不平衡，或是踏板回位弹簧过软、脱落或折断，或是轴承座回位弹簧松软、折断、伸长、脱落等，致使分离杠杆与分离轴承经常接触而产生异响。

②分离杠杆折断的响声

分离杠杆意外折断后，分离离合器时压盘会产生歪斜，致使主动盘和从动盘分离不彻底。

③分离轴承缺油或损坏

当分离轴承缺油或损坏时，会使分离轴承转动时产生噪声，转动不灵活，甚至不能转动。在离合器分离过程中，分离轴承端面与分离杠杆端头刚接触时，发生干摩擦而发出响声。

④配合件磨损

从动盘毂键槽孔与离合器轴花键齿严重磨损、配合松旷后，当离合器在接合或分离的瞬间，松旷的配合件发生冲击，即发出碰撞声。

⑤从动盘松动

在起步时接合离合器，以及行驶中分离离合器时，松动的铆合件或配合件发生冲击而发出异常响声。这种故障是离合器从动盘摩擦片铆钉松动、从动盘与从动盘毂铆接松动或分离杠杆销孔与销轴磨损松动等造成的。

实施离合器故障诊断与排除作业

(1)离合器的使用与保养

合理地使用离合器和对离合器进行规定的保养,能有效延长离合器的使用寿命,避免故障过早产生。不同的机型拖拉机对离合器的使用与保养有着不同的要求,具体参见使用说明书。但是,对于大多数拖拉机,特别是弹簧紧式离合器有以下一些共同特性。

1)离合器的使用

①分离离合器时,动作要迅速、踏板应踩到底。

②离合器分离时间不宜过长,若需要较长时间停车时,应将变速箱换入空挡。

③接合离合器时,要缓慢连续地放松踏板,使离合器接合平顺柔和。

④不要用猛抬离合器踏板的方法冲越困难地段。

⑤不要用离合器控制行车速度,在行车中不要将脚放在离合器踏板上,避免离合器处于半接合状态,造成离合器的滑磨。

⑥双作用离合器只有在副离合器彻底分离之后,才能接合或分离动力输出轴。

2)离合器的维护

①定期适量向轴承注油润滑,但是有些拖拉机的离合器的分离轴承或前轴承不是定期注油润滑,而是在装配前一次注油润滑。对这种分离轴承,应在修理或拆卸时,检查分离轴承是否缺油。如缺油,应将轴承放入熔化了的高熔点的钠基或钙钠复合基的黄油中,待其充满黄油冷却后取出装回。

②工作一定时间后,应将离合器壳底下的放油螺栓拧下,收车后及时放出渗入壳体内的集油。

③离合器在工作中因摩擦片沾上油污而打滑,应采用两步法清洗。清洗时,最好在拖拉机停车后趁热进行,因为这时摩擦片较热,容易将油洗掉。

(2)离合器常见故障的诊断与排除

1)离合器常见故障的诊断与排除事前准备

①前期准备

a. 待修拖拉机及常用拆装工具。

b. 按厂家维修手册要求制作或购买的专用拆装工具。

c. 按厂家维修手册要求制作或购买专用调整工具。

d. 相关说明书、厂家维修手册和零件图册。

e. 专用支承台架、零件摆放台、接油盘、记号笔、记录纸等辅助设施。

f. 千分尺、百分表等测量工具。

g. 吊装设备及吊索。

②安全注意事项

a. 操作人员应按规定正确着装。

b. 采用合适吨位的吊装设备、吊钩及吊绳，钢丝吊绳应与设备间有隔离垫块，起吊过程重物下面严禁有人，起吊物上严禁有人。

c. 吊下的部件不能直接放在地面上，应垫枕木。

d. 箱体部件拆卸孔洞应进行封口。

e. 不得用铁棒直接敲击工件，避免伤害工件精度。一般要用铜、橡胶或塑料锤子。

f. 如果用力过大，可能导致部件损坏。

g. 采用合适吨位的吊装设备吊装和移动所有重型部件。吊装和移动时，应确保装置或零件有合适的吊索或挂钩支承。

h. 在安装齿轮、花键轴等带尖角的零部件时，要注意不要被尖角划伤。

i. 不得使用汽油或其他易燃液体清洗零部件。

j. 密封面或精密配合面不得用起子等硬金属撬开，以免划伤表面。

k. 拆装时要格外小心，避免弄丢或损伤小的物件。

l. 装配前应彻底清洗所有零件，装配时密封件应涂上润滑油。精密配合件可用手直接推入，不得硬性敲击。

m. 装配时不得戴棉线等易落毛渣的手套，不得使用棉纱等抹布擦拭密封或精密配合表面，不得在灰尘密布的环境下装配。

2）相关作业内容

①离合器打滑故障诊断与排除作业时按表2.4进行。

表2.4　离合器打滑故障诊断与排除作业指导书

故障原因	故障检查	故障排除
从动盘摩擦片等有油污	1. 卸下变速器前端离合器室下面的螺钉，观察孔内流出来的油是机油还是齿轮油（齿轮油更加黏稠）。如果是机油，则说明柴油机曲轴后油封密封不严而漏油；如果是齿轮油，需把柴油机和变速器总成分开，仔细观察变速器第1轴和功率主动轴花键部分是否有齿轮油流出来的痕迹，若某一轴上有齿轮油痕迹，则说明该轴油封漏油 2. 检查变速器功率输出轴承盖周围是否有齿轮油流出的痕迹。如有，表明该轴承盖处漏油或垫片密封不良	1. 在维护与修理时，离合器轴前轴承、分离轴承的润滑脂不宜加注过多 2. 定期疏通离合器壳体下方的小孔 3. 安装时，不能在离合器轴花键齿上涂润滑脂 4. 若油污渗漏较少、污染不严重，应急时，可拆下离合器检视窗，启动柴油机使其怠速运转，不断地踏下和松开离合器踏板，同时向主、从动盘摩擦副间喷入汽油进行清洗，重复几次，洗净为止。若漏油污染严重，则先将柴油机与变速器的联接处进行分体，再卸下离合器分解各个零件，用汽油或碱水清洗并吹干。同时，查明油污来源后，更换曲轴油封或离合器轴的油封，消除曲轴油封或离合器轴油封的漏油

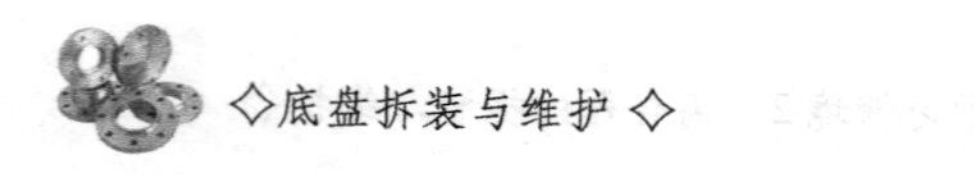

续表

故障原因	故障检查	故障排除
离合器压盘压力过小或压盘压力不平衡	离合器踏板自由行程多少的检查按表 2.3 所述进行。有无自由行程检查方法是:用脚踏、抬离合器踏板,如没有自由行程的感觉,可卸下离合器壳底盖,查看分离轴承和分离杠杆之间是否有间隙。如无间隙,可用手摇把摇转柴油机,如分离轴承随之转动,则判断离合器踏板无自由行程	参见表 2.3 对离合器踏板自由行程进行调整
	检查离合器分离杠杆的高度是否一致。以 SH650/654 型拖拉机为例,离合器分离杠杆头部和柴油机缸体端面距离应为 158.5 mm,且此高度误差不能大于 0.2 mm	通过分离杠杆处端面的调整螺钉调整。首先将调整螺钉的锁紧螺母拧松,然后旋动调整螺钉,用游标卡尺测量其高度是否符合标准,将 3 个分离杠杆调整到同一平面上
	检查离合器踏板能否完全回位。用脚踩踏板时感到阻力很大或离合器抬起后能用手提起踏板一段行程,说明离合器踏板不能完全回位,应检查离合器踏板与改装的驾驶室有无碰擦,分离轴、踏板轴销是否润滑不良而有卡滞,踏板回位弹簧脱落、弹力减弱等	根据现场情况,对分离杠杆等予以润滑、调整及更换
	检查离合器压盘压紧弹簧的技术状况。其自由长度可用直尺或游标卡尺测量;弹簧歪斜可用直尺配合 90°角尺在平板上进行测量;弹簧弹力须用弹簧检测器将其压缩到规定长度时进行测量,也可用新旧弹簧对比的方法来进行检查	当压盘压紧弹簧的技术状况不符合要求时,则予以更换。应急时,可在弹力稍弱、歪斜量不大、自由长度稍减的弹簧座下面加装厚度不应大于 2 mm 的适当厚度的圆环型铁垫圈
摩擦片严重磨损	参见表 2.3 检查离合器摩擦片的磨损情况	1. 更换摩擦片,重新铆合,使铆钉头下沉于摩擦片表面 0.8 ~ 1 mm 2. 新购的从动盘摩擦片配件要合乎标准,不能过薄 3. 对于双作用式离合器而言,当摩擦片厚度减薄后,可适当抽减副摩擦片衬板与飞轮之间的垫片,注意 3 组垫片要同时抽减同样的厚度

续表

故障原因	故障检查	故障排除
从动盘翘曲变形或摩擦片表面烧损从动盘是否有翘曲变形	参见表2.3相关内容检查从动盘是否有翘曲变形。从动盘的翘曲变形量通常用千分表检查,用端面圆跳动量表示。也可将旧摩擦片拆除后,把钢片放在专门的平板上,用塞尺插入缝隙处进行测量	当从动盘端一面圆跳动量超过允许值时,可用特制的钳子校正,或用特制的夹模将从动一盘夹在台虎钳上校正
	检查摩擦片、压盘及飞轮表面是否有硬化、烧蚀、破裂。如果是因摩擦片硬化而引起打滑,一般过去有过烧摩擦片、冒烟和发出臭味的现象	摩擦片烧损的处理:轻微的烧蚀与硬化,可用砂布打磨后继续使用,严重者或已出现破裂的,则应予以更换新件 压盘不平的处理:轻微磨损时可用气门研磨砂互相研磨,直至划痕消除为止。当表面划痕较深,平面度误差较大时,可在车床上车光或在平面磨床上磨光
离合器盖与飞轮联接螺栓松动	检查离合器与飞轮的联接螺栓是否松动	离合器盖如有松动,应及时紧固。如不松动,则应检查离合器盖与飞轮之间有无调整垫片,并根据实际情况减少或拆除垫片,然后再加以拧紧
操作不当使离合器打滑	检查操作规范性	拖拉机行驶中不得将脚一直放在离合器踏板上 操作时,离合器分离要"快而彻底",接合要"慢而柔和" 无论是空车还是满载,起步时应低挡位、缓加油门、慢抬离合器,平稳起步 陷车后应采取在轮胎下铺草垫、木板等有效措施 田间作业必须熟练操作

②离合器分离不彻底故障诊断与排除作业时按表2.5进行。

表2.5　离合器分离不彻底故障诊断与排除作业指导书

故障原因	故障检查	故障排除
操纵机构行程调整不当	检查分离杠杆端面是否在同一平面内，或者检查分离杠杆的高度是否一致	1. 若自由行程过大，应调整离合器踏板的自由行程，使离合器踏板的自由行程在技术要求的范围内 2. 若分离杠杆的高度不一致，应调整3个分离杠杆端头在一个平面内，一般偏差不能超过0.15～0.2 mm
更换的从动盘摩擦片过厚或安装时从动盘装反	将离合器分离杠杆的高度调整到最高位置，使离合器踏板踩到底，压盘向后移动的位移量仍不足以使从动盘脱离接触而自由转动，则判断为新换的从动盘摩擦片过厚	摩擦片过厚时，可在离合器盖和飞轮之间增加适当的垫片。从动盘装反时应重装。在双作用式离合器中，应将从动盘毂较短的一面朝向飞轮
从动盘严重翘曲变形、摩擦片是否开裂、破碎，摩擦片铆钉铆接处是否松动	从动盘严重翘曲变形时按表2.3进行检查 判断铆钉是否松动可用敲击法进行检查，铆钉松动的从动盘被敲击时，发出一种松旷、喑哑的响声，铆实了的从动盘被敲击时发出坚实、清脆的“嘎、嘎”声	当从动盘端面圆跳动量超过允许值时，可用特制的钳子校正，或用特制的夹模将从动盘夹在台虎钳上校正。校正后检验，使从动盘摩擦面相对于花键轴线的摆差应小于0.5～0.7 mm 摩擦片是否开裂、破碎，摩擦片铆钉铆接处松动应更换新的摩擦片
从动盘轴向移动不畅	拆下离合器底盖，将离合器踏板踩到底，可看到压盘在踏板踩下的同时向后移动，而从动盘并不随之脱离与飞轮的紧密接触，则判断为从动盘轴向移动不畅 检查是否有泥沙等杂质进入离合器；检查离合器轴花键齿是否锈蚀，或有毛刺等缺陷	拆下离合器进行修理，磨去毛刺、台阶，清除锈蚀和脏物，使两者移动顺畅。锈蚀的处理方法：可在从动盘摩擦片花键孔中抹少许润滑脂后，会在离合器轴上往复移动，待滑移比较轻便时，擦掉多余润滑脂，即可装复使用
离合器轴或曲轴轴向间隙过大	检查离合器轴轴承、座孔是否严重磨损。检查曲轴止推片是否严重磨损，曲轴轴向间隙是否过大	应更换磨损与损坏的离合器轴轴承，并保证装配质量。更换曲轴止推片，使曲轴有合适的轴向间隙

续表

故障原因	故障检查	故障排除
压力弹簧的高度不一致或者有的压力弹簧端面不平	检查压力弹簧的高度是否一致;检查压力弹簧的弹力是否基本相同	当压盘压紧弹簧的自由长度和歪斜量误差大于2 mm时,则予以更换
磨损分离部件损坏或断裂	检查分离杠杆的承压面、销孔、销轴等处是否磨损严重	分离杠杆的销孔若大于原孔径0.05～0.10 mm,应更换新件。分离杠杆承压端圆弧面磨出明显的台阶后应用油石修磨,使弧形面恢复到原来的形状。当磨损严重时,应进行堆焊后,再用砂轮打磨恢复到原来的形状
	检查分离杠杆或销轴是否折断	更换新件
缺油	检查曲轴后端或飞轮上的离合器轴轴承是否严重缺油。该轴承长期处于干摩擦或半干摩擦状态,轴承零件发热退火,直到损坏使轴卡死在轴承孔中	通过飞轮上的注油嘴向该轴承加注润滑脂,若不能解决,则更换曲轴后端或飞轮上的离合器轴轴承
从动盘摩擦片烧损变质	将变速杆放到空挡位置,踏下离合器踏板,用旋具推动离合器从动盘,若推不动,说明从动盘摩擦片黏附在飞轮或压盘上,导致离合器分离不开	若摩擦片烧损严重,应更换新件
从动盘摩擦片铆钉松动	拆开离合器壳底盖,踏下离合器踏板后,若离合器从动盘摩擦片离开钢片向外张开,放松离合器后,离合器从动盘摩擦片又向钢片贴紧,则说明从动盘摩擦片铆钉松动	把离合器拆开,将从动盘摩擦片重新铆上铆钉,并铆紧

③离合器有异响故障诊断与排除作业时按表2.6进行。

表 2.6 离合器有异响故障诊断与排除作业指导书

故障原因	故障检查	故障排除
分离杠杆与分离轴承经常接触	用脚钩起离合器踏板,如能钩起,且异响消失,可判断是踏板回位弹簧过软、脱落或折断,使分离轴承不能退回原处而刮碰分离杠杆所致。如离合器踏板已回到原来位置仍有异响,则拆下离合器底盘盖,检查分离轴承座回位弹簧是否有效;分离轴承与分离杠杆间隙是否符合规定	若离合器踏板回位弹簧过软,应更换回位弹簧。若分离轴承座回位弹簧松软、折断、伸长、脱落,应更换回位弹簧。若分离轴承与分离杠杆间隙不符合规定,应调整分离杠杆与分离轴承的间隙,使之达到规定值
分离轴承缺油或损坏	检查分离轴承是否缺油 方法1:踏下离合器踏板少许,使离合器轴承和分离杠杆接触,如听到“沙、沙”或“唰、唰”的噪声,且当放下踏板时声音消失,说明离合器轴承缺油或损坏 方法2:踩下离合器踏板后,听到一种“哗、哗”的金属干摩擦声,把飞轮底壳拆下观察,在离合器轴承与分离杠杆接触处,碰擦严重时有火花出现,说明分离轴承损坏或不能转动	向分离轴承注油的方法: 方法1:先将分离轴承清洗干净,再将轴承放入加热后融化的合成钙基润滑脂中,让润滑脂渗入轴承内,待润滑脂冷凝后,取出安装 方法2:将轴承外部清洗干净,在轴承盖侧面选任何一点钻一直径4.5 mm的孔,并加工出与5 mm的小滑脂嘴相配的螺纹,把滑脂嘴拧紧,并用锡焊焊牢,然后用专用工具将润滑脂注入轴承内,即可使用
分离杠杆折断的响声	在离合器旁诊听,当柴油机在低速运转时,出现“哗啦、哗啦”无节奏的声音,当加大油门时,响声更加严重。打开离合器壳侧盖检视窗,设法转动柴油机曲轴,观察、检验分离杠杆是否折断	拆卸后更换分离杠杆,并按正确方法进行调整
配合件磨损	配合件磨损在拆卸后的检查方法是将从动盘套装在标准的离合器轴花键齿上,或装在旧花键轴的未曾磨损的部位上,然后用手转动从动盘,不应有明显旷动的感觉。也可用游标卡尺测量花键齿宽度的办法来检查,要求磨损量不得超过0.25 mm	离合器从动盘毂花键孔与离合器轴花键齿严重磨损、配合松旷,超过极限后,应更新件
从动盘松动	当刚踩下离合器踏板或刚抬起离合器踏板,使离合器摩擦片和压盘处于要分离或要接触的状态时,听到有“咔嗒”碰击声,有可能是离合器从动盘摩擦片铆钉松动、从动盘与从动盘毂铆接松动或分离杠杆销孔与销轴磨损松动 在车上诊断时,将离合器踏板踩到底时,如果从动盘毂花键孔与离合器轴花键齿磨损松旷,会发出一种“嘎啦”的撞击声	摩擦片或从动盘毂铆钉松动时,应更换或重新铆合;分离杠杆销孔与销轴磨损,尺寸变大或圆度误差超限时,应更换新件或修理

学习情境3

变速器的拆装与维护

●学习目标

1. 能描述变速器的用途及工作原理。
2. 能选择适当的工具拆装拖拉机变速器。
3. 能有效地对变速器零部件进行检修。
4. 会诊断和排除拖拉机变速器故障。

●工作任务

对拖拉机变速器进行部件拆装与维护;能排除变速器常见故障。

●信息收集与处理

变速器是拖拉机传动系统中的重要部件之一。拖拉机变速器多采用齿轮式变速器。变速器在工作时,变速器内零件的相对运动非常频繁,齿轮、轴、箱体等零件本身也承受各种力的作用,因此,变速器也是一种易发病的总成。本章重点进行变速器拆装、主要零件检修及挂挡困难或挂不上挡、自动脱挡、乱挡、变速器声音异常以及变速器漏油、缺油、发热等常见故障的诊断与排除的学习。

学习情境3.1　变速器的拆装与维护

[学习目标]

1. 了解变速器的基本功用、类型、组成及工作原理。
2. 了解典型拖拉机变速器的结构。
3. 能选用适当工具对拖拉机变速器进行拆装及维护。

[工作任务]

对拖拉机变速器进行拆卸、组装及维护保养。

[信息收集与处理]

变速器是拖拉机传动系统中的重要部件。一般轮式拖拉机安装在摩擦式离合器后,履带拖拉机变速器则安装在万向传动装置与后桥之间。

(1)变速器功用

①减速增转矩即以减小转速的方式来增大发动机的传递转矩。

②实现空档在发动机不熄火的情况下可以长时间停车,同时也为发动机顺利启动创造条件。

③在发动机转矩、转速不变的情况下变速变转矩,通过变速箱的换挡,使传动系统的传动比发生改变,从而改变拖拉机的驱动力和行驶速度。

④实现倒挡使拖拉机能够倒退行驶。

(2)变速器的类型

如图3.1所示为变速器的类型分类。由图3.1可知,变速器有多种类型。目前,广泛使用的变速器是齿轮变速器。它是通过变换一对或几对不同的传动比的齿轮啮合来改变变速器总的变速比,其中包括零传动及负传动。

齿轮式变速器中按变速过程中动力是否中断,可分为传统齿轮式变速器和负载换挡变速器两大类,目前,拖拉机上应用得较多的是负载换挡变速器。

根据变速器变速方式,可分为手动变速器和自动变速器两大类型。手动变速器是通过操纵变速杆进行换挡,而自动变速器是根据车辆的负荷和车速自动换挡。农用汽车和拖拉机一般安装手动变速器,自动变速箱仅在一些进口的拖拉机上使用。

根据变速器的组合方式,可分为简单变速器和组成式变速器。农用汽车一般采用简单

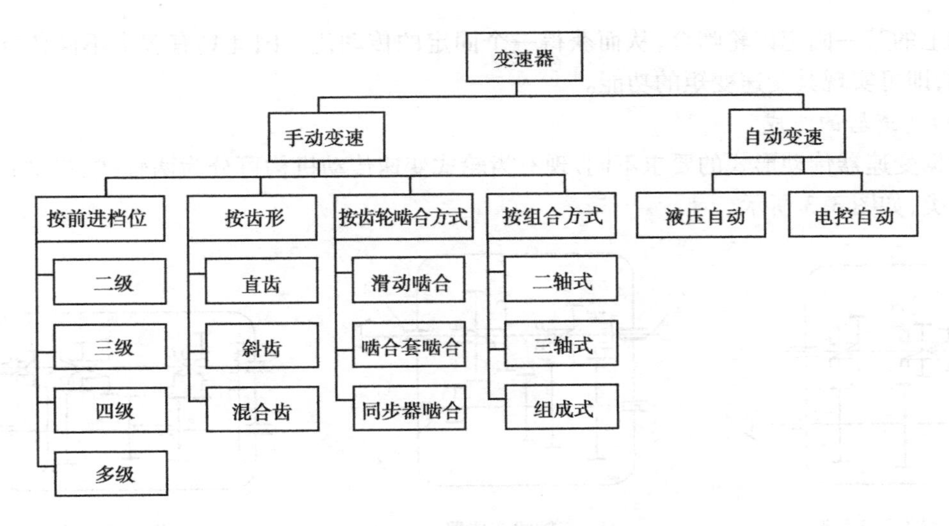

图 3.1　变速器类型

式变速器,而拖拉机由于要求排挡数多,多采用组成式变速器。

根据变速箱中除倒挡轴外工作轴的数量,变速器可分为二轴式变速器和三轴式变速器。三轴式变速器可在保证结构紧凑前提下增大传动比,但由于齿轮数量多,因此传动效率稍低。

如图 3.2 所示,变速器的结构一般由箱体,动力输入轴和输出轴、中间传动轴,轴上固定齿轮和滑移齿轮或滑动接合套,以及变速杆、拨叉轴和拨叉等零部件组成。

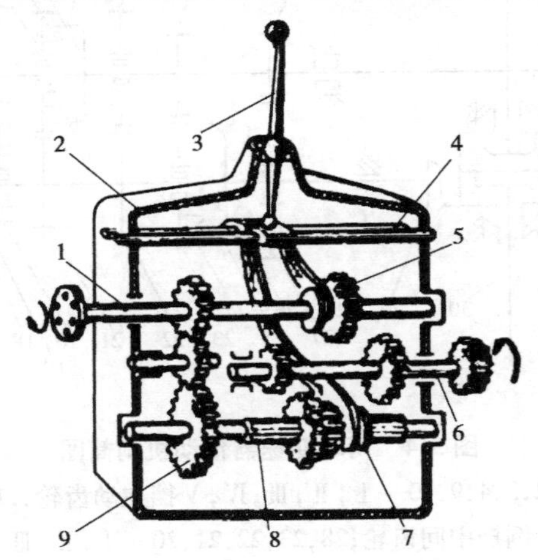

图 3.2　变速器的构造示意图

1—输入轴;2—箱体;3—变速杆;4—拨叉轴;
5—滑移齿轮;6—输出轴;7—拨叉;8—中间传动轴;9—固定齿轮

一般变速器设有倒挡齿轮、倒挡轴及相关操纵机构;有的拖拉机变速器还设有副变速传动机构和专用驱动作业机械的动力输出轴。

应用广泛的齿轮式变速的传动机构拥有两根及以上的传动轴,轴上装有若干大小不同的固定齿轮、滑移齿轮或两者兼而有之。通过操纵机构轴向移动某一滑移齿轮,使其正好与另一轴上的某一固定齿轮啮合，从而获得一个固定的传动比。因此具有多个不同传动比的变速器，即可实现其变速变矩的功能。

(3)变速器的组成

根据变速器传动形式的要求不同，现有齿轮式变速传动机构可分为两轴式、三轴式和组合式3类，如图3.3所示。

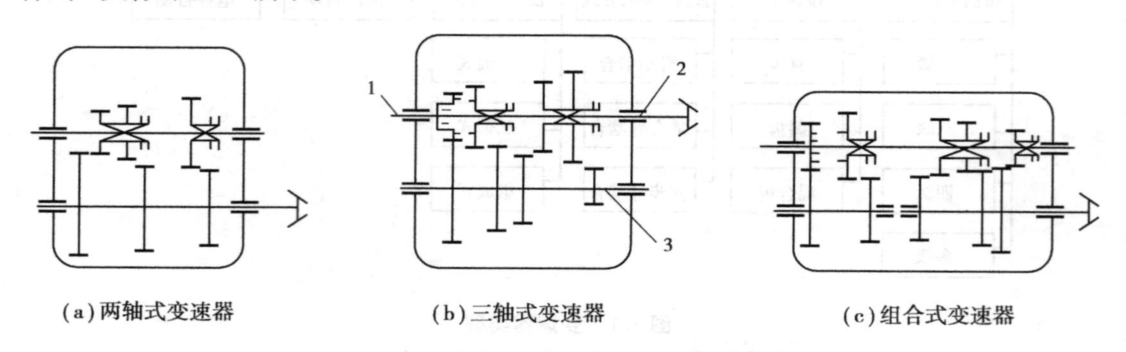

(a)两轴式变速器　　(b)三轴式变速器　　(c)组合式变速器

图3.3　常见变速器传动机构类型示意图

1—第一轴；2—第二轴；3—中间轴

1)两轴式变速器

如图3.4所示为两轴式变速器传动机构图。

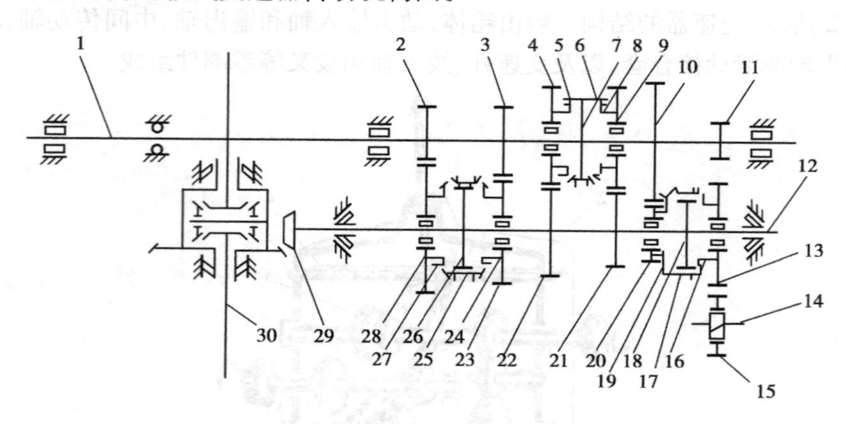

图3.4　两轴变速器传动机构简图

1—输入轴；12—输出轴；2,3,4,9,10—Ⅰ,Ⅱ,Ⅲ,Ⅳ,Ⅴ挡主动齿轮；11,13—倒挡主、从动齿轮；14—倒挡齿轮轴；15—倒挡中间齿轮；28,23,22,21,20—Ⅰ,Ⅱ,Ⅲ,Ⅳ,Ⅴ—挡从动齿轮；5,8,16,19,24,27—同步器锁环；7,18,26—同步器花键毂；6,17,25—同步器接合套；29—中央传动主动锥齿轮；30—半轴

该变速器输入轴1通过离合器与发动机曲轴相连；输出轴12经中央传动将动力和运动传给驱动轮。具有5个前进挡和1个倒挡。在输入轴上，从左向右的齿轮依次为Ⅰ,Ⅱ,Ⅲ,Ⅳ,Ⅴ挡和倒挡的主动齿轮，其中Ⅲ,Ⅳ挡主动齿轮通过轴承空套在输入轴上。在输出轴上，从左向右的齿轮依次为上述各前进挡和倒挡的从动齿轮。其中，齿轮28,23,20,13均通过轴承空套在输出轴上。倒挡主动齿轮11、倒挡中间齿轮15和倒挡从动齿轮13位于同一回

转平面内。

相对来说,两轴式变速器结构简单。前进时只有一对齿轮传动,因而传动效率较高,噪声较低。如果传动比要求大,挡位数要求多时,将会导致变速器体积庞大和笨重。

2)三轴式变速器

如图3.5所示为三轴式变速器变速机构图。

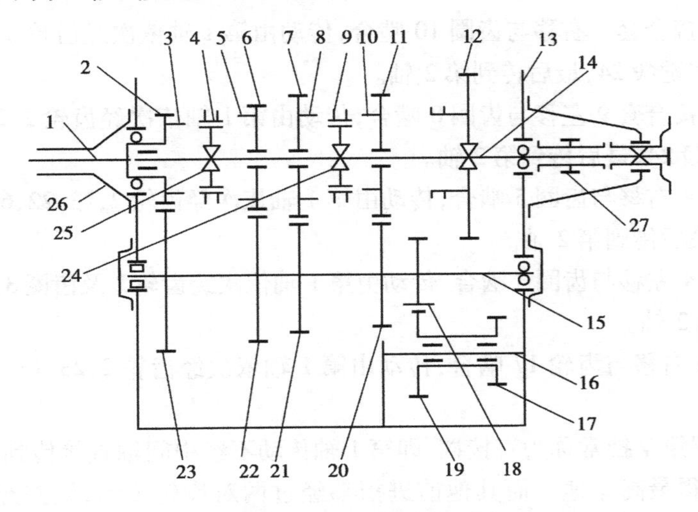

图3.5 三轴式变速器变速机构简图

1—第1轴;2—第1轴常啮合齿轮;3—第1轴齿轮接合齿圈;4,9—接合套;
5—Ⅳ挡齿轮接合齿圈子;6—第2轴Ⅳ挡齿轮;7—第2轴Ⅲ挡齿轮;8—Ⅲ挡齿轮接合齿圈;
10—Ⅱ挡齿轮接合齿圈;11—第2轴Ⅱ挡齿轮;12—第2轴Ⅰ及倒挡滑动齿轮;13—变速器壳体;
14—第2轴;15—中间轴;16—倒挡轴;17,19—倒挡中间齿轮;18—中间轴Ⅰ及倒挡齿轮;
20—中间轴Ⅱ挡齿轮;21—中间轴Ⅲ挡齿轮;22—中间轴Ⅳ挡齿轮;23—中间轴常啮合齿轮;
24,25—花键毂;26—第1轴轴承盖;27—车速里程表传动齿轮

该变速器具有第1轴输入轴1、中间轴15和第2轴及输出轴14。第1轴前端与轴承配合并支承在发动机曲轴后端的内孔中,其花键用来安装离合器从动盘,第1轴后端与轴承配合并支承在变速器壳体的壁上,齿轮2一般与此轴制成一体。中间轴两端均用轴承支承在变速器壳体上,其上面固定的联接齿轮23与齿轮2构成常啮合传动副。齿轮20,21,22分别为Ⅱ,Ⅲ,Ⅳ挡主动齿轮并固联其上,和该轴制成一体的齿轮18是Ⅰ挡和倒挡公用的主动齿轮。

第2轴前、后端分别用轴承支承于第1轴后端孔内和变速器壳体的壁上,齿轮12是采用花键联接并能通过操纵机构轴向滑动的Ⅰ挡和倒挡公用的从动齿轮,齿轮11,7,6分别为Ⅱ,Ⅲ,Ⅳ挡从动齿轮,它们分别与齿轮20,21,22保持常啮合,花键毂24和25分别固定在齿轮11与7和6与2之间,两毂上的外花键分别与带有内花键的接合套9和4联接,并且接合套通过操纵机构沿花键毂作轴向左右滑动,来实现与齿轮11或7、齿轮6或2上的接合套圈接合。倒挡轴16上的双联倒挡齿轮17和19采用轴承支承,齿轮19和18呈常啮合。

因此,当第1轴旋转时,通过齿轮2带动中间轴及其上所有齿轮旋转,但由于从动齿轮

6,7,11 均空套在第 2 轴上,接合套 4,9 和齿轮 12 都处于中立位置,不与任何齿轮的接合齿圈接合,也不与齿轮 18 或 17 接合,因此第 2 轴不能被驱动,变速器处在空挡状态。

使用变速器操纵机构,各挡位传动路线如下:

Ⅰ挡:齿轮 12 左移与齿轮 18 啮合,传动由第 1 轴依次经齿轮 2,23,18,12,最后传到第 2 轴。

Ⅱ挡:同步器接合套 9 右移与齿圈 10 啮合,传动由第 1 轴依次经齿轮 2,23,20,11 及齿圈 10、接合套 9、花键毂 24,最后传到第 2 轴。

Ⅲ挡:同步器接合套 9 左移与齿圈 8 啮合,传动由第 1 轴依次经齿轮 2,23,21,7 及齿圈 8、接合套 9、花键毂 24,最后传到第 2 轴。

Ⅳ挡:接合套 4 右移与齿圈 5 啮合,传动由第 1 轴依次经齿轮 2,23,22,6 及齿圈 5、接合套 4、花键毂 25,最后传到第 2 轴。

Ⅴ挡:接合套 4 左移与齿圈 3 啮合,传动由第 1 轴依次经齿轮 2 及齿圈 3、接合套 4、花键毂 25,直接传到第 2 轴。

倒挡:齿轮 12 右移与齿轮 17 啮合,传动由第 1 轴依次经齿轮 2,23,18,19,17,12,最后传到第 2 轴。

三轴式变速器第Ⅴ挡常称为直接挡,即第 1 轴传动不经中间轴直接传到第 2 轴,其传动效率最高,也可获得最高车速。而其他前进挡都经过两对齿轮传动,倒挡经过 3 对齿轮传动,故传动效率有所降低,噪声会有所增大。

3)组合式变速器

现代农业生产的发展要求拖拉机能进行越来越多的作业,为适应不同的作业条件,要求拖拉机前进挡数越多越好。对此,如果采用上述变速器原理和结构,势必会造成变速器庞大且笨重。目前,组合式变速器则可较好地解决这一问题,并且,组合式变速器也成为重型汽车变速器的主要形式。

如图 3.6 所示为 SH-50 型拖拉机的组合式变速器传动机构图。

组合式变速器通常由仅有高低两个挡位的副变速器和挡位数较多的主变速器串联而成,我国自行设计的拖拉机大多采用此种形式。

如图 3.6 所示中间部分为三轴式主变速器。它具有 3 个前进挡和一个倒挡;右边为行星齿轮传动构成的副变速器,它具有高、低两挡。因此,该组合式变速器共有 $2\times(3+1)$ 挡,即 6 个前进挡和 2 个倒挡。

副变速器中的行星齿轮传动机构由行星齿轮架 7 圆周均布的 3 根轴上空套 3 个行星齿轮 16,主变速器第 2 轴 3 右端上固定联接的太阳齿轮 5,固定在变速器壳壁上的内齿圈 8 等组成,行星齿轮同时与太阳齿轮和内齿圈啮合。因此,当太阳齿轮旋转时,行星齿轮既自转,又沿内齿圈滚动,从而带动行星齿轮架旋转。由于行星齿轮架的转速低于太阳齿轮的转速,当通过操纵机构向右拨动啮合套 6,使其外齿与行星齿轮架内齿啮合,则传动由第 2 轴经太阳轮、行星齿轮、行星齿轮架内齿、啮合套外齿、啮合套内齿,最后传到传动齿轮轴 15 上,得到副变速器低挡。当通过操纵机构向左拨动啮合套,让内齿与太阳齿轮啮合,则传动由第 2 轴经太阳齿轮、啮合套直接传到传动齿轮轴上,就得到副变速器的高挡。

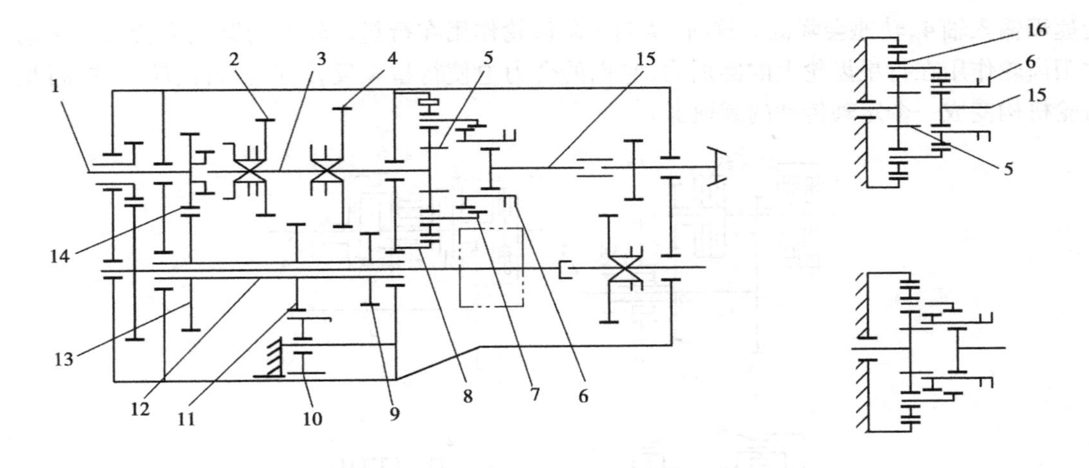

图 3.6　SH-50 型拖拉机变速器传动机构简图

1—第 1 轴;2—Ⅱ,Ⅲ挡滑动齿轮;3—第 2 轴;4—Ⅰ及倒挡滑动齿轮;5—太阳齿轮;6—啮合套;7—行星齿轮架;8—内齿圈;9—Ⅰ挡主动齿轮;10—倒挡齿轮;11—Ⅱ挡主动齿轮;12—中间轴;13—中间轴常啮合齿轮;14—第 1 轴常啮合齿轮;15—传动齿轮轴;16—行星齿轮

分别用主、副变速操纵机构控制主、副变速器的挡位,原则上先使用副变速,选定所需挡位,再使用主变速杆选择所需挡位。

4)负载换挡变速箱

传统齿轮式变速箱换挡时,都必须经过空挡位置,这时传动中断,拖拉机低速大牵引力作业,中断传动就会使拖拉机停车,这样会影响拖拉机的生产率。因此,目前拖拉机上使用负载换挡变速箱,可在不中断传递动力的情况下换挡。

负载换挡变速箱有全部排挡负载换挡和部分排挡负载换挡两种。前者所有的速挡都是负载换挡。后者一般是在传统齿轮式变速箱之前加一个负载换挡装置,或称增扭器,实现几个速度区段内的负载换挡。

①部分排挡负载换挡变速箱

负载换挡装置一般利用附加离合器或制动器来改变传动比。常用的负载换挡装置如图 3.7 所示。

A. 离合器-自由轮式

其结构原理如图 3.7(a)所示。当换挡离合器 2 接合时,传动可由图 3.7(a)中右边两对齿轮传递,但带自由轮的齿轮转得慢,而与变速箱输入轴相连的齿轮转得快,自由轮不能传递动力,传动由中间一对齿轮传递。离合器逐渐分离时,变速箱输入轴的转速逐渐降低,当其转速降低至低于自由轮外面的齿轮的转速时,自由轮开始逐渐传递动力。离合器不完全分离时,传动由右边的一对齿轮经自由轮驱动变速箱输入轴,转速降低。

B. 离合器-自由轮-行星齿轮机构式

其结构原理如图 3.7(b)所示。自由轮设在行星架与壳体之间。换挡离合器 2 接合时,行星架与主动太阳齿轮连成一体,整个行星齿轮机构形成一个整体一起旋转,变速箱输入轴以同样的转速旋转。离合器分离时,传动经主动太阳齿轮、双行星齿轮、从动太阳齿轮传给变速箱输入轴 4，转速会降低。这时，从动太阳齿轮作用在行星齿轮上的圆周力会大于主动太阳齿轮作用在行星齿轮上的圆周力，它们的合力迫使行星架反转，但被自由轮锁住，行星齿轮机构变成一个定轴传动的减速器。

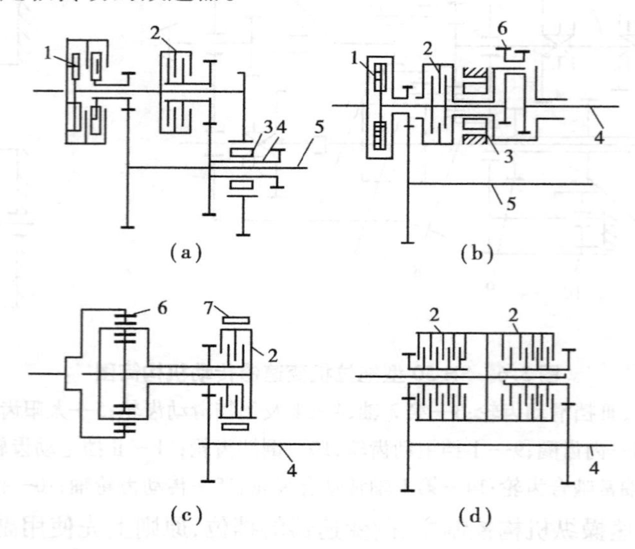

图 3.7　各种类型部分排挡负载换挡装置简图

1—主离合器；2—换挡离合器；3—自由轮；4—变速器输入轴；
5—动力输出轴；6—行星机构；7—制动器

C. 离合器-制动器行-星齿轮机构式

其结构原理如图 3.7(c)所示。离合器接合、制动器分离时，行星齿轮机构成一整体，传动齿轮中主动齿轮的转速与行星齿轮机构输入轴的转速相等。离合器分离、制动器转动时，行星齿轮机构中的太阳齿轮不转，传动以齿圈为主动件，行星架为从动件传递。

D. 双离合器式

其结构原理如图 3.7(d)所示。它由两个多片离合器和两对传动比不同的啮合齿轮组成。主动齿轮活套在轴上，通过离合器与轴关联。换挡时，原来接合的离合器逐渐分离，而原来分离的离合器逐渐接合。换挡过程中两离合器所传递的功率有一定的重叠区，传动没有中断。

②全部排挡负载换挡变速箱

全部排挡负载换挡变速箱中广泛采用单级行星齿轮机构，利用离合器和制动器来改变其太阳齿轮齿圈和行星架的转动和静止状态，从而改变传动比。

设单级行星齿轮机构中太阳齿轮、齿圈和行星架的转速分别为 $n_{太}$、$n_{圈}$ 和 $n_{架}$，如图 3.8 所示。如果给整个机构加上一个与行星架的转速大小相等、方向相反的转速 $n_{架}$，则各元件间的相对运动关系仍然不变。这时，太阳齿轮的转速为 $n_{太}-n_{架}$，齿圈的转速为 $n_{圈}-n_{架}$，行星架的转速为 $n_{架}-n_{架}=0$，整个行星齿轮机构转化为定轴轮系。

如图 3.9 所示为 Ford971 型拖拉机上的一种行星齿轮变速器。该变速器具有 10 个前进挡、两个倒退挡，全部排挡都能负载换挡。

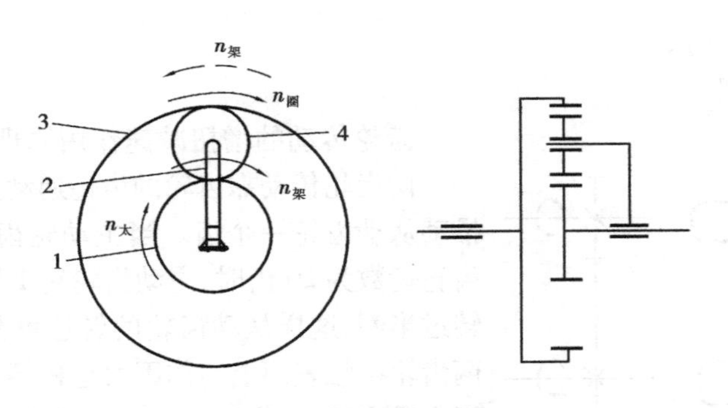

图3.8　单级行星齿轮机构

1—太阳轮；2—行星架；3—齿圈；4—行星齿轮

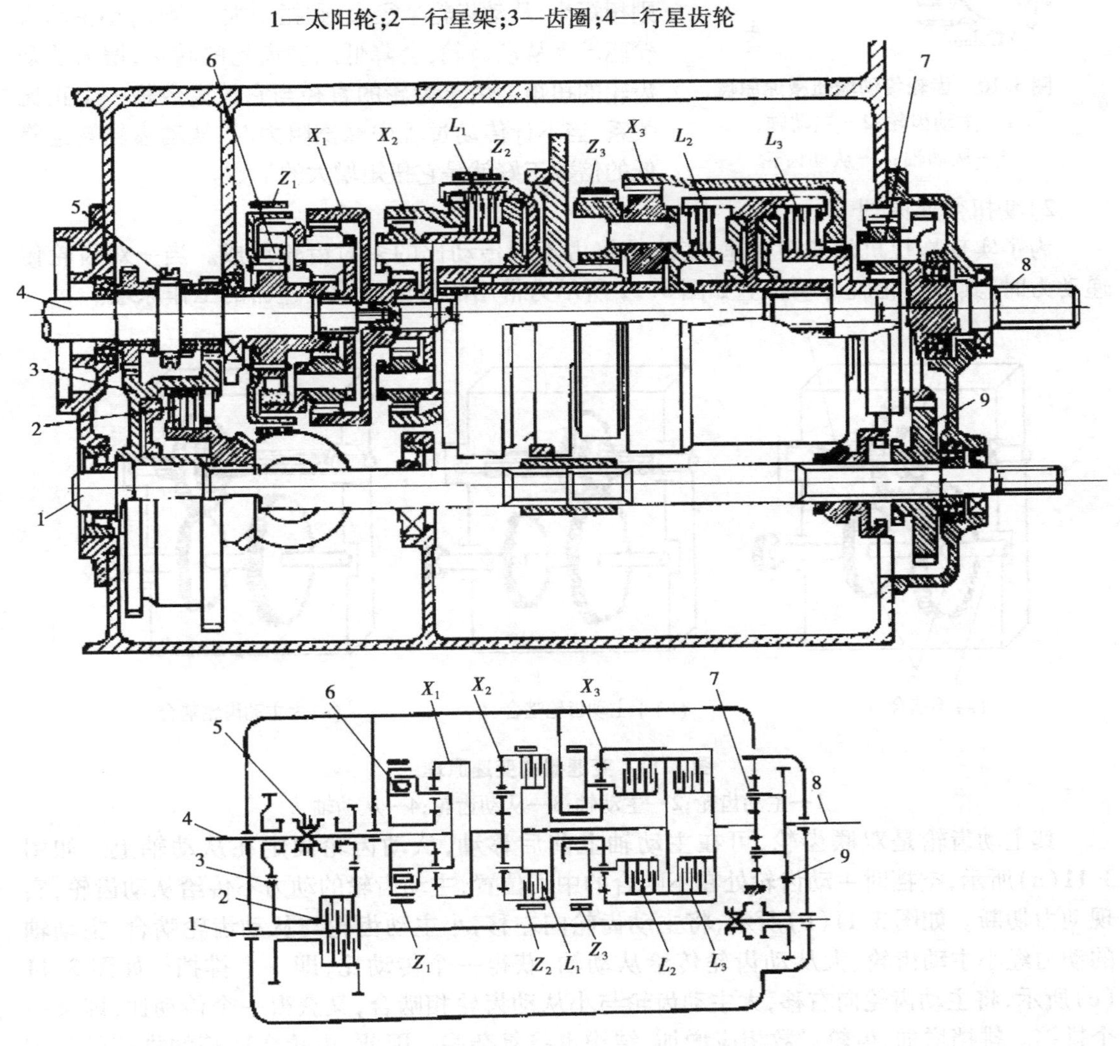

图3.9　福特971型拖拉机的行星齿轮变速器

1—动力输出轴；2—动力输出轴离合器；3—动力输出轴齿轮；4—输入轴；

5—动力输出变速啮合套；6—自由轮；7—行星齿轮机构；8—输出轴；9—同步动力输出齿轮

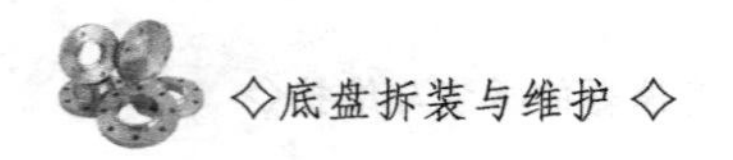

(4)变速器的工作原理

1)增扭减速原理

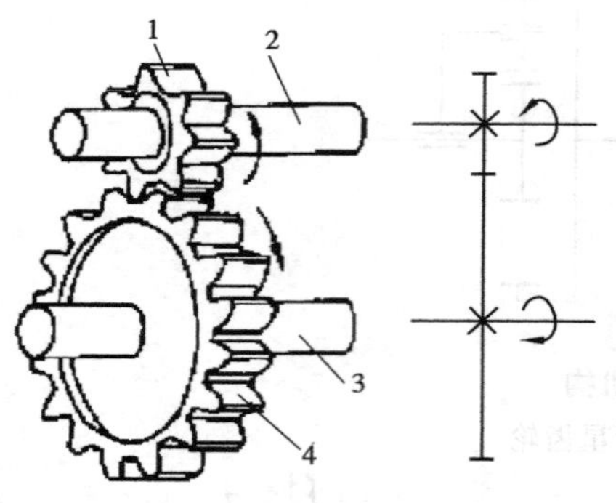

图 3.10　齿轮传动增扭减速原理

1—主动齿轮;2—主动轴;
3—从动轴;4—从动齿轮

齿轮传动的增扭减速作用原理如图 3.10 所示。

两齿轮传动靠齿轮的齿传递动力,主动齿轮一个齿推动从动齿轮一个齿。当主动轮齿齿数为 10 齿,从动齿轮齿数为 20 齿时,主动齿轮转 1 圈,从动齿轮刚好只转过半圈,这样从动齿轮的转速就降低了一半。同时,两齿轮接触表面上的作用力是相等的,由于扭矩等于作用力乘半径,在作用力相等的条件下,主动齿轮半径小,则扭矩小,从动齿轮半径大,则扭矩大。因此,小主动齿轮驱动大从动齿轮,会降低从动齿轮的转速,增大从动齿轮的扭矩。由于齿轮的直径与它的齿数是一个正比关系,当不计传动过程中摩擦阻力时,从动齿轮转速降低的倍数正好就是它扭矩增大的倍数。

2)变扭变速原理

为了实现拖拉机的变扭变速,变速箱将由不同传动比的多对齿轮组成。当一对齿轮传递动力时,其他齿轮脱开啮合。如图 3.11 所示为常用的滑动齿轮变速器的工作原理。

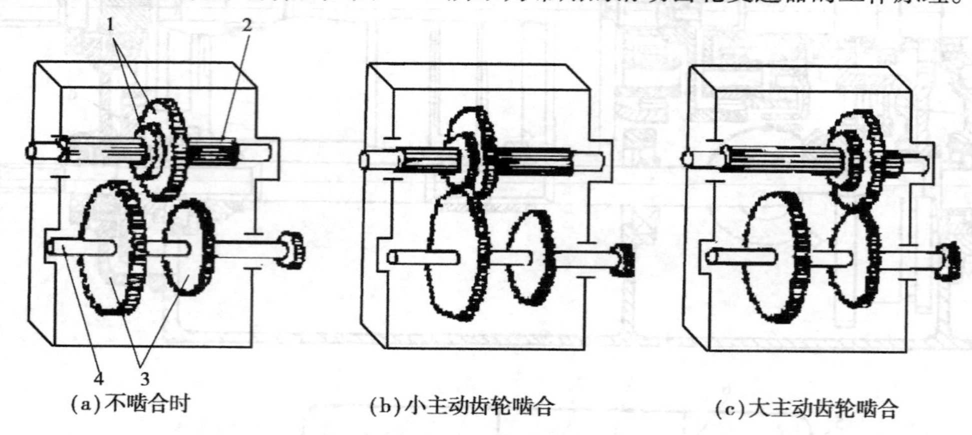

图 3.11　变速器的变速原理

1—主动齿轮;2—主动轴;3—从动齿轮;4—从动轴

其主动齿轮是双联齿轮,可在主动轴上前后移动,从动齿轮固定在从动轴上。如图 3.11(a)所示,空挡时主动齿轮处在不啮合的中间位置,主动齿轮的动力不传给从动齿轮,实现动力切断。如图 3.11(b)所示,将主动齿轮向左移,小主动齿轮与从动齿轮啮合,主动轴的动力经小主动齿轮、大从动齿轮传给从动轴,获得一个传动比,即一个排挡。如图 3.11(c)所示,将主动齿轮向右移,大主动齿轮与小从动齿轮相啮合,又获得一个传动比,即又一个排挡。排挡增加,齿轮对数相应增加,结构也将复杂些。因此,齿轮变速箱的排挡数是有限的,各挡传动比之间有一定间隔,又称为有级式变速箱。

3)变向原理

如图 3.12 所示为变速器变向原理图。由于两个齿轮一次啮合,主动轴逆时针旋转,则从动轴为顺时针旋转。

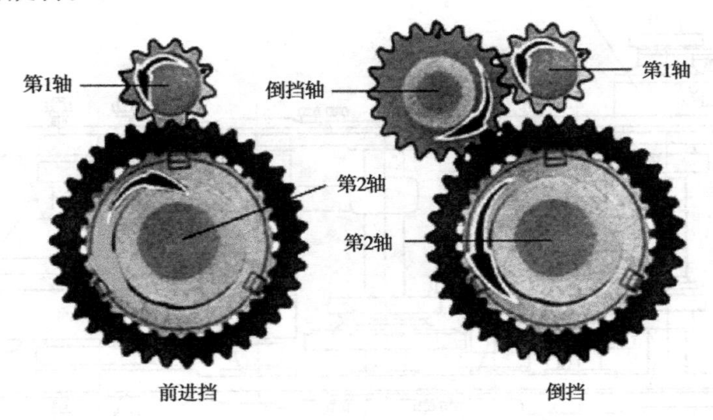

图 3.12　变速器变向原理示意图

当在主动齿轮和从动齿轮之间加一个中间齿轮，由于是3个齿轮两次啮合，主动轴逆时针旋转，从动轴也逆时针旋转。因此，要使农用汽车拖拉机倒退行驶，只需在传动中增加一个倒挡轴改变从动轴的旋转方向即可。

(5)典型变速器

1)小轮拖变速器

我国生产的大中型履带拖拉机的变速箱是一个独立的箱体，而中央传动、最终传动又安装在另外一个壳体内，称为后桥部分，中央传动，最终传动将在后桥部分介绍。而生产的轮式150,170和180系列小型拖拉机的变速部分、中央传动、最终传动及差速器均安装在一个传动箱体内，通常将以上几部分统称为传动箱部分。

轮式150系列拖拉机传动箱如图3.13所示。拖拉机变速箱一般为横置式，由主变速和副变速两部分组成。主变速有4个前进挡和1个倒退挡；副变速有高速和低速两挡。因此，轮式150系列拖拉机有8个前进挡和2个倒退挡，常用(4+1)×2表示。

传动箱壳体是车架的一部分，它上面有两个盖，变速操作机构安装在前盖上，而液压提升器操纵机构安装在后盖上。壳体两侧各有6个孔，分别安装有动力输入轴、主动轮轴、从动齿轮轴、中央传动主动齿轮轴、最终传动齿轮轴及差速器总成等。

2)东风-50型拖拉机的组合式变速箱

如图3.14所示为东风-50型拖拉机的变速箱。它是一种采用单级行星齿轮机构作副变速箱的组合式变速箱。副变速行星齿轮机构有高、低两个速挡，主变速箱有4+1个速挡，因此，可得2×(4+1)=10个速挡。副变速箱安装在主变速箱的后壁上。中间轴2既是副变速箱的主动轴，又是主变速箱的从动轴，与第2轴在同一中心线上。

行星齿轮机构包括行星架3、太阳齿轮5、行星齿轮6及齿圈7，中间轴的伸出端是太阳齿轮，齿圈固定在箱壁上，3个行星齿轮安装在行星架上。向后拨动啮合套4，使其外齿与行星架的内齿套合。太阳齿轮转动时，行星齿轮沿固定的齿圈滚动，同时带动行星架旋转，行星架的转速低于太阳齿轮的。这时，行星齿轮机构的传动比为4，是副变速箱的低挡。向前拨动啮合套4，使其内齿与太阳齿轮的外齿套合，则中间轴与第2轴连成一体，动力直接由中

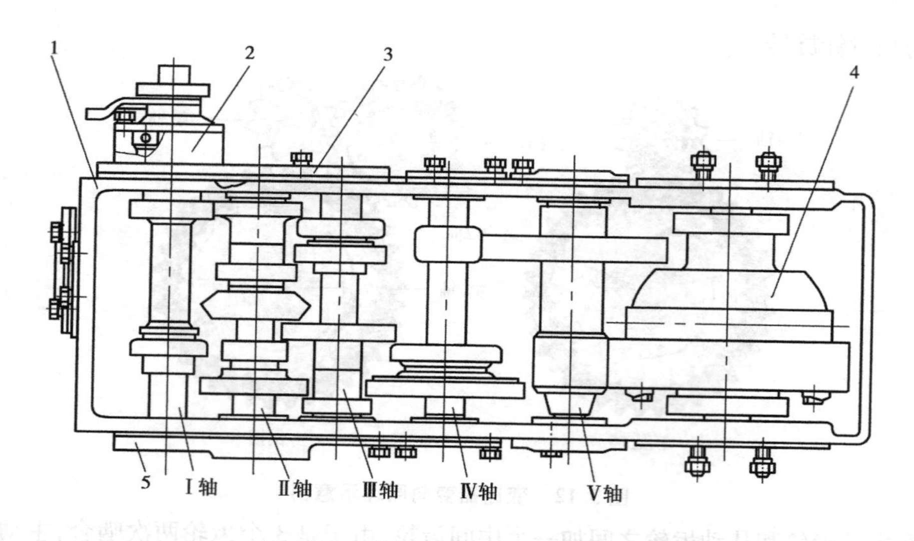

图 3.13 轮式 150 系列拖拉机传动箱

1—转动箱体;2—离合器总成;3—右端盖总成;4—差速器总成;5—左端盖

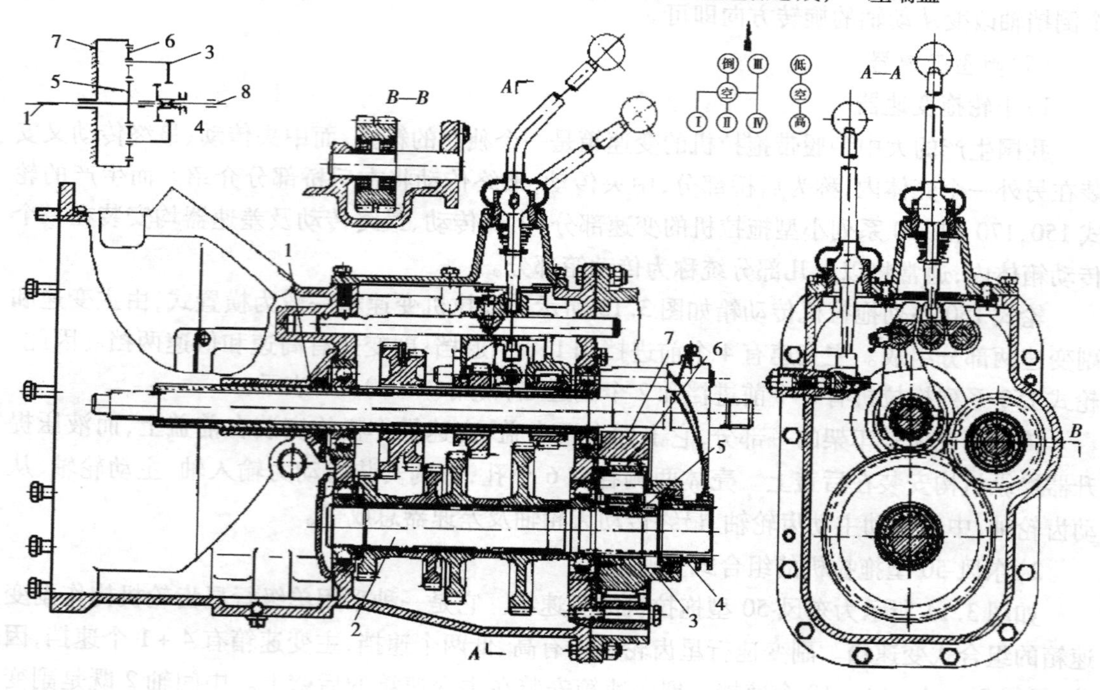

图 3.14 东风 50 型拖拉机的组成式变速器

1—第 1 轴;2—中间轴;3—行星架;4—啮合套;5—太阳齿轮;

6—行星齿轮;7—齿圈;8—第 2 轴

间轴传给第 2 轴,行星架空转,这时为高速挡。

3)东方红-75 型履带拖拉机的变速箱

该型号拖拉机变速箱由传动部分及操纵部分组成,其结构如图 3.15 所示。

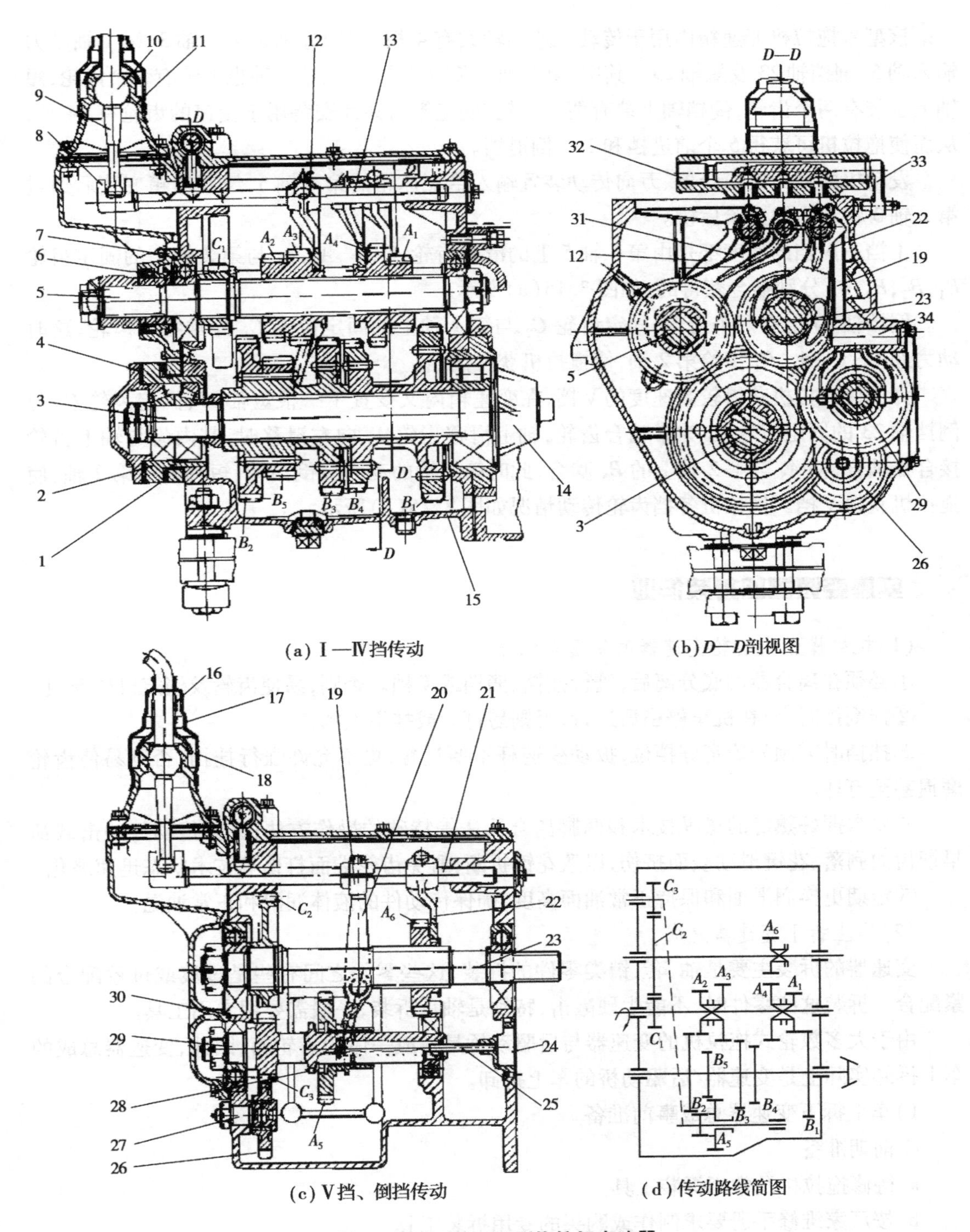

(a) Ⅰ—Ⅳ挡传动

(b) D—D剖视图

(c) Ⅴ挡、倒挡传动

(d) 传动路线简图

图3.15 东方红-75型拖拉机变速器

1,4—调整垫片;2—轴承座;3—第2轴;5—第1轴;6—油封;7—轴承卡环;8—滑块拨块;9—变速杆;10—球头;11—变速杆座;12—Ⅱ,Ⅲ,Ⅰ挡拨叉;13—Ⅱ,Ⅲ挡滑杆;14—中央传动主动齿轮;15—箱体;16—弹簧;17—橡胶套;18—碗盖;19—Ⅴ挡拨块;20—Ⅴ挡拨叉;21—Ⅴ挡及倒挡滑杠;22—倒挡拨叉;23,30—卡环;24—集油槽;25—引油管;26—溅油齿轮;27—轴;28—接合器;29—短轴;31—Ⅰ挡及Ⅳ挡拨叉;32—联锁轴;33—轴臂;34—Ⅴ挡拨叉销该型号拖拉机变速箱内用于传动变速的轴共有4根，它们分别是第2轴3、第1轴动力输入轴5、倒挡轴23及短轴29。其中，第1轴上装有5个齿轮，第2轴也上装有5个齿轮，短轴上也装有两个齿轮，倒挡轴上装有两个齿轮，变速箱内共计安装用于变速的齿轮有14个，从而使拖拉机可获得5个前进挡和1个倒退挡。

发动机的动力经离合器、万向传动装置输入给变速箱的第1轴5，经变速箱变速后通过第2轴3将动力输出给后桥。

Ⅰ挡—Ⅳ挡的速度都是由第一轴5上的滑移齿轮A_1，A_2，A_3，A_4与第2轴上的固定齿轮B_1，B_2，B_3，B_4分别啮合获得的，如图3.15(a)所示。

倒挡轴23上有两个齿轮，固定齿轮C_2与第1轴上的固定齿轮C_1为常啮合齿轮，这时动力经C_1，C_2，A_6，B_4传给第2轴，使拖拉机获得倒挡。

为了使拖拉机获得较高速度的Ⅴ挡，在变速箱内又设置了一根短轴29，固定齿轮C_3与倒挡轴23的固定齿轮C_2为常啮合齿轮，轴上滑移齿轮A_5向左滑移时，其内齿与轴上齿轮接合器啮合，使A_5与第2轴上的B_5啮合，此时第1轴的动力经倒挡轴、短轴传给第2轴，使拖拉机获得Ⅴ挡。拖拉机各挡齿轮传动情况如图3.15(d)所示。

实施变速器的拆装作业

(1)机械操纵式齿轮变速器的使用与保养

①必须在离合器彻底分离后，进行挂挡、摘挡或换挡。否则，易使齿轮及锁定机构磨损。

②挂倒挡时，应在机车停稳后进行，否则易打齿或挂不上挡。

③挂挡时需预先确定好挡位，扳动变速杆不要过猛，更不允许强行挂挡，否则易使齿轮磨损甚至打坏。

④要掌握好熟练的操纵技术和两脚离合器法等特殊的操作方法；避免传动件冲击载荷早期齿面剥落、花键滑动表面挤伤，以致花键折断；避免齿轮端面打伤等技术状态迅速恶化。

⑤定期更换润滑油和保持正常油面高度，确保传动件的液体润滑和正常油温。

(2)车上拆下变速器总成

变速器的拆装主要是轴、套、销类零件的拆装，这些零件之间有些是过渡或过盈配合的紧配合。拆装这些零件时，不能生硬敲击，特别是轴承拆装，一般需要用专用工具。

由于大多数轮式拖拉机的变速器与后驱动桥是连成一体的齿轮箱，因此，变速器总成的车上拆卸实际上是变速器/后驱动桥的车上拆卸。

1)车上拆下变速器总成事前准备

①前期准备

a.待修拖拉机及常用拆装工具。

b.按厂家维修手册要求制作或购买的专用拆装工具。

c.按厂家维修手册要求制作或购买专用调整工具。

d.相关说明书、厂家维修手册和零件图册。

e.专用支承台架、零件摆放台、接油盘、记号笔、记录纸等辅助设施。

f. 千分尺、百分表等测量工具。

g. 吊装设备及吊索。

②安全注意事项

a. 操作人员应按规定正确着装。

b. 采用合适吨位的吊装设备、吊钩及吊绳，钢丝吊绳应与设备间有隔离垫块，起吊过程重物下面严禁有人，起吊物上严禁有人。

c. 吊下的部件不能直接放在地面上，应垫枕木。

d. 箱体部件拆卸孔洞应进行封口。

e. 不得用铁棒直接敲击工件，避免伤害工件精度，一般要用铜、橡胶或塑料锤子。

f. 如果用力过大，可能导致部件损坏。

g. 采用合适吨位的吊装设备吊装和移动所有重型部件。吊装和移动时，应确保装置或零件有合适的吊索或挂钩支承。

h. 在安装齿轮、花键轴等带尖角的零部件时，要注意不要被尖角划伤。

i. 不得使用汽油或其他易燃液体清洗零部件。

j. 密封面或精密配合面不得用起子等硬金属撬开，以免划伤表面。

k. 拆装时要格外小心，避免弄丢或损伤小的物件。

l. 装配前应彻底清洗所有零件，装配时密封件应涂上润滑油。精密配合件可用手直接推入，不得硬性敲击。

m. 装配时不得戴棉线等易落毛渣的手套，不得使用棉纱等抹布擦拭密封或精密配合表面，不得在灰尘密布的环境下装配。

2）相关作业内容

车上拆下变速器总成作业时按表3.1进行。

表3.1　车上拆下变速器总成作业指导书

操作内容	操作说明	图　示
将离合器壳与变速器可靠支承	为了从拖拉机上拆下变速器，应先拆下驾驶平台，然后将发动机与离合器壳体分离 将支架放到离合器壳下，在它们中间插入一个木块。拆下后轮，如有必要，在最终传动下放两个固定台架	1 2 3 1—支架；2—变速器；3—木块

续表

操作内容	操作说明	图　示
拆下传动箱上的放油堵塞	拆下传动箱或驻车制动器上的放油堵塞，放掉变速器壳体中的油液 放完油后将放油堵塞旋回原位	1—放油堵塞
拆下变速器盖	拆下变速器盖固定螺栓，拆下变速器盖	1—变速器盖
拆下液压升降器	拧下液压升降器固定螺栓，用吊钩拆下液压升降器	1—吊钩
取出后桥箱底座	拧下底座固定螺栓，取出后桥箱底座	1—固定螺检;2—后桥箱底座

续表

操作内容	操作说明	图　示
拆下动力输出轴组件	用一根吊带或吊链将动力输出轴组件连到吊装设备上，拧松固定螺栓，从变速器上拆下组件	1—动力输出轴组件
拆下最终传动装置和行车制动器	用一根吊带联接右侧最终传动装置，拧松螺母并用拉拔工具将该装置从变速器上拆下，拆下行车制动器和制动盘。照此拆下左侧最终传动装置及制动器	1—最终传动装置；2—双头螺柱；3—制动器壳体；4—制动盘
拆下力位调节控制装置	拆下力位调节控制装置放油堵塞，从挠性杆支座将油放掉。用一根吊带将挠性杆的末端连到吊装设备上，拧松固定螺栓并将此组件连同内部传动杆一起拆下	1—挠性杆；2—放油堵塞；3—固定螺栓
将变速器壳体与离合器壳体分离	将吊装链条勾在变速器上，拧下变速器壳体与离合器壳体之间的联接螺钉，将变速器壳体与离合器壳体分开	1—吊装链条；2—变速器

(3)变速器总成的拆装

从车上拆下变速器是为了有效地对变速器进行检修,要对变速器进行检修必须对变速器总成进行分解后才能知晓变速器中什么零件出现了质量问题,是否需要修理或更换,而变速器总成的拆卸是有一定规范的。下面同样以 SNH800 拖拉机变速器的分解为例进行拆卸操作。

1)变速器总成的拆装事前准备

①前期准备

a. 待修拖拉机及常用拆装工具。

b. 按厂家维修手册要求制作或购买的专用拆装工具。

c. 按厂家维修手册要求制作或购买专用调整工具。

d. 相关说明书、厂家维修手册和零件图册。

e. 专用支承台架、零件摆放台、接油盘、记号笔、记录纸等辅助设施。

f. 千分尺、百分表等测量工具。

g. 吊装设备及吊索。

②安全注意事项

a. 操作人员应按规定正确着装。

b. 采用合适吨位的吊装设备、吊钩及吊绳,钢丝吊绳应与设备间有隔离垫块,起吊过程重物下面严禁有人,起吊物上严禁有人。

c. 吊下的部件不能直接放在地面上,应垫枕木。

d. 箱体部件拆卸孔洞应进行封口。

e. 不得用铁棒直接敲击工件,避免伤害工件精度。一般要用铜、橡胶或塑料锤子。

f. 如果用力过大,可能导致部件损坏。

g. 采用合适吨位的吊装设备吊装和移动所有重型部件。吊装和移动时,应确保装置或零件有合适的吊索或挂钩支承。

h. 在安装齿轮、花键轴等带尖角的零部件时,要注意不要被尖角划伤。

i. 不得使用汽油或其他易燃液体清洗零部件。

j. 密封面或精密配合面不得用起子等硬金属撬开,以免划伤表面。

k. 拆装时要格外小心,避免弄丢或损伤小的物件。

l. 装配前应彻底清洗所有零件,装配时密封件应涂上润滑油。精密配合件可用手直接推入,不得硬性敲击。

m. 装配时不得戴棉线等易落毛渣的手套,不得使用棉纱等抹布擦拭密封或精密配合表面,不得在灰尘密布的环境下装配。

2)相关作业内容

变速器总成的拆装作业指导按表 3.2 进行。

表3.2　变速器总成的拆装作业指导书

操作内容	操作说明	图　示
拆下分动箱	将从车上拆下的变速器翻转180°，拧松固定螺栓，拆下分动箱 四轮驱动为分动箱带驻车制动器，两轮驱动为驻车制动器	1—固定螺栓；2—分动箱
拆下换挡拨叉轴及锁定机构	将变速器翻转回来，用一个冲头冲出换挡拨叉固定销，拆下主、副变速杆拨叉轴，取出副变速倒挡和中速挡拨叉。用磁力棒取出锁定弹簧和锁定钢球。拧下变速器侧面的两个螺钉，取出两个变速杆拨叉轴互锁销	1—换挡拨叉固定销
拆下差速锁操纵臂、挡板及调整垫片	拆下差速锁拨叉轴操纵臂、挡板及调整垫片	1—固定螺栓；2—挡板及调整垫片
拆下差速锁操纵装置	用一个冲头冲下差速器锁接合拨叉的固定销，抽出操纵杆，拆下弹簧和拨叉	1—接合拨叉；2—固定销； 3—弹簧；4—拨叉轴

续表

操作内容	操作说明	图　示
拆下差速器轴承座	取出两侧差速器轴承座固定螺栓	1—固定螺栓
取出带大锥齿轮的差速器总成	拆下差速器轴承座和调整垫片,然后从后桥箱内将大锥齿轮连同差速器总成一起取出	1—调整垫片;2—差速器轴承座
拧松主变速从动轴固定螺母	拧松主变速从动轴固定螺母	1—固定螺母
拆下副变速主动轴轴承固定卡环	拆下后部的副变速主动轴轴承固定卡环	1—卡环

续表

操作内容	操作说明	图 示
拆下中速挡主动齿轮及倒挡滑动齿轮	用一把锤子和一个铜棒将带球轴承和滚针轴承的中速挡主动齿轮及带倒挡滑动齿轮的啮合套一起抽出	1—铜棒;2—中速挡主动齿轮;3—倒挡滑动齿轮
取出副变速主动齿轮轴	取出副变速主动齿轮轴和低高速挡拨叉	1—副变速主动齿轮轴
拆下主变速主动轴后轴承卡环	拆下主变速主动轴后轴承的卡环	1—卡环;2—轴承
用拉拔工具顶出主动轴	将专用工具安装到主动轴上,用拉拔工具顶出主动轴,取出轴承、齿轮及相关轴套	1—拉拔工具;2—专用工具

续表

操作内容	操作说明	图　示
拧松小锥齿轮轴轴承调整螺母	松开小锥齿轮轴承调整螺母的锁片，拧松调整螺母	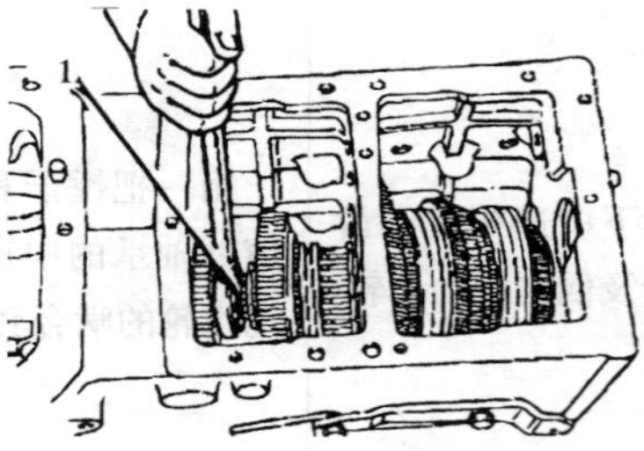 1—调整螺母
将小锥齿轮拉出几毫米	拧紧小锥齿轮上的工具接头，用拉拔工具沿图示方向将小锥齿轮移动几毫米	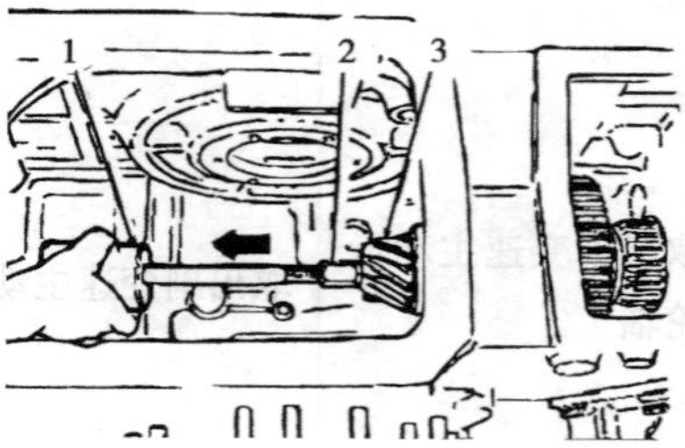 1—拉拔工具；2—专用工具接头；3—小锥齿轮轴
拆下高低速挡啮合套齿毂的固定卡环	移动高低速挡啮合套直至可插入卡环钳，拆下高低速挡啮合套齿毂的固定卡环	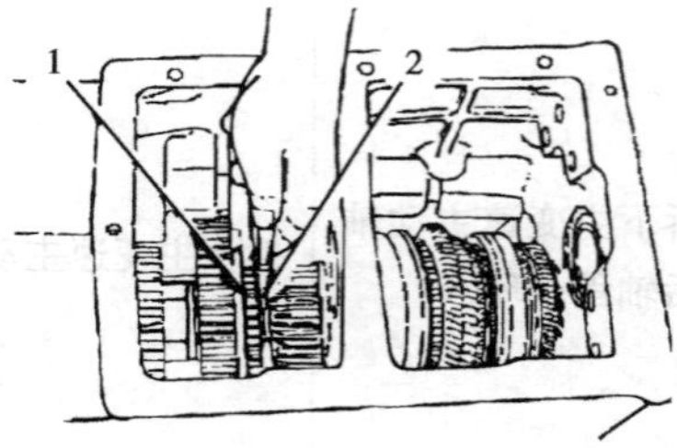 1—高低速挡中啮合套；2—卡环
取下倒挡从动齿轮的两个定位开口环	沿箭头所示方向移动倒挡从动齿轮，拆下两个定位开口环，拧出小锥齿轮轴轴承调整螺母，并抽出小锥齿轮轴及其上所有零件	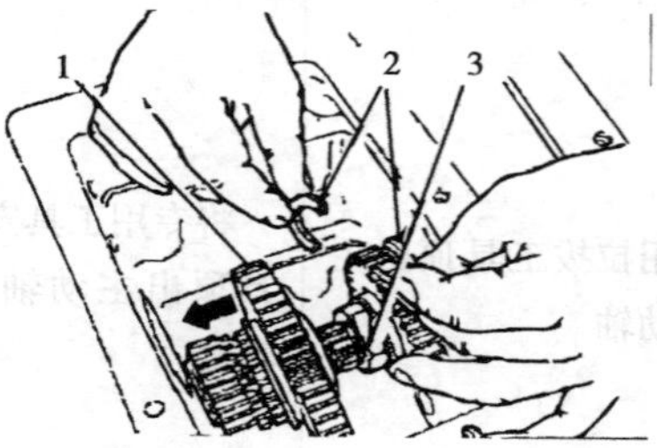 1—倒挡从动齿轮；2—定位开口环；3—调整螺母

续表

<table>
<tr><th>操作内容</th><th>操作说明</th><th>图 示</th></tr>
<tr><td>拆下主变速从动轴轴承盖</td><td>拧松主变速从动轴轴承盖固定螺栓，拆下轴承盖，拆下轴承</td><td>1—轴承盖；2—轴承；3—固定螺栓</td></tr>
<tr><td>拆下主变速从动轴及其上所有零件</td><td>拆下主变速从动轴及其上所有零件</td><td>1—主变速从动轴；2—黄铜冲头</td></tr>
<tr><td colspan="3">拖拉机变速器的组装：
变速器的装配是在各机件全部修复完后进行的一道重要工序，它直接影响着变速器的正常工作。变速器的装配程序应根据其结构特点而定，变速器总成装配注意事项如下：
1. 所有零件装配前应用无毒不易燃溶剂彻底清洗。往轴一上安装轴承内圈前应对内圈加热，往壳体孔上安装外圈之前应对外圈冷却，以方便安装
2. 装开槽螺塞和螺钉时，要涂密封胶，装配后检查是否漏油
3. 同步器总成装配后，应手动挂挡检查挡位是否正确到位
4. 拨叉装配后检查挂挡是否顺当，不允许卡滞
5. 安装轴承及油封前应在接合面上涂上机油
6. 所有标记×的接合面装配前必须清洗干净，涂直径为2 mm的密封胶
7. 主、副变速装配后应进行试运转，各挡位挂挡后应能正常运转，不允许脱挡和卡滞现象，也不允许有非正常撞击声和噪声</td></tr>
<tr><td>同步器啮合套的安装</td><td>将同步器摩擦锥环和锥毂安装到带有附属摩擦环的从动齿轮上，安装时应将摩擦锥环3个扇形齿置于锥毂的缺齿部位内，从动齿轮摩擦环的锥面应与同步环的内锥面相配。安装接合套时，应将同步器摩擦锥毂上的3个扇形齿正好放在接合套有台阶齿的3段宽度范围内（见图中D）</td><td>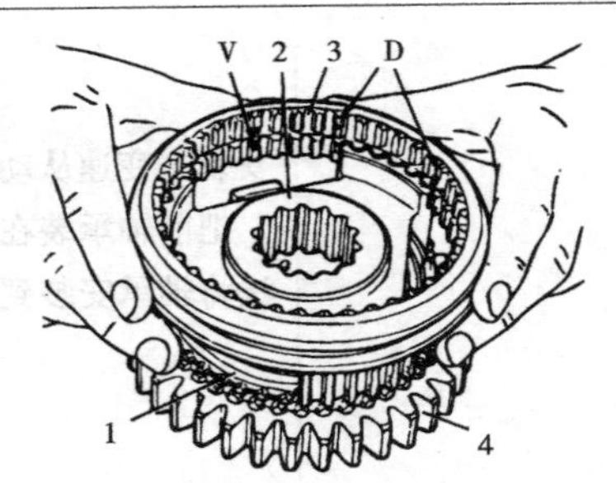

D—阶梯牙齿；V—弹簧片座凹槽；1—同步器环；2—同步器固定齿座；3—啮合套；4—从动齿轮</td></tr>
</table>

续表

操作内容	操作说明	图　示
滑动片和弹簧的安装	把弹簧片按图示方向放在滑动片上，再将它安装在接合套的凹座里 安装第2个摩擦锥环，安装时与第1个摩擦锥环对齐，然后装另一侧的从动齿轮 用手前、后方向移动接合套，检查同步器功能	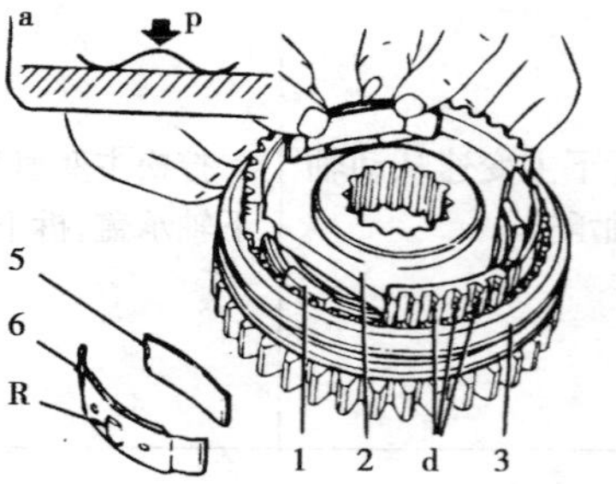 a—检查弹簧座和弹簧片； d—变齿厚部位；R—弹簧片座凸起； 5—弹簧片；6—弹簧片座
主变速从动轴的安装	安装主变速从动轴： 将变速器直立放置，从壳体的内侧将滑动齿轮及相应的轴套和同步器总成安装到轴上，并用发动机机油润滑各接合面	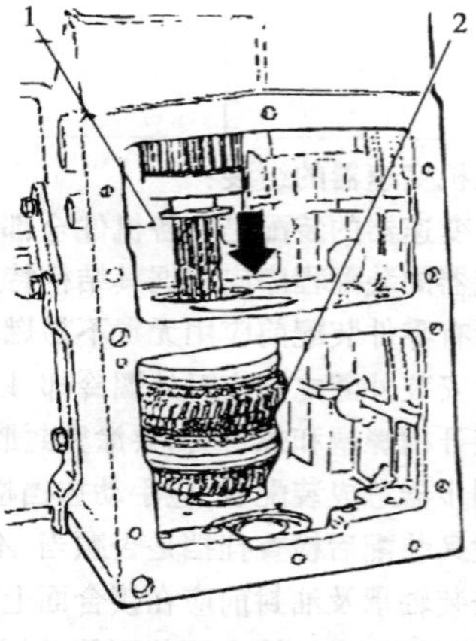 1—主变速从动轴；2—同步器总成
	安装主变速从动轴轴承： 把前轴承装在壳体上，用铜棒击打的方法将轴承安装到位	 1—轴承

续表

操作内容	操作说明	图　示
主变速从动轴的安装	安装主变速轴承盖： 将主变速主动轴轴承安到其在变速器上的轴承座孔内，并用轴承盖将其锁住	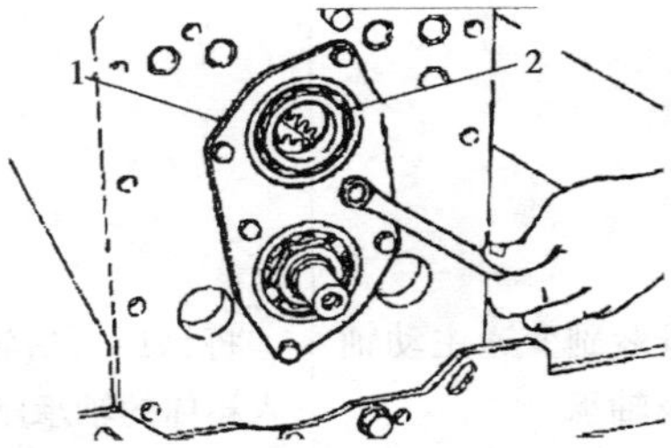 1—轴承盖；2—轴承
	安装主变速换挡拨叉： 将换挡拨叉插到同步器接合套上，但不带与其配装的滑杆	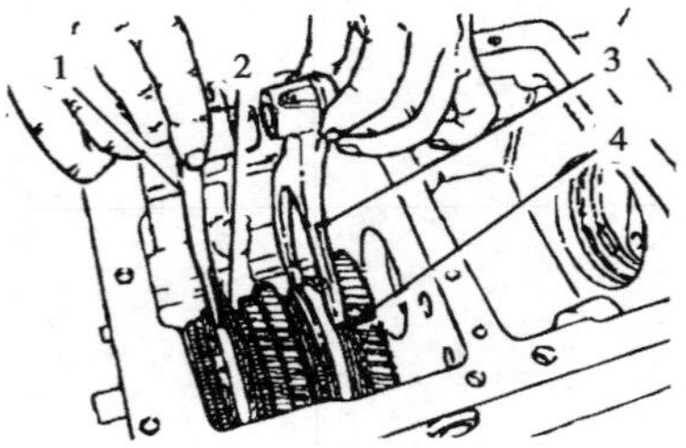 1，3—主变速换挡拨叉； 2，4—同步器接合套
主变速主动轴的安装	将主动轴夹紧在台虎钳上，装配好带有前轴承和齿轮，但无调整垫圈的主变速主动轴，并用专用工具更换两个后轴承和调整垫圈，一端用卡环固定。在齿轮和相关轴套中间插入一把螺丝刀，用塞尺测量间隙 注：安装变速箱主动轴及有关齿轮安装时，主动齿轮轴末端必须有 0 ~ 0.25 mm 的轴向间隙	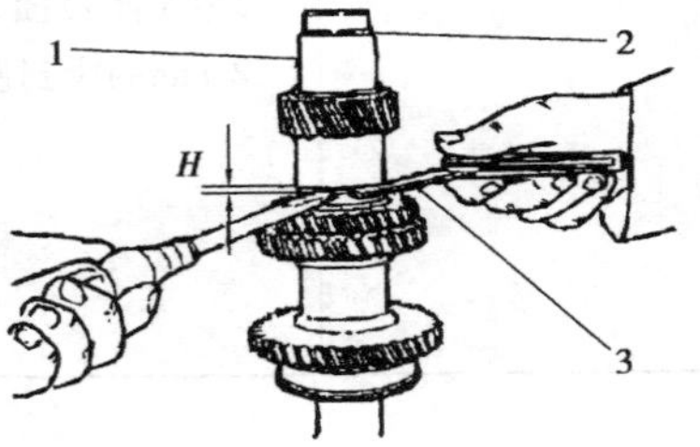 1—专用工具；2—卡环；3—塞尺
安装主、副变速主动轴轴承	插入主变速主动轴，将主变速主动轴的所有零件组装在一起，然后将球轴承安装到位，装上调整垫片。再将副变速主动轴的前调心轴承压入，用卡环锁定 装变速器换挡拨叉轴，同时装上挡位锁定钢球、互锁销、弹簧及螺塞	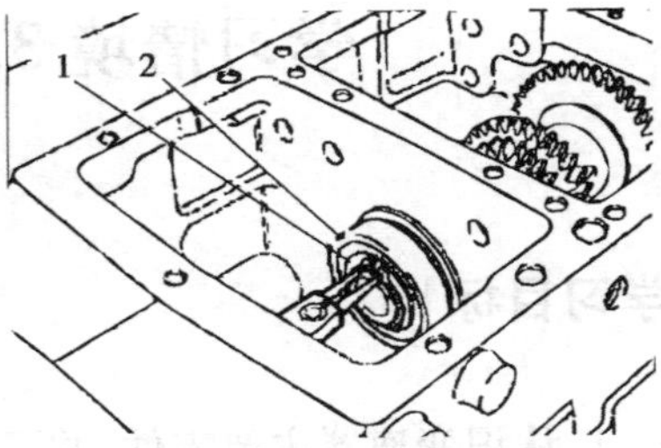 1—卡环；2—调心轴承

续表

操作内容	操作说明	图　示
安装副变速主动轴及轴承	将已压入后轴承的中速挡主动齿轮推入箱体的轴承座孔中,用卡环锁定	1—卡环;2—副变速主动轴后轴承
传动箱总成安装	1. 按照与拆卸时相反的顺序,安装差速器及轴承座、差速锁操纵装置 2. 装变速箱上盖和停车制动器壳体前,清理结合表面,去除油污并涂以直径为2 mm的密封胶	

学习情境 3.2　变速器主要零部件检修

[学习目标]

1. 认识变速器主要零件,并了解其在变速器中的作用。
2. 能借助检测工具识别变速器主要零件的质量状况。
3. 能更换不合格的零件,并使变速器零件达到使用要求。

[工作任务]

对变速器主要零件进行检修。

[信息收集与处理]

变速器上的零部件很多,除了常见的齿轮、轴、箱体以外,主要的功能性部件包括同步器和操纵机械等。

(1)同步器

目前,拖拉机上的齿轮变速器换挡啮合方式有3种:滑移齿轮式、接合套式和同步器式。

1)滑移齿轮式换挡装置

采用滑移齿轮换挡时,如图3.2所示,变速杆通过拨叉移动滑移齿轮,使其轮齿与另一轴上对应的固定齿轮轮齿啮合或脱离来获得此挡位或退出此挡位。这种换挡方式要求进入啮合的两个齿轮圆周速度必须相等,否则,必然导致轮齿受到冲击产生较大噪声,甚至使轮齿严重损坏。对此,往往不得不先切换到空挡后再挂挡。这就要求驾驶员有熟练的操作技巧或采用特殊的操作方法进行换挡,否则很难实现无冲击换挡,特别是由高挡换低挡时会更加困难。

2)接合套式换挡装置

如图3.16所示为无同步器的五挡变速器中直接挡Ⅳ挡和超速挡Ⅴ挡相互转换的接合套式换挡装置。

接合套式它是通过操纵机构轴向移动套在固联在第2轴上的花键毂上的接合套,使其内齿圈与齿轮5或齿轮2端面上的外接合齿圈啮合,从而获得高速挡或低速挡。

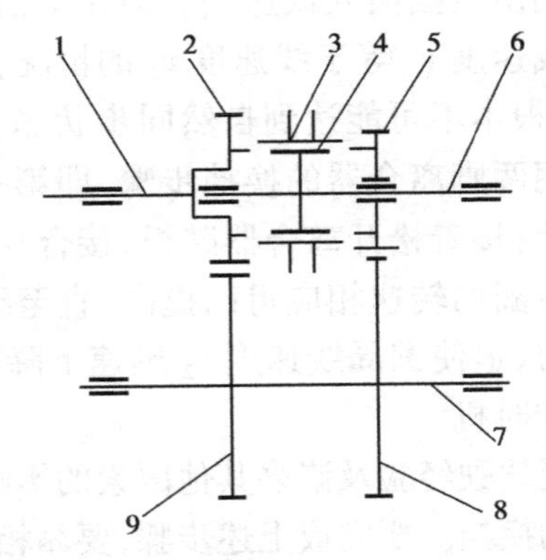

图3.16　接合套式换挡装置简图

1—第1轴;2—第1轴常啮合齿轮;

3—接合套;4—花键毂;5—第2轴Ⅴ挡齿轮;

6—第2轴;7—中间轴;8—中间轴Ⅴ挡齿轮;

9—中间轴常啮合齿轮

3)从低速挡Ⅳ挡换入高速挡Ⅴ挡

如图3.16所示,变速器在低速挡工作时,接合套3与齿轮2上的接合齿圈啮合,两者啮合齿的圆周线速度v_3等于齿轮2圆周线速度v_2。若从此低速挡换入高速挡,驾驶员应先踩下离合器踏板使离合器分离,再采用变速操纵机构将接合套右移,使其处在空挡位置,当接合套3与齿轮2上的接合齿圈刚刚脱离啮合时,可认为线速度v_3与齿轮2线速度v_2仍然相等。由于齿轮2的转速小于齿轮5的转速,故齿轮2线速度v_2小于v_5,也就是由低速挡换入空挡的瞬间,线速度v_3小于线速度v_5。为不让轮齿免受冲击，这时不要立即将接合套向右移至与齿轮5上的接合齿圈啮合并挂上高速挡，也就是说让空挡短时间保留一定时间。此时，因离合器分离而中断了动力传递，第1轴及相关传动件转动惯量很小，所以齿轮5的线速度 v_5 下降较快；接合套通过花键毂和第2轴与整个车辆联系在一起，转动惯量很大，所以线速度 v_3 下降很慢。

如图3.17(a)所示，因线速度 v_5 和线速度 v_3 下降速率不等，随着空挡停留时间的推移，线速度 v_5 和线速度 v_3 终将在 t_0 时刻达到相等，此交点即为自然同步状态。此时，如图3.17所示，通过操纵机构将接合套3右移至与齿轮5上的接合齿圈啮合而挂入高速挡，则不会产生轮齿间冲击。因此，由低速挡换入高速挡时，驾驶员把握最佳时机尤为重要。

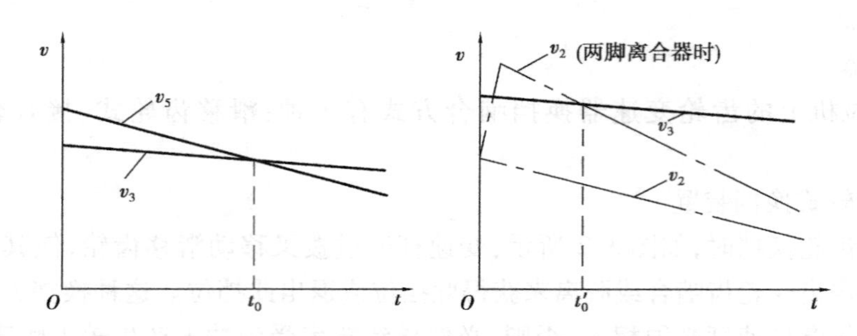

图3.17　变速器换挡过程

4)从高速挡Ⅴ挡换入低速挡Ⅳ挡

如图3.16所示，变速器在高速挡工作时，接合套3与齿轮5上的接合齿圈啮合。参照低速挡换高速挡的分析，无论是高速挡工作时，还是高速挡换入空挡的瞬间，接合套3与齿轮5上的接合齿圈的圆周线速度均相等，即圆周线速度 v_3 等于圆周线速度 v_5。又因线速度 v_5 大于线速度 v_2，所以线速度 v_3 大于线速度 v_2，如图3.17(b)所示。此时，同样不宜立刻由空挡换入低速挡。但在空挡停留时，由于线速度 v_2 下降比线速度 v_3 快，不可能出现线速度 v_3 等于线速度 v_2 的情况，且空挡停留时间越长，线速度 v_3 与线速度 v_2 的差距越大，根本不可能达到自然同步状态，表明在任何时刻换挡都会产生冲击。对此，驾驶员应采用两脚离合器的换挡步骤，即第一次踩下离合器踏板，切断发动机动力，将高速挡换入空挡；接着松开离合器踏板，接合动力并踩油门加油，使发动机转速提高时，齿轮2及其接合齿圈的转速相应得以提高，直至线速度 v_2 大于线速度 v_3。至此再踩下离合器踏板切断动力，迫使圆周线速度 v_2 迅速下降等于 v_3，与此对应的时刻 t_0'，即是由空挡换入低速挡的最佳时机。

受驾驶经验及诸多其他因素的影响，应在很短的时间内准确迅速地操作上述步骤，完成所要的换挡。要完成上述步骤，要靠相当熟练的操作技能，实际工作中不可能做到完全无冲击换挡。因此，变速器采用同步器换挡或常用挡位采用同步器换挡已成为广泛应用的技术。

5)同步器的组成及工作原理

同步器是接合套换挡装置的升级，基本结构包括接合套、花键毂及对应齿轮上的接合齿圈等接合装置，增加了推动件、摩擦件等组成的同步装置和锁止装置。

从接合套的工作过程可知，当接合套与接合齿圈的圆周速度不等时，两者不能进入啮合。因此，同步器的功用可以概括为两点：一是促使接合套与接合齿圈尽快达到同步，缩短

变速器换挡时间；二是接合套与接合齿圈尚未达到同步时，锁住接合套，使其不能与接合齿圈进入啮合，防止齿间冲击。

常见的同步器可分为惯性式、常压式和自行增力式等多种类型。目前，拖拉机变速器中应用最广泛的是惯性式同步器。根据所采用的锁止机构的不同，惯性式同步器又可分为锁环式和锁销式两种。

①主要结构

如图 3.18 所示，该同步器主要由锁环同步器 4 和 8、滑块 5、定位销 6、接合套 7、花键毂 15 及弹簧 16 等组成。

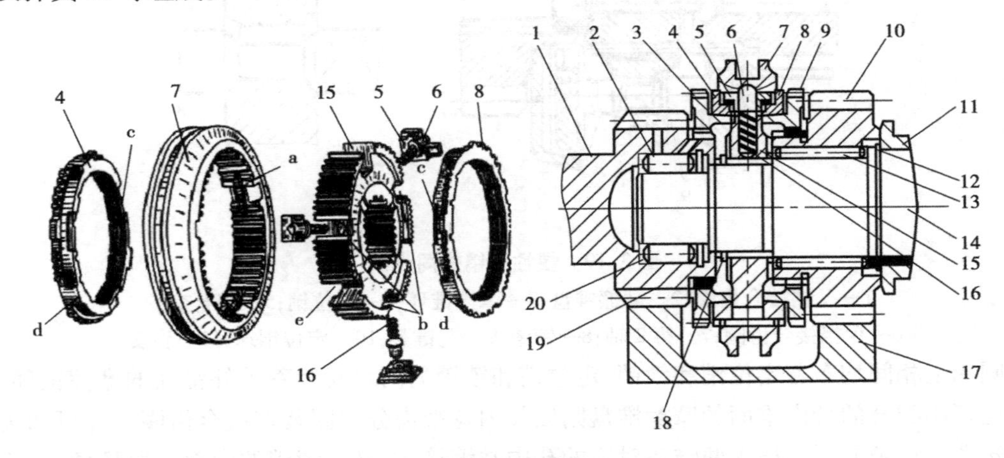

图 3.18　锁环式惯性同步器

1—第 1 轴；2,13—Ⅵ挡接合齿圈；4,8—锁环同步器；5—滑块；6—定位销；
7—接合套；9—Ⅴ挡接合齿圈；10—第 2 轴Ⅴ挡齿轮；11—衬套；12,18,19—卡环；
14—第 2 轴；15—花键毂；16—弹簧；17—中间轴Ⅴ挡挡齿轮；20—挡圈

花键毂套装在第 2 轴的外花键上并用卡环 18 轴向定位，两个锁环分别安装在花键毂的两端及Ⅴ挡接合齿圈 9 和Ⅵ挡接合齿圈 3 之间。接合齿圈端部外锥面与锁环内锥面保持接触，在锁环内锥面上加工了细密的螺纹槽，以使配合锥面间的润滑油膜破坏，从而提高锥面摩擦系数，增加配合锥面间的摩擦力。锁环外缘上有非连续的花键齿，其齿的断面形状和尺寸与接合齿圈、花键毂外缘上花键齿均相同，并且接合齿圈和锁环上的花键齿与接合套面对的一端均有锁止倒角，该倒角与接合套内花键齿端倒角一样。锁环端部沿圆周均布着 3 个凸起和 3 个缺口。在花键毂外缘上均布的 3 个轴向槽中，有可沿槽移动的 3 个滑块。滑块中部的通孔中定位销在压缩弹簧的作用下，将定位销推向接合套，使其球头部分嵌入接合套内缘的凹槽中，并保证在空挡时接合套处于正中位置。当滑块两端伸入锁环缺口中，锁环上的凸起再伸入花键毂上的通槽中，凸起沿圆周方向的宽度小于通槽的宽度，凸起正好位于通槽的中央位置时，接合套的齿才有可能与锁环的齿进入啮合。

②惯性锁销式同步器

惯性锁销式同步器由花键毂、接合套、锁销、接合齿圈、摩擦锥盘、定位销、定位钢球、弹簧及摩擦锥环等组成，如图 3.19 所示。

花键毂通过内花键与第 2 轴安装在一起，花键毂的两侧分别为Ⅳ，Ⅴ挡接合齿圈，接合

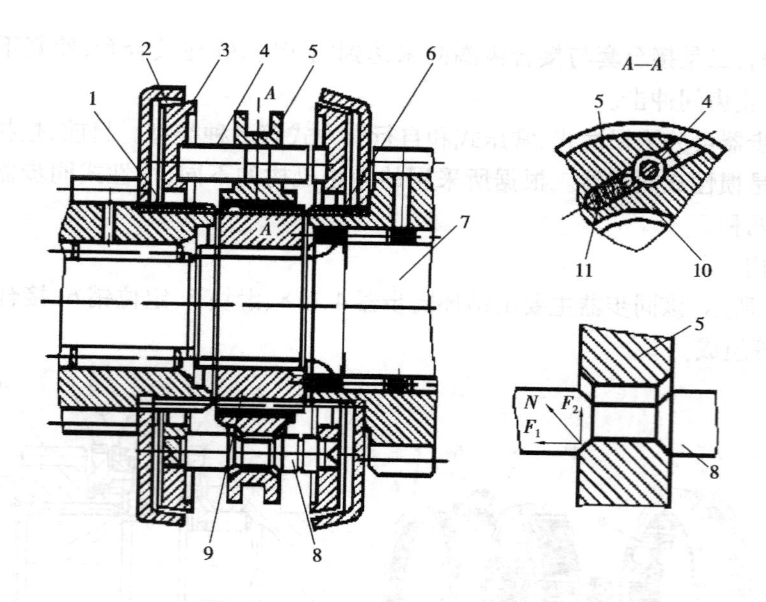

图 3.19　惯性锁销式同步器

1—Ⅴ挡接合齿圈;2—摩擦锥盘;3—摩擦锥环;4—定位销;5—接合套;
6—Ⅳ挡接合齿圈;7—第 2 轴;8—锁销;9—花键毂;10—定位钢球;11—弹簧

套的圆周上相间均布着定位销和锁销,定位销和锁销的两端安装着带外锥面的摩擦锥环,与摩擦锥环相配合的带内锥面的摩擦锥盘则以其内花键齿分别固装在接合齿圈上并可随齿圈一起转动。锁销的两端插入两锥环对应的孔中并铆接成一体,锁销的中部一段环槽,环槽的两侧和接合套上相应的销孔的两端都切有相同的锁止角,锁销通过锁止角对接和套产生锁止作用。锁销两端工作表面的直径与接合套上的销孔直径相同,接合套可以沿其轴向滑动。定位销的作用是对接合套进行空挡定位,并可将作用于接合套的轴向推力传给摩擦锥环。定位销的中间定位环槽,在接合套上的相应部位有斜孔,孔内装有弹簧及定位钢球。当变速器处于空挡时,接合套正好处于定位销的中间位置,此时定位钢球便在弹簧的作用下向外伸入定位销中部的定位环槽内,保证接合套准确地处于空挡位置。两个定位销的两端伸入两锥环内侧面相应的弧形浅坑中,销与锥环不相连但与浅坑有一定的间隙,故两锥环及锁销可在一定范围内相对于接合套周向转动,两个锥环、锁销、定位销及接合套构成一个部件,然后通过接合套的内花键齿套在花键毂的外花键齿圈上。

在空挡位置时,接合套被定位销和定位钢球限定在中间位置。挂入Ⅴ挡时,通过变速操纵机构向左拨动接合套,对接合套施加一轴向推力 F,接合套便通过定位钢球和定位销推动左侧摩擦锥环向左移动,使其与左侧摩擦锥盘接触。

由于此时摩擦锥环与锥盘转速不等,因此两者一接触,便在其摩擦锥面之间的摩擦力矩作用下使摩擦锥环连同锁销一起相对于接合套转过一个角度,锁销与接合套相应销孔的中心线相对偏移,于是锁销中部环槽偏向接合套上销孔的一边,锁销中部环槽倒角便与接合套销孔端倒角的锥面互相抵触,从而使锁销产生锁止作用,阻止接合套向左移动。与锁环式同步器一样,在锁止倒角上的切向分力形成一个拨环力矩使锁销及锥环倒转,但在锥环与锥盘未达到同步前,由摩擦锥盘及与其相联系的旋转零件的惯性力矩所形成的摩擦力矩总是大

于拨环力矩,因而可以阻止接合套与V挡接合齿圈在同步之前进入啮合。只有达到同步后,惯性力矩消失,拨环力矩才可拨动锁销及摩擦锥环、齿圈和锥盘等一起相对于接合套转过一个角度,使锁销重新与接合套的销孔对中,接合套便在轴向推力的作用下,压下定位钢球而沿定位销和锁销向左移动,与V挡接合齿圈进入啮合,完成挂入V挡的换挡过程。

(2)变速操纵机构

传统齿轮式变速箱中的操纵机构主要是用来操纵滑动齿轮,使其与有关齿轮分离或啮合的。一套功能完备的操纵机构应能满足下列基本要求。

①不啮合的齿轮可靠地止动。

②两齿轮啮合达到齿的全长,并可靠地止动。

③不能同时啮入两个挡。

④能避免意外地挂上倒挡。

⑤啮合时轮齿间应避免撞击。

变速操纵机构保证操作者根据使用需要,将变速器换入所需的挡位。变速器操纵机构多为机械式,可分为直接操纵式和远距离操纵式两类。变速器的操纵机构一般由换挡机构、锁定机构、互锁机构、联锁机构及倒挡锁等组成。

1)直接操纵式变速操纵机构

直接操纵式变速操纵机构布置在驾驶员座位附近,多装在上盖或变速器侧面,结构简单、操纵方便,驾驶员换挡手感明显。这种操纵机构由变速杆、拨叉轴、拨叉、拨块及锁止装置等组成,如图3.20所示。

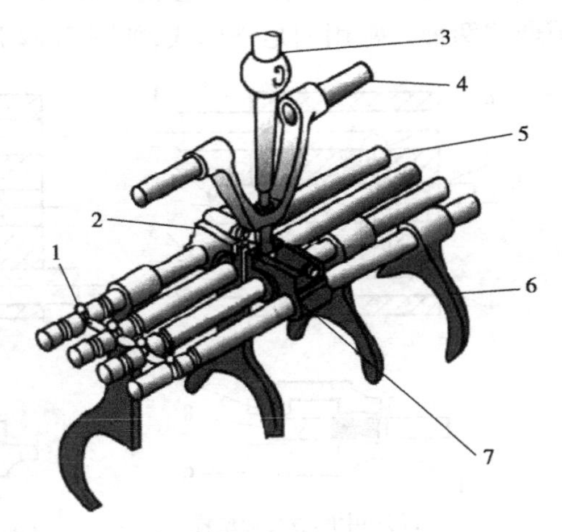

图3.20　直接操纵式操纵机构结构图

1—自锁装置;2—倒挡装置;3—变速杆;4—换挡轴;5—拨叉轴;6—拨叉;7—拨块

变速杆球节支承于变速器盖顶部的球座内,球节上面用压紧弹簧压紧以消除间隙,球节上开有竖槽,固定在变速器盖的销钉伸入该槽内滑动配合,变速杆只能以球节为支点前后左右摆动且不能转动。变速杆下端球头带动叉形拨杆绕换挡轴的轴线转动,叉形拨杆下端球头对准某一拨块的竖槽,然后纵向移动,带动拨叉轴及拨叉向前或向后移动,可实现换挡。拨块及拨叉都以弹性销固装在相应的拨叉轴上,拨叉轴两端支承于变速器盖相应孔中,可轴向移动。

叉形拨杆下端球头装在拨块的凹槽中,当变速杆带动叉形拨杆向前或向后移动时,拨块带动拨叉轴和拨叉就向前或向后移动,可换入所需的挡位。

要使操纵机构安全可靠地工作,设有锁止装置,其包括互锁装置、自锁装置和倒挡锁装置。

①自锁装置

自锁装置防止变速器自动换挡和自动脱挡。多数变速器的自锁装置由自锁钢球和自锁弹簧组成，如图 3.21 所示。

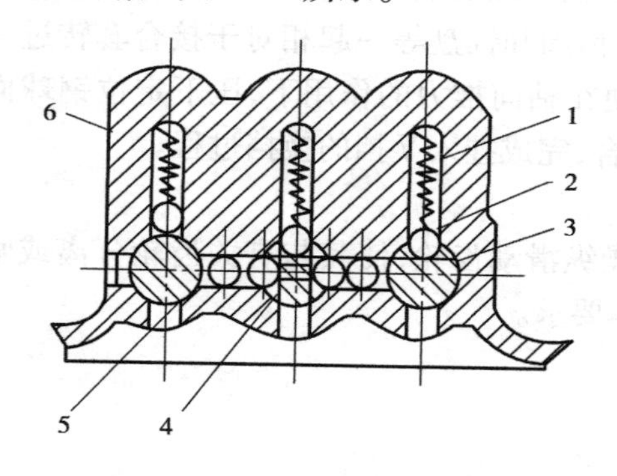

图 3.21 操纵机械自锁装置

1—自锁弹簧；2—自锁钢球；3—拨叉轴；4—顶销；5—互锁钢球；6—变速器盖

在变速器盖前端凸起部位钻有 3 个深孔，位于 3 根拨叉轴的上方。每根拨叉轴对着自锁钢球的一面有 3 个凹槽，槽的深度小于钢球半径，中间的凹槽是空挡定位，中间凹槽到两侧凹槽的距离等于滑动齿轮或接合套由空挡换入相应挡位的距离，保证全齿啮合。自锁钢球被自锁弹簧压入拨叉轴的相应凹槽内起到锁止挡位的作用，防止自动脱挡和自动换挡。换挡时，施加于拨叉轴上的轴向力克服自锁钢球与自锁弹簧的自锁力时，自锁钢球便克服自锁弹簧的预压力升起，拨叉轴移动，当钢球与另一凹槽处对正时，钢球又会被压入凹槽内。

②互锁装置

互锁装置保证变速器不会同时换入两个挡，避免产生运动干涉。互锁装置有锁销式和锁球式两种。常用的是锁球式，如图 3.22 所示。

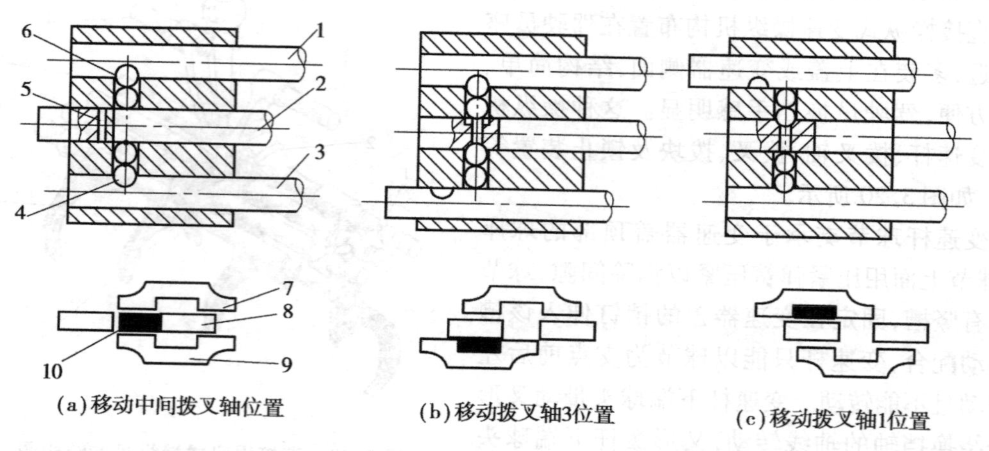

图 3.22 锁球式互锁装置互锁原理图

1,2,3—拨叉轴；4,6—互锁钢球；5—顶销；7,8,9—拨叉；10—变速杆

在 3 根拨叉轴所处的平面且垂直于拨叉轴的横向孔道内，装有互锁钢球。互锁钢球对着每根拨叉轴的侧面上都制有一个深度相等的凹槽。中间拨叉轴的两侧各有一个凹槽，任一拨叉轴处于空挡位置时，其侧面凹槽正好对准互锁钢球。两个钢球直径之和等于一个凹槽的深度加上相邻两拨叉轴圆柱表面之间的距离。中间拨叉轴上两个侧面之间有通孔，孔中有一根横向移动的顶销，顶销的长度等于拨叉轴的直径减去一个凹槽的深度。

当变速器处于空挡位置时，所有拨叉轴的侧面凹槽同钢球、顶销都在同一直线上。在移动中间拨叉轴 2 时(见图 3.22(a))，拨叉轴 2 两侧的钢球从其侧面凹槽中被挤出，两侧面外钢球分别嵌入拨叉轴 1 和 3 的侧面凹槽中，将拨叉轴 1,3 锁止在空挡位置。若要移动拨叉

轴3(见图3.22(b)),必须先将拨叉轴2退回至空挡位置,拨叉轴3移动时钢球4从凹槽挤出,通过顶销5推动另一侧两个钢球移动,拨叉轴1,2均被锁止在空挡位置上。拨叉轴1工作情况与上述相同,如图3.22(c)所示。

从上述互锁装置工作情况可知,当一根拨叉轴移动的同时,另外的拨叉轴均被锁止。锁销式互锁装置用一个锁销代替上述两个互锁钢球。当某一拨叉轴移动时,锁销锁止与之相邻的拨叉轴,即可防止同时换入两个挡。

Ⅲ挡变速器操纵机构有两根拨叉轴,将自锁和互锁装置合二为一,如图3.23所示。

两根空心锁销内装有自锁弹簧,在图3.23示位置时是空挡位置,两锁销内端面的距离 a 等于槽深 b,使之不可能同时拨动两根拨叉轴。自锁弹簧的预压力和空心锁销对拨叉轴起到自锁作用。

图3.23　两轴式变速器锁止装置

1—拨叉轴;2—空心锁销;3—自锁弹簧

不论采用哪种互锁装置,其工作原理都是每一次只能移动一根拨叉轴,其余拨叉轴均在空挡位置不动。

③倒挡锁

倒挡锁提醒驾驶员防止误挂倒挡,提高安全性。必须对变速杆施加较大的力,才能挂入倒挡。设有倒挡锁,可防止误换倒挡,避免损坏零件或发生安全事故。多数汽车变速器采用结构简单的弹簧锁销式倒挡锁,如图3.24所示。

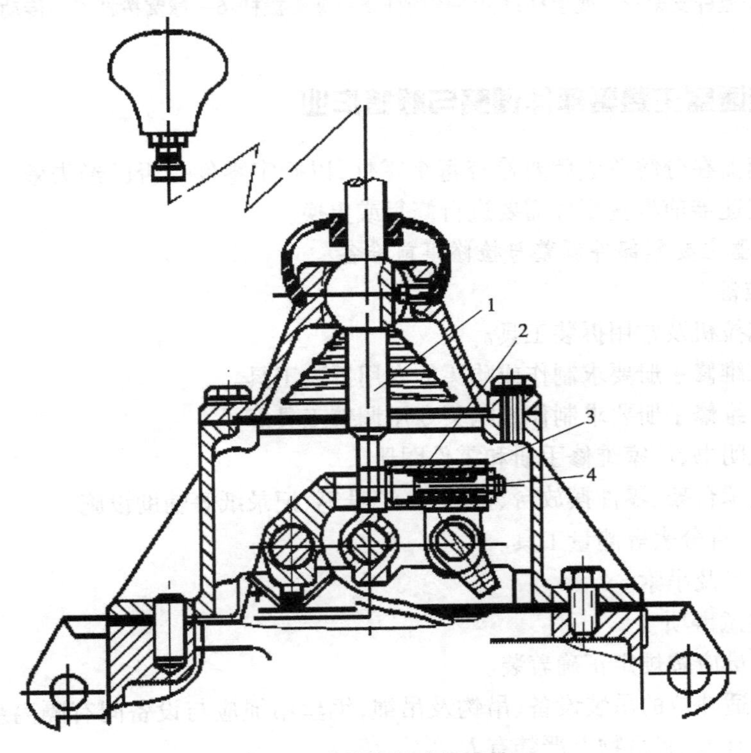

图3.24　弹簧锁销式倒挡锁

1—变速杆;2—倒挡拨块;3—弹簧;4—锁销

2)远距离操纵式变速操纵机构

有些轿车和轻型货车将变速杆布置在转向盘下方的转向管柱上或距变速器较远,它们便不能直接用变速杆拨动拨叉换挡,而必须通过机械杆件作远距离操纵。通常在变速杆与拨块之间增加若干传动件,组成远距离操纵机构。如图3.25所示为较简单的一种,其变速杆2在驾驶员侧旁穿过驾驶室底板安装在车架上,中间通过传动杆4来操纵变速器实现换挡。

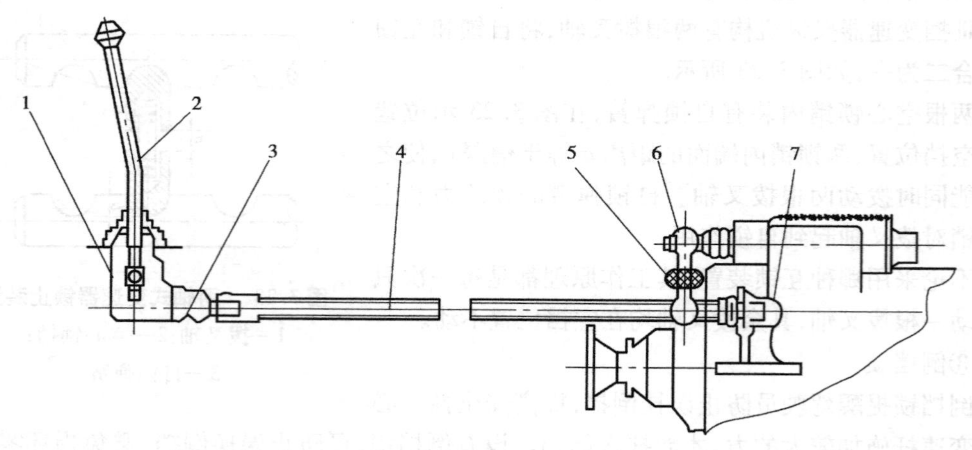

图3.25　远距离操纵式操纵机构结构图

1—变速杆支架;2—变速杆;3,4—传动杆;5—球头拨杆;6—球窝拨杆;7—传动杆支座

实施变速器主要零部件调整与检修作业

故障变速器在分解总成后要检查每个零件,以确定零件是否已经失效。这样做是为了确定在重装变速器前哪些零件需要进行修复或更换。

(1)变速器主要零部件调整与检修事前准备

1)前期准备

①待修拖拉机及常用拆装工具。

②按厂家维修手册要求制作或购买的专用拆装工具。

③按厂家维修手册要求制作或购买专用调整工具。

④相关说明书、厂家维修手册和零件图册。

⑤专用支承台架、零件摆放台、接油盘、记号笔、记录纸等辅助设施。

⑥千分尺、百分表等测量工具。

⑦吊装设备及吊索。

2)安全注意事项

①操作人员应按规定正确着装。

②采用合适吨位的吊装设备、吊钩及吊绳,钢丝吊绳应与设备间有隔离垫块,起吊过程重物下面严禁有人,起吊物上严禁有人。

③吊下的部件不能直接放在地面上,应垫枕木。

④箱体部件拆卸孔洞应进行封口。

⑤不得用铁棒直接敲击工件，避免伤害工件精度。一般要用铜、橡胶或塑料锤子。

⑥如果用力过大，可能导致部件损坏。

⑦采用合适吨位的吊装设备吊装和移动所有重型部件。吊装和移动时，应确保装置或零件有合适的吊索或挂钩支承。

⑧在安装齿轮、花键轴等带尖角的零部件时，要注意不要被尖角划伤。

⑨不得使用汽油或其他易燃液体清洗零部件。

⑩密封面或精密配合面不得用起子等硬金属撬开，以免划伤表面。

⑪拆装时要格外小心，避免弄丢或损伤小的物件。

⑫装配前应彻底清洗所有零件，装配时密封件应涂上润滑油。精密配合件可用手直接推入，不得硬性敲击。

⑬装配时不得戴棉线等易落毛渣的手套，不得使用棉纱等抹布擦拭密封或精密配合表面，不得在灰尘密布的环境下装配。

(2)相关作业内容

根据相关拖拉机图册，将拖拉机变速器总成进行分解及组装。变速器分解后，要对其零件清洗、检验，确定其技术状况。对于技术状况差的零件进行修复或更换，以保证装复后变速器的质量和性能。表3.3为变速器主要零部件调整与检修过程中的常规动作。

表3.3　拖拉机变速器主要零部件调整与检修作业指导书

操作内容	操作说明	图　示
离合器轴油封的更换	离合器轴油封部位见图 更换油封应按以下步骤进行： 1.将减速器壳体与传动箱壳体分离 2.拆下挡圈、连同轴承一起取出离合器轴	34　22　4 10　14 4—离合器轴；10—挡圈；14—挡圈 22—轴承；34—油封

续表

操作内容	操作说明	图　示
离合器轴油封的更换	换装器调整： 将托架安装在减速器壳体上，并将换装器装在壳体油封座中，使其与挡圈接触。拧紧调整螺母，使其与托架间距离 H 为 3.3～3.6 mm。然后通过锁紧螺母 2 把螺母 1 固定。拆下换装器 A、托架 B 和挡圈 10。	A—换装器；B—托架； H—螺母 1 和托架 B 之间的距离； 1—调整螺母；2—锁紧螺母； 3—减速器壳体
	拆油封： 用钳 D 和一个可移动的拔具 C 拆下旧油封	C—可移动拔出锤；D—钳
离合器轴油封的更换	装油封： 把新油封放入基座，把托架 B 装在减速器壳体上，换装器 A 装在托架上，把油封往里装，直到调整螺母 1 与托架在同一平面时为止。	A—换装器；B—托架

续表

操作内容	操作说明	图　示
离合器轴油封的更换	拆掉托架 *B* 和换装器 *A*，装上挡圈 10、离合器轴 4、轴承 22 和挡圈 14 把减速器壳体装在传动箱壳体上	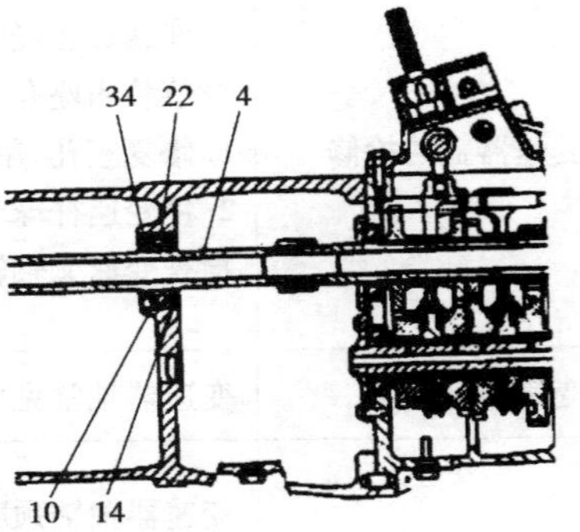
	油封换装器	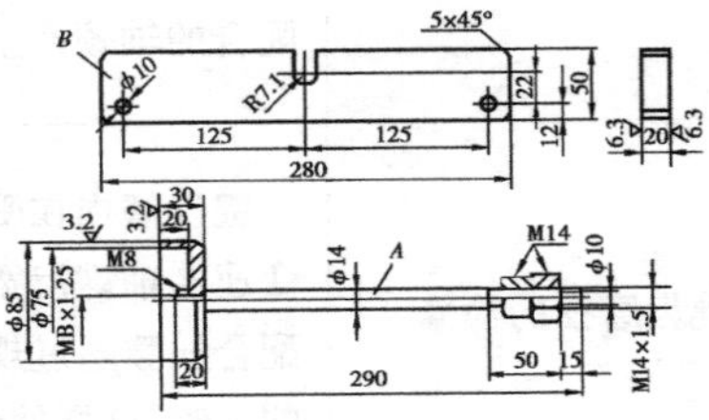
变速器壳与盖检修	变速器壳与盖的损伤一般为裂纹、支承座和座孔磨损、壳体变形等	
变速器壳与盖裂纹的检修	变速器壳与盖的裂纹可用目测法或敲击法检查，凡未延伸到轴承孔的裂纹，应更换。如无配件，可采用环氧树脂胶钻结，或用螺钉填补法修复，此外还可用焊接方法修复，但要特别注意防止焊后再裂	
变速器壳与盖变形的检修	变速器壳与盖变形的检查通过检查壳和盖结合平面的不平度进行衡量，可用平板或将两者靠合在一起，用厚薄规检验。当间隙超过规定值，应更换。如无配件，可用刨刀、铲刀、镗刀修平，但刨削平面时要注意基准的选择	
变速器壳轴承孔磨损的检修	变速器壳轴承孔的磨损，将使齿轮轴线偏移和两轴线不平行，齿轮正常啮合遭到破坏。当轴承与承孔配合间隙超过规定值，如轴承符合要求，可进行扩孔镶套修复，在进行扩孔镶套之前应检查各轴轴心线与平面相互位置的偏差，然后先取加工基准，锁削时既要恢复座孔的几何形状，又要消除轴心线与平面之间的误差，采用整形和加工相结合的方法修理壳体是保证修理质量的关键	

续表

操作内容	操作说明	图　示
变速器盖的检修	变速器盖经常磨损部位是变速杆球节座及变速叉轴轴孔，球节座磨损通常是把球节装入座孔后进行检查，超过规定值，应更换。如无配件，修理方法一般有两种： 1. 修复座孔，用焊条堆焊后，再经车削使其达到正常配合 2. 将变速杆球节堆焊后再车削，在车削时应先将变速杆压直，车削后再恢复原状。检查变速叉轴轴孔与变速叉轴，磨损过大应更换	
变速器轴检修	变速器轴常见损伤是各轴颈及花键的磨损、轴的弯曲等	
轴颈磨损的检修	变速器轴轴颈磨损是变速器零件中常见的损伤现象。轴颈磨损过大，不但会使齿轮轴线偏移，齿轮啮合间隙改变，传动时噪声增大，而且会使轴颈在轴承孔内转动引起烧蚀。因此，装滚珠轴承的动配合轴颈磨损超过规定值，与滚珠轴承内圈静配合的轴颈产生规定间隙，应更换。如无配件，可将轴颈镀铬或堆焊修复	
键齿磨损的检修	键齿磨损在受力一侧较为严重，一般可用相配滑动齿轮或结合凸缘配合检查。变速器轴键齿宽度磨损，当与结合凸缘配合检查间隙超过规定值，或键齿与键槽配合间隙超过规定值，应更换。如无配件，可用堆焊修复，堆焊时最好堆焊未磨损的一侧，这样使受力面保持原来金属，可以保证修理质量	
变速器轴弯曲的检查	变速器轴弯曲变形用圆跳度检查，以某V挡手动变速器输出轴为例（见图） 将输出轴3放在V形铁1上，一面转动输出轴3，一面用百分表2测量输出轴3的圆跳度，其圆跳度标准值为0.02 mm，使用极限为0.05 mm。超过使用极限，应更换	2 3 1 1—V形铁；2—百分表；3—输出轴
变速器齿轮检修	变速器齿轮的损坏主要是齿面磨损成阶梯形，齿面拉伤、剥落、烧蚀及锈蚀、斑点，齿长磨损变短，齿裂纹、打坏等。一般若齿面有轻微锈蚀或斑点，在不影响质量的情况下，可用油石修磨后继续使用。对于轮齿裂纹、打坏、齿面疲劳脱落应更换齿轮。齿面斑点超过齿面的15%以上时，也应更换齿轮	

续表

操作内容	操作说明	图　示
变速器齿轮啮合侧隙的检查	齿面磨损可通过变速器齿轮啮合侧隙检查(见图)。输出轴与输入轴按标准中心距安装后,固定住一个轴上的固定齿轮3,转动另一个轴上的被测齿轮2,用百分表1测量转动齿轮的摆动量,即为两齿轮的啮合侧隙。捷达轿车变速器齿轮啮合侧隙标准值为0.05~0.15 mm,使用极限为0.25 mm,超过极限应更换齿轮,注意应成对更换	 1—百分表;2—被测齿轮;3—固体齿轮
同步器检查	由于同步器各零件的配合尺寸要求较高,磨损后尺寸的变化会影响同步器的工作性能	
同步环的检查	应检查同步环的变形、裂纹和磨损情况(见图) 检查磨损的方法是将同步环1压在与之相配的齿轮2的锥面上,用厚薄规3检查同步环1与齿轮2之间的端面间隙4,此间隙对各挡同步环是不同的 输出轴Ⅰ挡同步环与输出轴Ⅰ挡齿轮端面间隙,输出轴Ⅱ挡同步环与输出轴Ⅱ挡齿轮端面间隙的标准值为1.1~1.7 mm,使用极限为0.5 mm;输入轴Ⅲ挡同步环与输入轴Ⅲ挡齿轮端间隙标准值1.5~1.75 mm,使用极限为0.5 mm;输入轴Ⅳ挡同步环与输入轴Ⅳ挡齿轮端面间隙标准值为1.3~1.9 mm,使用极限为0.5 mm。超过极限应更换同步环	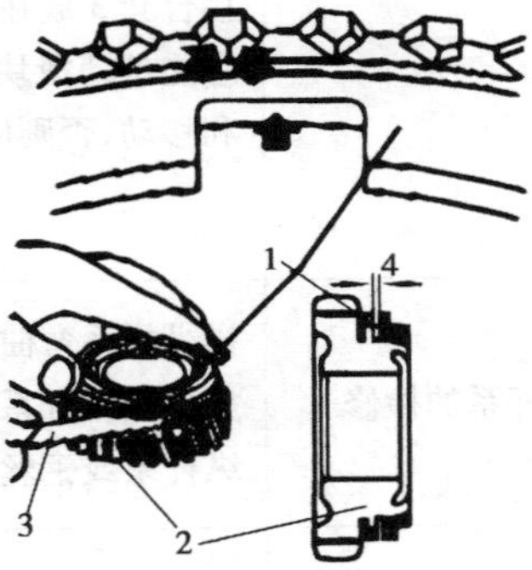 1—同步环;2—齿轮; 3—厚薄规;4—端面间隙
同步器滑块的检查	同步器滑块有磨损、变形和损坏等损伤。磨损检查方法(见图),将滑块1放在与之相配的同步器毂3的槽内,用厚薄规2测量滑块1与同步器毂3槽侧面的间隙。使用极限为0.25 mm,超过极限应更换滑块	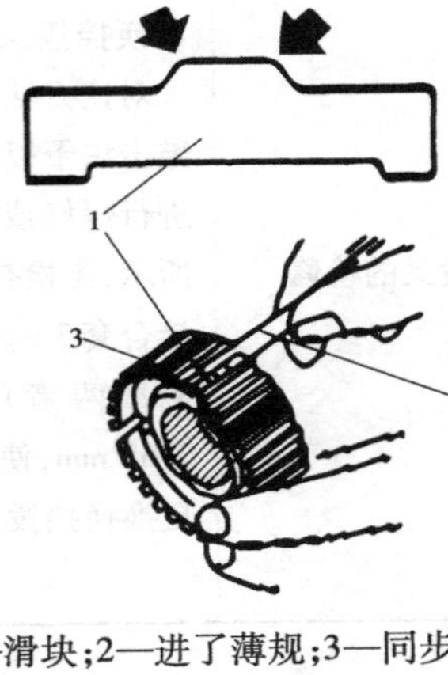 1—滑块;2—进了薄规;3—同步器毂

续表

操作内容	操作说明	图　示
同步器毂的检查	同步器毂通过同步器毂内花键与轴的侧隙进行检查,方法见图。将轴4用台钳2夹住,转动同步器毂1,用百分表3测出同步器毂的摆动量,即为两者的侧隙。使用极限为0.12 mm,超过极限应更换同步器毂。	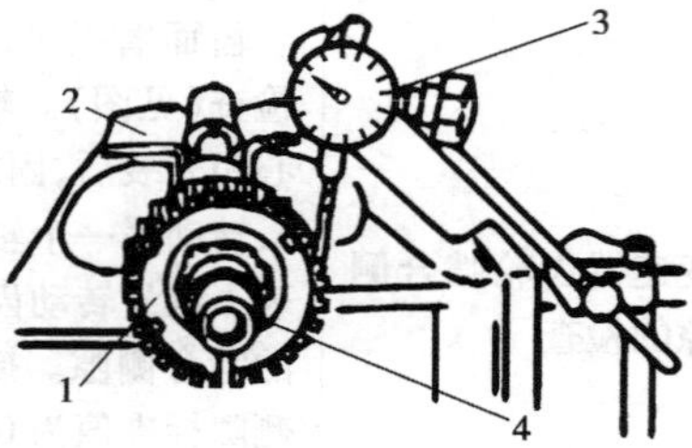 1—同步器毂;2—台钳; 3—百分表;4—轴
同步器接合套的检查	同步器接合套需检查同步器接合套的内齿部分的磨损,检查方法如图所示。将接合套3放在有滑块2的同步器毂1上,应能带动滑块2沿同步器毂1的轴向顺利移动,否则应更换同步器接合套	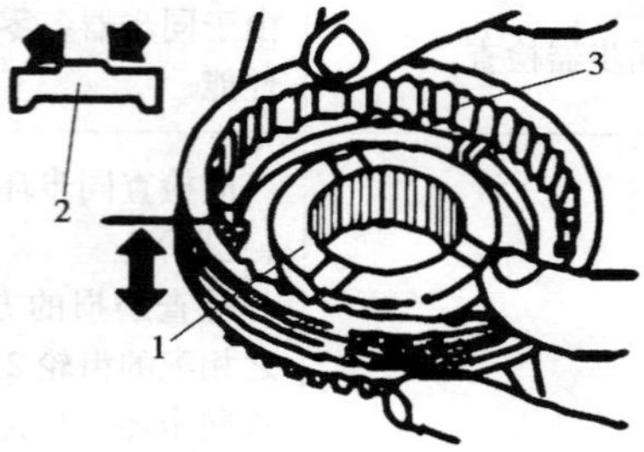 1—同步器毂;2—滑块;3—接合套
操纵杆系的检修	操纵杆系弯曲变形,可校正修复 如果操纵杆系运动时发卡,横杆轴与锁紧螺栓及锁紧钢丝不能锁紧,则应更换操纵杆系或钢丝;杆轴与衬套磨损,应更换衬套	
变速拨叉轴的检修	变速拨叉轴弯曲,应更换或冷压校正 锁销、定位球及凹槽磨损、定位弹簧变软或折断,均应更换 检查变速拨叉轴定位凹槽处的磨损,若磨损严重,应更换变速拨叉轴	
换挡拨叉的检修	换挡拨叉弯曲或扭曲可用仪器或与新叉对比方法进行检查。如有弯、扭,可用敲击法予以校正;叉上端导动块磨损,可进行焊修或更换。换挡拨叉的检查如图所示,需检查换挡拨叉1与相配的同步器接合套3的侧面间隙。方法是用厚薄规2测量两者的间隙,标准值为0.45~0.65 mm,使用极限为1 mm,超过极限应更换换挡拨叉	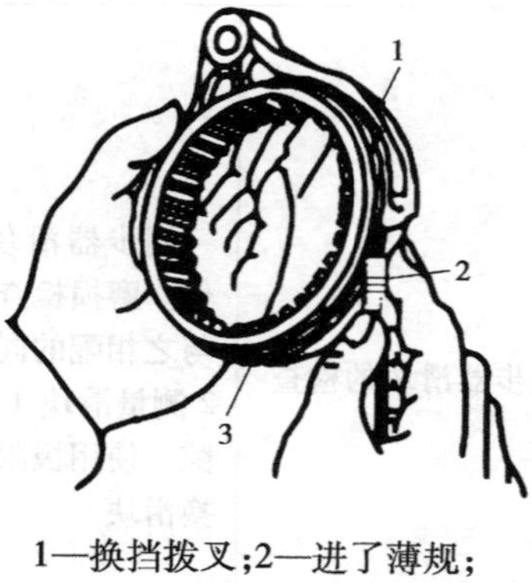 1—换挡拨叉;2—进了薄规; 3—同步器拉登套

续表

操作内容	操作说明	图　示
滚针轴承检查	输出轴或输入轴有些齿轮通过滚针轴承套在轴上，滚针轴承磨损检查方法见图。将轴1用台钳3夹住，一面上下摆动齿轮2，一面用百分表4测量摆动齿轮2的摆动量，即摆动齿轮2与滚针轴承5和轴2的径向间隙，超过极限应更换滚针轴承	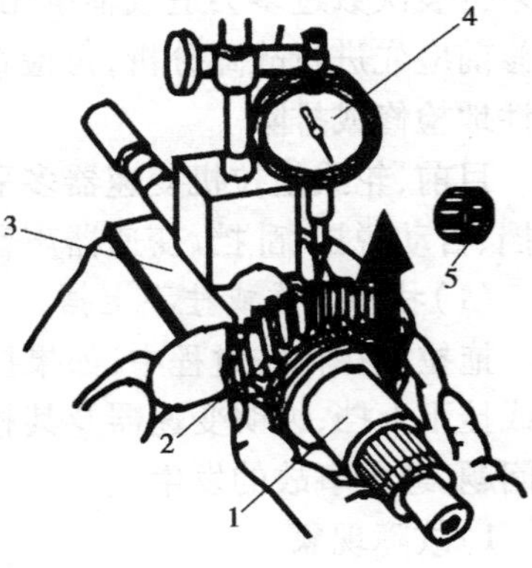 1—轴；2—摆动齿轮；3—台钳；4—百分表；5—滚针轴承
圆锥滚子轴承检查	检查圆锥滚子轴承外圈滚道和圆锥滚子轴承内圈的烧蚀、磨损和损伤情况，若两者有一个需要更换，必须成对更换，以保证圆锥滚子轴承能灵活转动，其间隙在安装中进行调整	

学习情境3.3　变速器故障诊断与排除

[学习目标]

1. 了解拖拉机变速器常见故障表现的现象。
2. 能分析拖拉机变速器常见故障的产生的原因。
3. 能正确、有效地排除拖拉机变速器常见故障。

[工作任务]

对拖拉机变速器常见故障进行分析和排除。

[信息收集与处理]

变速器是拖拉机动力传动系统中的重要部件之一。拖拉机变速器在工作时，变速器内零件的相对运动非常频繁,零件本身也承受各种力的作用,因此,变速器也是一种易发病的总成。在检修这类故障时,如果大范围拆装会破坏磨合好的配合关系,加剧配合件的磨损;如果拆装次数过多会造成轴承无法在变速器壳体上固定,使变速器壳体提前报废。为此,在检修前应先进行故障分析,再检查诊断,把引起故障的原因压缩至最小范围内,然后再有针对性地检修或排除。

目前,轮式拖拉机变速器多采用齿轮式变速器。常见的变速器故障有挂挡困难或挂不上挡、自动脱挡、乱挡、变速器声音异常以及变速器漏油、缺油、发热等缺陷。

(1)挂挡困难或挂不上挡

拖拉机在行驶过程中,如果挂挡困难或挂不上挡会严重影响操作,并且如果出现挂挡困难或挂不上挡,说明变速器及其相关零部件出现了质量问题,应及时进行诊断检查,排除故障问题,避免事故的发生。

1)故障现象

将离合器踏板踩到底,操纵主变速杆挂挡时,挂不上挡,或挂挡感到很吃力。放松离合器踏板后,再将离合器踏板踩到底,挂挡时有轮齿碰撞声,甚至不能挂上挡。

2)诊断方法

将拖拉机停车在平地上,踩下离合器踏板,扳动变速杆进行挂挡动作,感受无载时挂挡是否顺畅,卡滞等,若没有问题再发动拖拉机重新进行挂挡诊断。

3)故障分析

导致挂挡困难或挂不上挡的故障原因很多,主要可能有以下一些情况:

①拨叉磨损变形或固定螺栓松动。

②拨叉轴定位槽和锁定销或钢球磨损,表面产生台阶,以致换挡时受阻、卡滞。锁定销不能从定位槽中滑出,引起挂不上挡或挂挡困难。

③拨叉轴弯曲、变形,移动时阻力过大或被卡住,难以挂上挡或挂不上挡。

④离合器分离不彻底,不能切断发动机动力传动,使齿轮副难以啮合。

⑤花键轴磨损产生台阶或毛刺,花键齿槽内有脏物,致使滑动齿轮移动阻力增大,不易挂挡。

⑥齿轮齿面磨损、剥落或有裂口;齿端有塌边、崩齿,或轮齿倒角变形、损伤,使齿轮副难以啮合。

⑦自锁、互锁、联锁装置装配或调整不当。变速联锁拉杆过长,也会产生挂挡困难或挂不上挡故障。

⑧自锁弹簧弹力过大,或定位销卡滞或锈住,致使拨叉轴移动困难,不易挂挡。

⑨拖拉机变速器中采用同步器,同步器中弹簧片损坏或弹力不均;同步器环、从动轴、隔套磨损严重,使故障挡的齿轮与啮合套不同心;拨叉及啮合套拨叉环槽磨损严重,这些都可能导致挂挡有卡滞或挂不上挡。

⑩当飞轮上的轴承损坏时,踩下离合器踏板,主离合器片虽与前压盘和飞轮间有了间隙,但轴承却带着主离合器轴旋转,造成挂挡困难。

(2)自动脱档

拖拉机在行驶中,变速杆自动跳回空挡,变速器内滑动齿轮自动脱离啮合位置,使动力

传递中断,致使拖拉机不能前进,这种现象称为自动脱挡。

1)故障现象

拖拉机在行驶中,变速杆在未受外力作用下,自动跳回空挡,变速器内滑动齿轮自动脱离啮合位置。

2)故障分析

自动脱档可能的故障原因有很多,主要有3个方面:即使用中零部件的磨损与损坏、修理配件质量或装配质量差、产品设计方面的问题等。

①零部件在使用中磨损与损坏

a. 锁定弹簧过弱或折断,V形定位槽、锁定钢球或锁定销头部的磨损,锁定钢球卡死在弹簧槽内,造成锁紧力不足,影响锁定销的定位作用,会使拨叉轴轴向窜动。当拖拉机在负荷交变或振动时会发生自动脱档。

b. 拨叉弯曲变形,影响滑动齿轮的垂直度,或拨叉及齿轮凸缘凹槽磨损松旷,使齿轮啮合不到位,将促使自动脱档的可能性加大。

c. 拨叉与拨叉轴的固定螺钉松脱,使拨叉在拨叉轴上松动,滑动齿轮失去控制;拨叉和拨叉槽偏磨或磨损严重,使滑动齿轮轴向窜动间隙过大,都容易引起自动脱挡。

d. 齿轮啮合面不均匀磨损,齿面磨损成锥形或阶梯形,工作时产生一个轴向分力,使相啮合的齿轮有沿轴线方向退出的倾向,因而易自动脱挡。

e. 轴、轴承严重磨损,使齿轮轴倾斜或弯曲变形,挂挡齿轮啮合时产生轴向推力;花键轴变形,轴的弯曲刚度不足,引起花键轴倾斜。

f. 挂挡时,变速杆没有挂到底,锁定机构不能可靠地锁定,因振动等原因导致自动脱挡。

②配件质量或装配质量差

拨叉接触平面与齿轮轴线不垂直、齿轮加工形位精度不高、花键配合径向间隙太大、轴的安装误差及轴变形、变速器壳体变形而影响两轴的平行度、拨叉轴与齿轮中轴线不平行等,这些都可能造成齿轮偏斜和轴倾斜,使齿轮在传动中产生轴向分力,当轴向分力大于锁紧力时,迫使滑动齿轮移动而出现自动脱挡。

③产品零件设计不合理

a. 变速联锁拉杆过短,也会自动脱挡。

b. 拖拉机变速器中采用同步器,同步器弹簧片弹力过弱,弹簧座凸缘磨损严重,使同步器啮合套不能定位;啮合套和从动齿轮的啮合齿偏磨严重,使啮合齿之间产生轴向推力;从动齿轮毂端面磨损严重,使其产生过大的轴向窜动量;同步器隔套磨损严重,增大其配合间隙,使从动齿轮径向振动。这些都可能促使变速器产生自动脱挡故障。

(3)乱挡

1)故障现象

拖拉机乱挡又称挂双挡,就是变速器内档位错乱,或有两对齿轮副同时啮合,造成拖拉机既不能前进,又不能后退,致使柴油机严重冒黑烟,甚至自行熄火。

2)故障分析

造成乱挡故障的主要原因如下:

①变速杆定位销松旷、损坏或球头严重磨损，增加交速杆的摆动量，进而造成位置不正确，挂挡时容易使变速杆下端工作面越出拨叉导块上的槽，换成另一个挡位。这样前一个挡位还没有脱开，另一挡位又挂上，导致挂上两个挡位。

②主变速杆和变速拉杆呈上下弯曲变形状态，拉杆下端滑出拨叉导块上的槽，挂挡时可同时拨动两只拨叉，造成挂上双挡。

③拨叉导块上的槽或变速杆下端工作面过度磨损，容易使变速杆下端工作面从导块间的缝隙中脱出，引起乱挡。

④如上海 SH-50 型拖拉机变速器，由于挂挡用力过猛，使变速轴后端的行程限止片损坏（弯曲或断裂），造成变速轴前后移动时不能正确挂挡，因而乱挡。

⑤当变速杆导板缺口磨损时，换挡中将两拨叉轴同时拨动，造成乱挡。由于拨叉导块凹槽和变速杆下端工作面磨损，换挡时操纵过快，变速杆从拨叉导块凹槽跳出而换成另一挡，这样就导致前挡齿轮没拨离，而另一挡又挂上而乱挡。如福田欧豹 80 系列拖拉机，变速杆导板槽磨损严重，就容易乱挡。

⑥互锁机构失效。

⑦齿轮内花键和花键轴磨损过甚，齿轮定位挡圈脱落，定位钢球卡在拨叉定位弹簧内等，导致变速齿轮向一侧自动滑移造成自动挂挡。

(4)变速器内声音异常

1)故障现象

故障现象为变速器在运行过程中发出各种不同的不正常的声音响动。

2)故障分析

变速器声音异常故障的主要原因如下：

①变速器第一轴轴承响。其原因是轴承磨损严重，径向间隙过大或轴承外圈松旷。

②齿轮啮合产生噪声。其原因是：齿轮齿面磨损后，轮齿啮合间隙变大；齿轮齿面剥落，致使齿轮啮合不良；在修理时，啮合齿轮不是成对更换。

③花键轴花键部分和齿轮花键槽磨损，间隙过大。

④个别轮齿折断或有脏物嵌入。

⑤变速器内缺少齿轮油。

⑥拨叉变形刮碰齿轮，或者拨叉与接合套拨叉槽碰擦。

⑦齿轮与轴的联接处滚键或键槽松动。

(5)变速器漏油、缺油、发热

1)故障现象

变速器漏油、缺油、发热主要表现为：变速器加足油后，油面很快降低，并由于缺油而过度发热。

2)故障分析

变速器漏油、缺油、发热等故障产生的主要原因如下：

①油封损坏老化或唇口自紧弹簧弹力不足，或者轴颈上的油封位已经磨损严重，如变速器输入轴油封失效。

②接合面不平整或衬垫失效，如变速器输入轴轴承座处漏油。
③放油螺塞松动或固定螺钉、联接螺栓松动。
④齿轮油不合规格、太脏，引起变速器过热，温度可达到90℃以上。
⑤齿轮油油面过高，搅油发热；齿轮油油面过低，润滑不良而发热。
⑥轴承装配时预紧度过大。

实施变速器常见故障诊断与排除作业

(1) 变速器常见故障诊断与排除事前准备

1) 前期准备

①待修拖拉机及常用拆装工具。
②按厂家维修手册要求制作或购买的专用拆装工具。
③按厂家维修手册要求制作或购买专用调整工具。
④相关说明书、厂家维修手册和零件图册。
⑤专用支承台架、零件摆放台、接油盘、记号笔、记录纸等辅助设施。
⑥千分尺、百分表等测量工具。
⑦吊装设备及吊索。

2) 安全注意事项

①操作人员应按规定正确着装。
②采用合适吨位的吊装设备、吊钩及吊绳，钢丝吊绳应与设备间有隔离垫块，起吊过程重物下面严禁有人，起吊物上严禁有人。
③吊下的部件不能直接放在地面上，应垫枕木。
④箱体部件拆卸孔洞应进行封口。
⑤不得用铁棒直接敲击工件，避免伤害工件精度。一般要用铜、橡胶或塑料锤子。
⑥如果用力过大，可能导致部件损坏。
⑦采用合适吨位的吊装设备吊装和移动所有重型部件。吊装和移动时，应确保装置或零件有合适的吊索或挂钩支承。
⑧在安装齿轮、花键轴等带尖角的零部件时，要注意不要被尖角划伤。
⑨不得使用汽油或其他易燃液体清洗零部件。
⑩密封面或精密配合面不得用起子等硬金属撬开，以免划伤表面。
⑪拆装时要格外小心，避免弄丢或损伤小的物件。
⑫装配前应彻底清洗所有零件，装配时密封件应涂上润滑油。精密配合件可用手直接推入，不得硬性敲击。
⑬装配时不得戴棉线等易落毛渣的手套，不得使用棉纱等抹布擦拭密封或精密配合表面，不得在灰尘密布的环境下装配。

(2) 相关作业内容

变速器常见故障诊断与排除作业时按表3.4进行。

表 3.4　变速器常见故障诊断与排除作业指导书

变速器挂挡困难或挂不上挡		
故障原因	故障检查	故障排除
离合器分离不彻底	踩下离合器踏板,扳动变速杆挂挡时,所有各挡都难以挂挡,且挂挡时有明显的轮齿撞击声。另外,如果勉强挂上挡后,不抬起离合器踏板,拖拉机就立即行驶。这样的现象可诊断为离合器分离不彻底	排除离合器故障
齿轮齿面磨损等缺陷	踩下离合器踏板,扳动变速杆可以使齿轮移动,但感到轮齿有阻力,难以啮入。这样的现象则诊断为换挡齿轮有故障,可能是齿端有塌边、崩齿,或轮齿倒角变形、损伤等	齿轮的技术要求:齿轮齿牙表面应完整、光洁,不得有毛刺,在不相邻的齿牙上,允许不超过齿长四分之一的渗碳层剥落
花键轴磨损	当踩下离合器踏板挂挡时,感到变速杆扳不动或扳不到位,则判断为花键轴有卡阻故障,可能是花键轴磨损产生台阶或毛刺等。花键轴磨损会使齿轮的内花键配合破坏,如果是滑动配合,将增加齿轮的滑动阻力或卡阻,致使换挡困难	花键轴的技术要求:花键轴的键齿和齿轮的键槽,应光洁、平直,不得有锐边和毛刺。键槽与键齿的配合间隙一般不能超过 2 mm
变速杆和拨叉若变形	挂挡时,变速杆可以正常扳动,但是滑动齿轮并不移动,没有齿轮啮入的感觉。这样的现象则诊断为换挡机构有故障,不是拨叉严重变形或松动,就是拨叉轴弯曲、变形	变速杆和拨叉若变形,可用冷压方法校正
拨叉轴的装配	检查拨叉轴运动灵活性	拨叉轴应能灵活地在孔内滑动,不得有卡阻现象,轴的直线度误差在全长上应不大于 0.25 mm
拨叉轴定位槽锁定销磨损	当踩下离合器踏板挂挡时,感到换挡非常费力,甚至不能换挡,而且还会发现离合器踏板不能返回原位,则诊断为换挡联锁装置有故障	槽和锁定销磨损不大时,可用油石磨平;磨损大的定位槽可在堆焊后,按样板整形加工;锁定销磨损大时,则要换新品

续表

故障原因	故障检查	故障排除
自锁弹簧弹力过大	检测弹簧张力	应更换弹力符合要求的自锁弹簧，且自锁弹簧不能用别的弹簧代用，以免弹力过大或过小
变速联锁拉杆质量问题	检查联锁拉杆动作，观察联锁情况	若变速联锁拉杆过长，将变速联锁拉杆适当调短，故障可消除
同步器零件损坏	检测同步器零件质量	更换磨损严重或损坏的零件
飞轮上的轴承损坏	检测轴承质量	可换上优质的轴承，并对轴承加足润滑脂
自动脱挡		
锁定弹簧过弱或折断	检查时，当拨叉轴移动过于松动，没有最初克服定位阻力的明显感觉，一般可判断为锁定弹簧过弱或折断、锁定槽、锁定钢球磨损过甚。检查锁定钢球是否卡死在弹簧槽内。若卡死在弹簧槽内，会使拨叉轴失去锁定	凡是弹力不够的弹簧都应更换。如弹力够，但仍达不到锁定要求的，可以根据需要，在弹簧上部加一个 4 ~ 6 mm的铆钉，铆钉杆插在弹簧内，这样既起到定位作用，又增加了压力，从而达到牢固控制钢球的目的。若钢球卡死在弹簧槽内，应拆下清洗去除杂质或锈蚀
拨叉工作面磨损	检查时，扳动变速杆感到有明显的旷动，说明拨叉严重磨损或变形	拨叉工作面磨损严重，可更换新品，也可焊修。由于拨叉形状复杂，在焊修时，要注意避免变形，焊后可按样板整形加工和检验
拨叉与拨叉轴的固定螺钉松脱	打开变速器盖，检查固定螺钉是否松动	若拨叉的固定螺钉松动，先用扳手拧紧后，再用铁丝缠绕成“8”字形锁紧
轴、轴承严重磨损	打开变速器盖，用撬棒撬动齿轮轴或花键轴上的常啮合固定齿轮，若感觉到齿轮轴或花键轴有过大的轴向窜动量，则说明轴、轴承严重磨损	首先将有关轴上的所有零件拆下来进行清洗，检查轴承、轴颈以及壳体座孔配合的松紧程度，如能用手推进去，则说明已起不到定位作用，必须更换轴承或轴。若壳体座孔磨损较大，有条件的可用电刷镀修复。轴颈磨损量小时，可用镀铬或电刷镀修复；轴颈磨损量大时，可用堆焊后再经机械加工，恢复其配合尺寸

续表

故障原因	故障检查	故障排除
齿轮啮合面不均匀磨损	打开变速器盖,拆下有关轴、轴承及齿轮,检查齿轮轮齿齿面是否磨损成锥形或阶梯形	若齿轮齿面磨损成锥形或阶梯形,应予换新
变速杆拨头磨损	诊断时,扳动变速杆挂上故障的挡位后,打开变速器盖,若观察到该故障挡位的齿轮半啮合,则说明变速杆或拨叉有效行程变小,使齿轮不能全啮合	若变速杆拨头磨损,应修理或更换变速杆;若拨叉轴定位槽磨损,应更换拨叉轴
配件质量或装配质量差	目测或仪表测量零件质量,检测装配配合精度	配件质量或装配质量差,是属于制造厂和维修装配人员的失误。因此,在换件修理时,一要选购优质、正品的零配件;二要正确装配,且提高装配精度,才能保证维修质量
变速联锁拉杆过短	检查联锁拉杆动作,观察联锁情况	将变速联锁拉杆适当调长
同步器零件质量故障	检测同步器零件质量	若弹簧片和弹簧座磨损严重、啮合套和从动齿轮的啮合齿偏磨严重、从动齿轮毂端面磨损严重、同步器隔套磨损严重,应更换损坏的零件
乱挡故障		
变速杆定位销松旷、损坏或球头严重磨损	扳动变速杆是否能转成圈。若能转成圈,说明变速杆球头的定位销脱落	加大变速杆定位销,焊修球头,恢复配合关系
拨叉导块上的槽或变速杆下端工作面过度磨损	当变速杆摆动量甚大,挂挡后就不能退回空挡位置,则说明变速杆下端工作面已脱出拨叉导块凹槽。拆卸变速器盖,检查变速杆头与拨叉槽是否过于松动	焊修拨叉导块上的槽或变速杆下端工作面,以缩小配合间隙
主变速杆和变速拉杆呈上下弯曲变形	将变形的变速杆和没有变形的变速杆对比,以检查其变形的情况	应按原状仔细校正变速杆和变速拉杆,使其恢复原状态
变速轴后端的行程限止片损坏	拆卸检查变速器壳体后的变速轴行程限止片是否断裂	若限止片弯曲可校直;若限止片断裂,应更换新件

续表

故障原因	故障检查	故障排除
互锁钢球或互锁销的磨损	检查互锁钢球或互锁销的磨损情况，以及拨叉轴上的互锁槽或互锁销的磨损情况	在采用互锁钢球或互锁销式的拖拉机上，应检查互锁钢球或互锁销的磨损情况，以及拨叉轴上的互锁槽或互锁销的磨损情况，如果严重磨损，应更换互锁钢球、互锁销或拨叉轴
互锁机构失效	若同时能挂上两个挡，则说明互锁机构失效，失去联锁作用。检查变速杆导板的导槽是否撞击形成缺口	应及时修补缺口和磨损部位，或更换变速杆导板。若变速杆下端工作面或球头磨损严重，可用堆焊修复；若变速杆下端变形，应校正、修理，以恢复原状
齿轮内花键和花键轴磨损	检查齿轮内花键和花键轴磨损情况	更换过度磨损的内花键齿轮和花键轴；更换弹力较大的定位弹簧，并修磨弹簧孔口
变速器声音异常		
轴承严重磨损	未挂挡时响，分离离合器时消失，一般是轴承外圈松旷；行驶时或换挡时能听到响声，一般是轴承径向间隙过大	滚子轴承一般的轴向间隙，允许不超过0.3～0.5 mm，径向间隙不超过0.25 mm。若轴承磨损严重，应更换新轴承
齿轮齿面磨损	当挂入某一挡时，噪声增强，音调升高，一般是该挡啮合齿轮侧隙过大；而声响不均匀，但周期性强的，多数是齿轮啮合不良或不是成对更换	若齿轮轮齿啮合间隙变大，应成对更换
个别轮齿折断成或有脏物嵌入	变速器发出周期性冲击声，且音量较强，多是个别轮齿折断	若有脏物嵌入齿轮中，应对变速器全面清洗，并彻底更换齿轮油
花键轴花键部分和齿轮花键槽磨损	拖拉机刚起步时，变速器产生冲击噪声，多是花键轴与齿轮花键槽间隙过大	若轴上花键部分和齿轮磨损，间隙超限，应更换花键轴和齿轮

续表

故障原因	故障检查	故障排除
拨叉变形	拖拉机行驶时,用手触摸变速杆,若感振动,可能是拨叉变形刮碰齿轮	应更换优质的拨叉或对拨叉进行校正
变速器缺油	变速器缺油时,一般同时出现噪声和过热现象	经常检查变速器齿轮油油面高度,不足时及时添加
键槽松动	变速器接合后产生,也有振动感	对轴与齿轮的键槽进行整形修理,加大键的厚度或宽度,装配后紧度符合要求,不能松动
变速器漏油、缺油、发热等		
密封件损坏	根据漏油现象、漏油痕迹来查找漏油部位、查明漏油原因	应更换优质的油封,或者对轴颈上的油封位进行焊补修理,恢复原状
接合面不平整或衬垫失效	可用手触摸,来感觉判断某个部位是否发热	若衬垫破裂失效,应更换新垫片,并在安装时两面涂上密封胶
螺纹联接松动	检查变速器的轴承间隙是否过小,使轴承转动阻力增大。检查齿轮和花键轴装配是否正确,运转是否灵活	安装轴承盖、轴承座及变速器盖时,固定螺钉螺纹部分应涂上密封胶,以防齿轮油从螺纹间隙渗出
油质差	检查齿轮油牌号,以及齿轮油是否太脏	更换规格合乎要求的齿轮油。加油时,注意使变速器的油面不能过高或过低

其他故障:

拖拉机有时出现挂上行驶挡位后,拖拉机无法行驶,产生故障的主要原因有:换挡轴弯曲;拨叉松动;行星齿轮减速器内齿轮移位;后桥内联接套花键被磨光,等等。拖拉机有时在行驶过程中会出现摘不下挡的现象,产生故障的主要原因有:拨叉轴卡滞;两个泄油槽的相互位置不合适,摘挡时啃伤;互锁销过短,很容易造成锁销卡死

学习情境4

驱动桥的拆装与维护

●学习目标

1. 能描述驱动桥的用途及工作原理。
2. 能选择适当的工具拆装拖拉机驱动桥。
3. 能有效地对驱动桥零部件进行检修。
4. 会诊断和排除拖拉机驱动桥故障。

●工作任务

对拖拉机驱动桥进行部件拆装与维护;能排除驱动桥常见故障。

●信息收集与处理

驱动桥是拖拉机传动系最后一个总成,由中央传动、差速器、半轴及驱动桥壳等构成。拖拉机的驱动桥是变速器与驱动轮之间除联轴器及传动轴以外的所有传动部件和壳体的总称。拖拉机驱动桥有前桥驱动和后桥驱动两种。后桥为主驱动,前桥为辅驱动。工作时,驱动桥内零件运动非常频繁,驱动桥也是一种易发病的总成。本章重点进行驱动桥的拆装、主要零件的检修及驱动桥差速器漏油、驱动桥内有噪声以及中央传动过热等驱动桥常见的故障的诊断与排除的学习。

学习情境4.1　驱动桥的拆装与维护

[学习目标]

1. 了解驱动桥的基本功用、类型、组成及工作原理。
2. 了解典型拖拉机驱动桥的结构。
3. 能选用适当工具对拖拉机驱动桥进行拆装及维护。

[工作任务]

对拖拉机前后驱动桥进行拆卸、组装及维护保养。

[信息收集与处理]

拖拉机的驱动桥是变速器与驱动轮之间除联轴器及传动轴以外的所有传动部件和壳体的总称。驱动桥是车辆传动系统最后一个总成,由主减速器、差速器、半轴及驱动桥壳等构成。拖拉机驱动桥一般称为后桥,通常与变速器联为一体,是拖拉机底盘总成中非常重要的组成之一。拖拉机的主减速器称为中央传动,有些拖拉机差速器半轴与驱动轮之间设有减速器,称为最终传动。

(1)驱动桥功用

驱动桥的主要功用:一是将发动机转矩通过中央传动、差速器、半轴等传给驱动轮,实现减速增距;二是通过中央传动改变转矩传递方向,使其与车辆行走方向相同;三是通过差速器保证内、外侧车轮以不同转速实现车辆的转向,满足车辆行驶需要。

拖拉机驱动桥与其他车辆驱动桥相比有以下不同:

①拖拉机驱动桥与变速器壳体间采用螺栓联接,形成一个刚性的整体。

②轮式拖拉机驱动桥通常在差速器后还有最终传动,能进一步降低驱动轮转速、增大驱动力,并提高离地间隙。

③变速器与驱动桥之间没有传动轴,驱动桥与车架之间没有单独的悬架系统。

④拖拉机驱动桥上设置农具牵引、悬挂等动力输出与控制装置。

(2)驱动桥的类型

驱动桥分为断开式驱动桥和非断开式驱动桥两种。

非断开式驱动桥又称整体式驱动桥,它与非独立悬架的车辆相匹配,中央传动、差速器和半轴装在整体的驱动桥壳体内,轮毂通过轴承支承在半轴套管上,如图4.1所示。

一般情况下,这种驱动桥的桥壳为刚性整体结构,两侧驱动桥和半轴不能在横向平面内作相对运动。当某一侧车轮通过地面凹坑或凸起时,整个车身及驱动桥都要随之发生倾斜和上下波动,非断开式驱动桥多用在货车后桥上。

断开式驱动桥的驱动轮可各自独立地相对于车架或车身安装,中央传动可固定在车架或车身上;桥壳分段并铰链联接,车身或车架不会随车轮的跳动而跳动,提高了车辆的行驶平顺性和舒适性,如图4.2所示。断开式驱动桥又分为单铰和双铰接驱动桥。

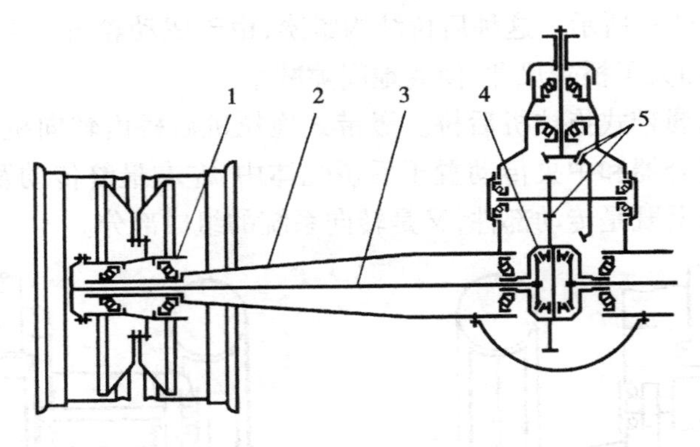

图4.1 非断开式驱动桥简图

1—轮毂;2—桥壳;3—半轴;4—差速器;5—中央传动

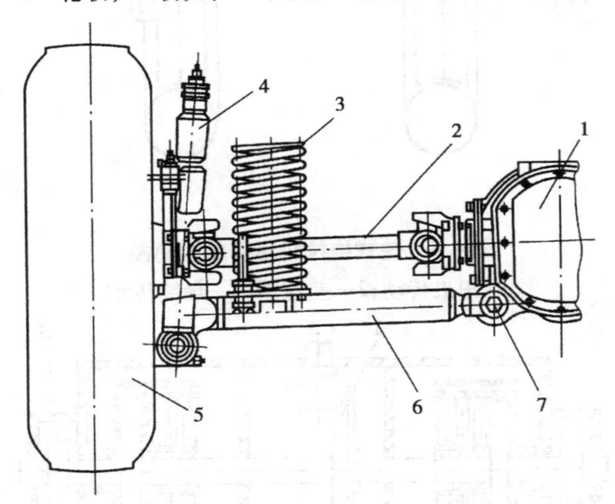

图4.2 断开式驱动桥简图

1—中央传动;2—半轴;3—弹性元件;4—减振器;5—驱动轮;6—摆臂;7—摆臂轴

车辆驱动桥一般由半轴、桥壳、中央传动及差速器等组成,如图4.1所示。车辆发动机的转矩经变速装置及万向传动装置,最后传送到驱动桥内的中央传动及差速器,再由差速器分配给左右半轴驱动车轮。在这条动力传递链上,驱动桥的主要部件是中央传动和差速器。中央传动将发动机传来的动力通过降低转速、增加扭矩和改变扭矩的传递方向来适应车辆的行驶要求。差速器使左右车轮可以不同转速旋转,适应车辆转弯及在不平路面上行驶。半轴将转矩从差速器传至驱动轮。桥壳用以支承车辆的部分质量,并承受驱动轮上的各种作用力,同时它又是中央传动、差速器等传动装置的外壳。

如图4.3所示,拖拉机的驱动桥常称为后桥。它由中央传动、差速器和最终传动等组成。轮式拖拉机后桥一般为有最终传动后桥,可分为外置式和内置式两种。前者的左右最终传动具有各自独立的壳体,并分置在左右驱动轮处,如图4.3(b)所示。这种后桥壳既能获得较大的离地间隙,改变最终传动壳体与后桥壳体的相对位置,还可同时改变离地间隙和拖拉机轴距,但不能无级调节轮距。后者的左右最终传动与中央传动和差速器安装于同一后桥壳体内,如图4.3(a)所示。这种后桥结构紧凑,由于驱动轮可在半轴上移动,因此可进行无级调节轮距,但加大了桥壳尺寸,使离地间隙减小。

如图4.4所示为履带式拖拉机后桥。履带式拖拉机后桥由转向机构、中央传动和最终传动等组成。转向离合器和中央传动置于后桥壳体中,左右最终传动及其壳体位于左右驱动轮附近。转向离合器既是传动部件,又是转向系统的组成部分。

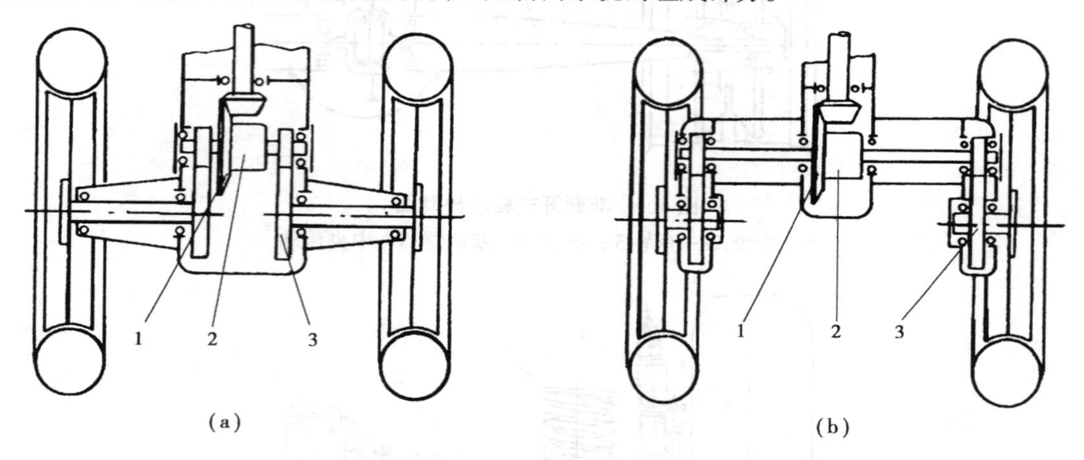

图4.3 轮式拖拉机后桥结构简图

1—中央传动;2—差速器;3—最终传动

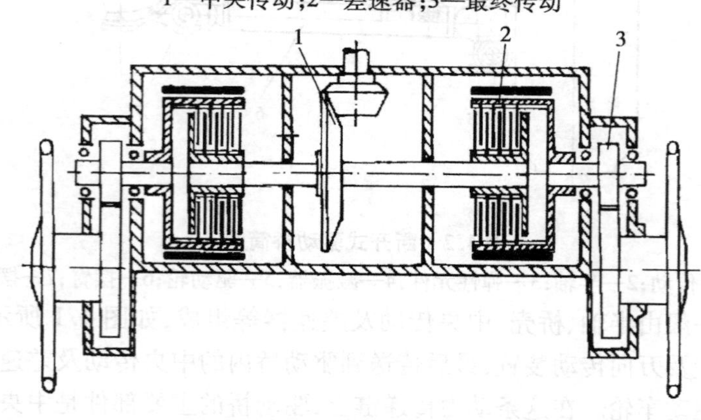

图4.4 履带式拖拉机后桥结构简图

1—中央传动;2—转向离合器;3—最终传动

(3)驱动桥组成及结构特点

1)中央传动

主减速器在拖拉机上称为中央传动,在农用车及其他车辆上称为主减速器。

中央传动的功用是将输入转矩增大并相应降低其转速,对于纵向布置的发动机,还通过它改变转矩的方向,满足车辆行驶要求。根据使用要求的不同,中央传动有不同的结构形式。

按齿轮传动副的数目,可分为单级和双级式。目前,轿车、小型客车、轻型和中型货车一般采用单级主减速器;大型和重型货车要求较大的主减速比和较大的离地间隙,因此更多的是采用双级主减速器。

按齿轮传动比挡数,可分为单速和双速式。双速式有供操作者选择的两个传动比,以适应不同工作条件;单速式的传动比是固定的。国产拖拉机一般采用单速式中内传动。

按齿轮传动副的结构,可分为圆柱、圆锥和准双曲面齿轮式。圆柱齿轮式又分为定轴和行星两种轮系,适用于发动机横置拖拉机。对于大多发动机纵置的拖拉机,其中央传动采用螺旋圆锥齿轮或准双曲面齿轮。与螺旋圆锥齿轮比较,准双曲面齿轮工作稳定性更好,机械强度更高,同时允许主动齿轮轴线相对从动齿轮轴线偏移,如图4.5所示。若主动齿轮轴线向下偏移,在保证必需的离地间隙情况下,可使车辆重心降低,提高行驶的稳定性。

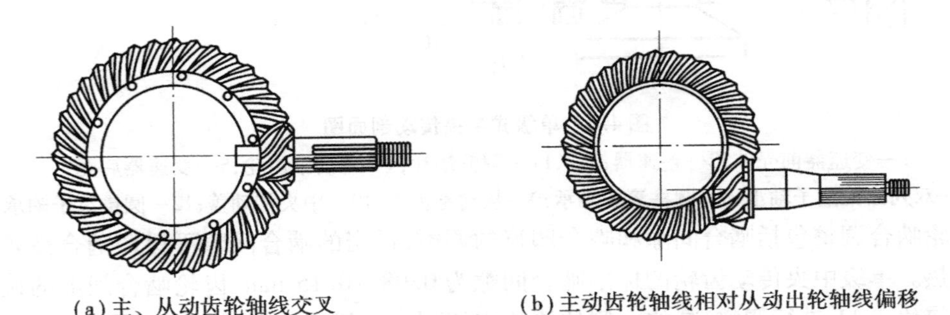

(a)主、从动齿轮轴线交叉　　(b)主动齿轮轴线相对从动出轮轴线偏移

图4.5　主动齿轮和从动齿轮轴线位置

①单级中央传动

单级中央传动具有结构简单、体积小、质量轻和传动效率高等优点。

某驱动桥的发动机纵向前置,前轮驱动放于车辆前部,整个传动系统都集中布置在车辆的前部,如图4.6所示。

本驱动桥将变速器、中央传动和差速器安装在一个3件组合的壳体内,变速器的输出轴即为中央传动的主动轴,动力由变速器直接传递给中央传动,没有万向传动装置。中央传动为单级减速器,主减速齿轮由一对双曲面锥齿轮组成。主动锥齿轮的齿数为9,从动锥齿轮的齿数为37,因此,其传动比 $i_0 = 37/9 \approx 4.11$。主动锥齿轮和变速器输出轴制成一体,用圆柱滚子轴承和双列圆锥滚子轴承支承在变速器后壳体内。环形的从动锥齿轮以凸缘定位,并用螺钉与差速器壳体联接,差速器壳体由一对圆锥滚子轴承支承在变速器前壳体上。

中央传动的调整包括有轴承预紧度和齿轮啮合调整,主、从动锥齿轮轴承安装时有一定的预紧度,以消除多余的轴向间隙和平衡一部分前后轴承的轴向负荷,使主、从动齿轮保持正确的啮合和轴承获得均匀磨损。轴承预紧度也不宜过大,过大会增加轴承载荷,工作温度升高而降低使用寿命;轴承预紧度过小则使主、从动齿轮轴向间隙增大,破坏正确啮合位置和间隙造成冲击异响。主动锥齿轮轴上的轴承预紧度不需调整,从动锥齿轮轴承的预紧度可通过调整垫片3,11的总厚度来进行调整,左右半轴装好后,从动齿轮应转动灵活并没有轴向间隙感觉。

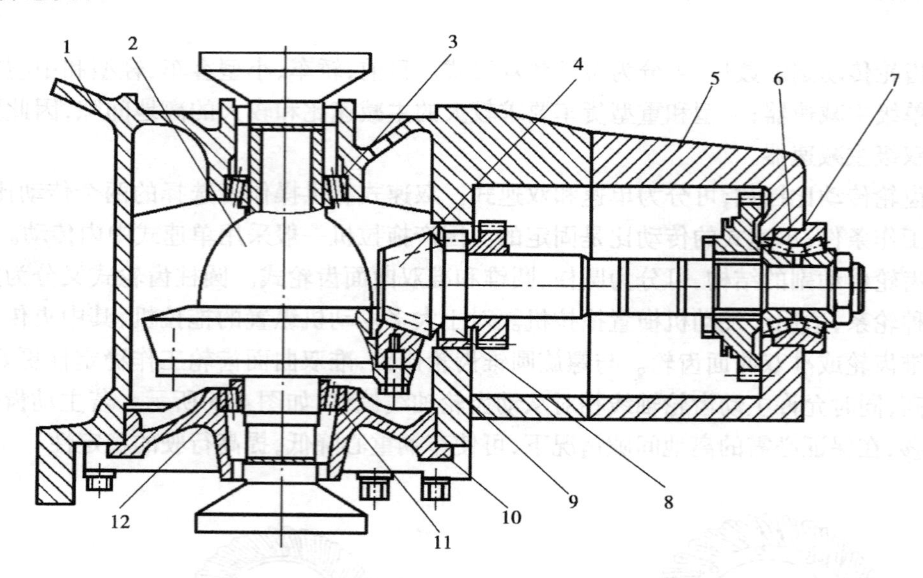

图4.6　单级式中央传动剖面图

1—变速器前壳体;2—差速器;3,7,11—调整垫片;4—主动锥齿轮;5—变速器后壳;6—双列圆锥滚子轴承;8—圆柱滚子轴承;9—从动锥齿轮;10—中央传动盖;12—圆锥滚子轴承

齿轮啮合调整包括啮合间隙和啮合印痕的调整,适当的啮合间隙可保证啮合齿轮的润滑和散热。单级中央传动齿轮的标准啮合间隙为0.08~0.15 mm,齿轮啮合间隙的调整通过调整垫片3,11进行调整,减的一侧的垫片应加到另一侧上,以保证已调整好的轴承预紧度不变。正确的啮合印痕保证啮合齿轮工作强度;齿轮啮合印痕的调整通过调整垫片7进行。

另一单级式中央传动如图4.7所示。它由一对准双曲面齿轮及其支承调整装置、中央传动壳体等组成,中央传动主、从动锥齿轮分别为6,38,传动比为6.33,采用前后两点支承来保证主动锥齿轮有足够的支承刚度。主动锥齿轮与输入轴制造成一体,前端支承在相互贴近且小端相向的两个圆锥滚子轴承上;后端支承在圆锥滚子轴承上,形成可靠的跨置式支承。从动锥齿轮用12个螺栓和差速器左壳体联接,螺栓按规定的拧紧力矩拧紧。差速器左右壳体的两端用两个圆锥滚子轴承支承在中央传动壳的座孔中。

装配中央传动时,圆锥滚子轴承装配时应使其具有一定的预紧度,也就是说在消除轴承间隙的基础上再给一些压紧力。其目的是为了减小在锥齿轮传动过程中轴向力所引起的轴向位移,提高轮轴的支承刚度,保证锥齿轮副的正常啮合。因此,在轴承13,17之间的隔离套一端装有一组厚度不同的调整垫片。增加垫片厚度则轴承预紧度减小,反之预紧度则增大。支承差速器壳的一对圆锥滚子轴承的预紧度,可利用其各自侧面调整螺母调整,拧入调

整螺母则轴承预紧度增加，反之预紧度则增大。调整时，应转动从动锥齿轮，让滚子轴承处于正确位置。

特别说明的是，圆锥滚子轴承预紧度的调整必须在齿轮啮合调整之前进行。

锥齿轮啮合的调整包括啮合印痕和齿侧间隙，啮合印痕可通过增减中央传动壳与主动锥齿轮轴承座之间的调整垫片的厚度来调整。增加垫片厚度，主动锥齿轮轴前移；反之，则后移。齿侧间隙通过拧动差速器壳两端调整螺母来实现。一端螺母拧入时，另一端螺母应拧出，让从动锥齿轮轴发生轴向位移。此时，使从动锥齿轮靠近主动锥齿轮，则啮合间隙减小；反之，则增大。

应特别注意的是，在调整啮合间隙时，为保证已调整好的轴承预紧度不变，应使一端螺母拧入的圈数等于另一端螺母拧出的圈数。

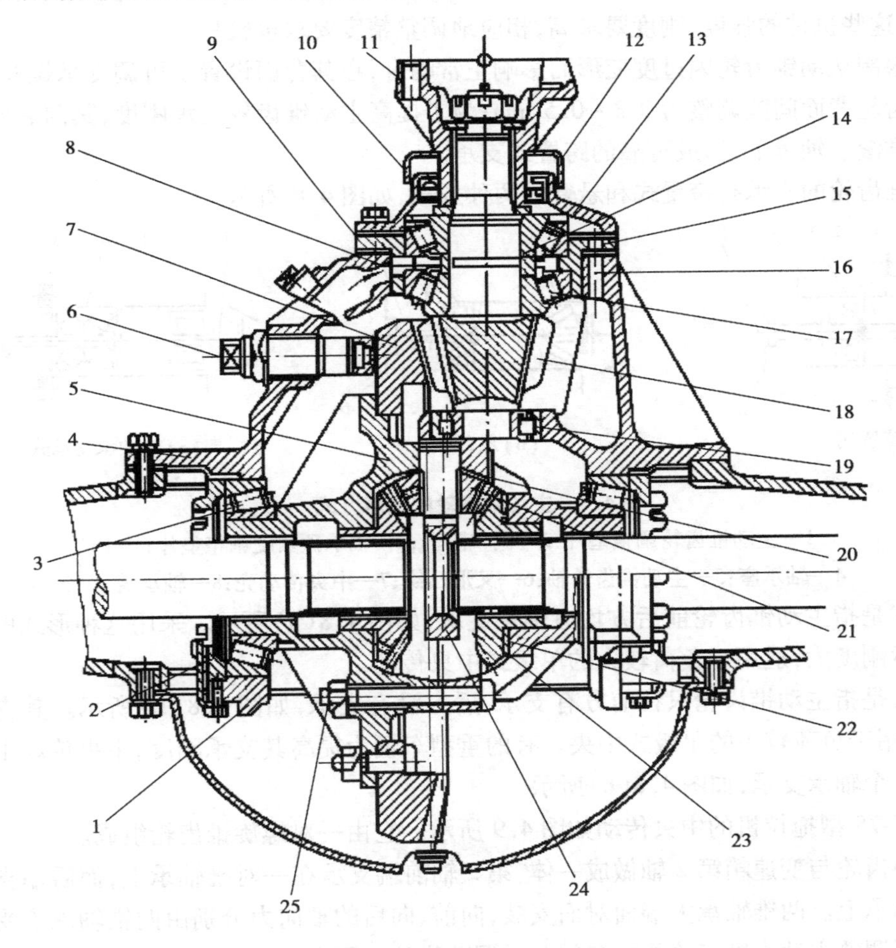

图4.7　某车单级中央传动

1—差速器轴承盖；2—轴承调整螺母；3，13，17—圆锥滚子轴承；4—中央传动壳；5—差速器壳；6—支承螺栓；7—从动锥齿轮；8—进油道；9、14—调整垫片；10—防尘罩；11—叉形凸缘；12—油封；15—轴承座；16—回油道；18—主动锥齿轮；19—圆柱滚子轴承；20—行星齿轮球面垫片；21—星形齿轮；22—半轴齿轮推力垫片；23—半轴齿轮；24—行星齿轮轴；25—螺栓为了提高齿轮副的强度和啮合平稳性,减小噪声,采用准双曲面齿轮,主动锥齿轮轴心线比从动锥齿轮的轴心线下偏。双曲面锥齿轮的主、从动齿轮轴线不相交,主动锥齿轮轴线可低于从动锥齿轮轴线,在保证一定离地间隙的情况下,相连的传动轴位置也相应降低,从而使车辆重心降低,提高行驶的平稳性。

其次,双曲面齿轮发生根切的齿数较少,主动齿轮在满足传动比和强度要求的条件下尺寸可尽量小,相应从动锥齿轮的尺寸也可减小,从而减小了中央传动壳外形轮廓尺寸,有利于车身布置和提高最小离地间隙。此外,双曲面齿轮的啮合系数大,同时参加啮合的齿数多,传动平稳,噪声小,承载能力大。其缺点是准双曲面齿轮工作时,由于齿面间的相对滑移量大,且齿面间的压力也大,齿面油膜易被破坏,必须使用专门的齿轮油,不能用普通齿轮油代替。双曲面齿轮螺旋角较大,传动时轴向力大,容易造成轴的支承定位件损坏而引起轴向窜动,因此这些机件的强度、刚度要求高,相应地调整精度要求也较高。

为了限制从动锥齿轮因过度变形而影响正常啮合,在其背面设置了可调支承螺栓,并使该螺栓与齿轮背面间隙调整为0.3~0.5 mm;为了提高主动锥齿轮支承刚度,其前后两端都支承在圆锥滚子轴承上,形成可靠的跨置式支承。

主动锥齿轮的支承有跨置式和悬臂式两种方式,如图4.8所示。

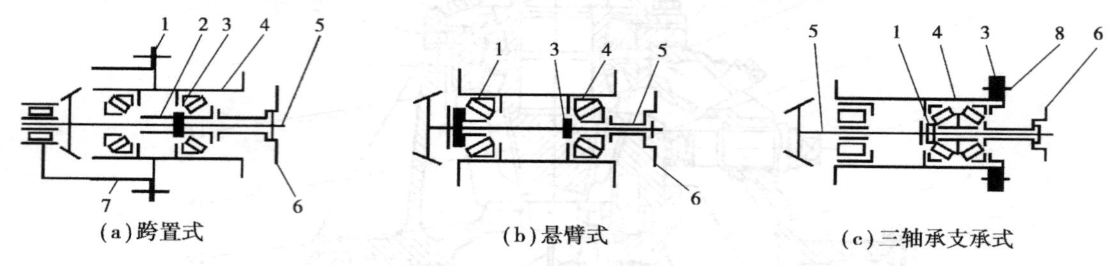

图4.8　主动锥齿轮的支承方式

1—主动锥齿轮调整垫片;2—调整隔套;3—轴承预紧度调整垫片;
4—轴承座;5—主动锥齿轮轴;6—叉形凸缘;7—中央传动壳;8—轴承盖

跨置式是指主动锥齿轮前后方均有轴承支承,如图4.8(a)所示。采用这种形式的主动锥齿轮支承刚度大,适用于负荷较大的单级式中央传动。

悬臂式是指主动锥齿轮只在前方有支承,后方没有支承,如图4.8(b)所示。其支承刚度较差,多用于负荷较小的单级式中央。有的重型车辆为提高其支承刚度,中央传动主动锥齿轮采用3个轴承支承,如图4.8(c)所示。

东方红-75型拖拉机的中央传动如图4.9所示。它由一对螺旋锥齿轮组成。

主动小齿轮与变速箱第2轴做成一体,第2轴前端支承在一对锥轴承上,而后端支承在圆柱滚子轴承上。两锥轴承大端面对面安装,向前、向后的轴向力分别由两锥轴承承受。调整垫片3可调整主动小锥齿轮的轴向位置。调整垫片2用来调整锥轴承的预紧度。从动大锥齿轮用螺栓直接固定在横轴的接盘上。横轴两端用锥轴承支承,轴承座上的调整螺母用来调整锥轴承间隙和锥齿轮的轴向位置。调整螺母的外缘有许多槽,有锁片卡在槽中以防螺母松动退出。支承横轴的隔板将中央传动和转向机构隔开。

为了便于拆装横轴,隔板沿轴承直径处做成上下可拆的两部分。上下隔板间有带状毡

垫，上隔板用螺柱紧固在下隔板上，轴承座上有自紧油封和回油道，回油道和下隔板上相应的回油孔相通，可防止中央传动室内的润滑油进入转向机构，中央传动锥齿轮及锥轴承都靠飞溅润滑。

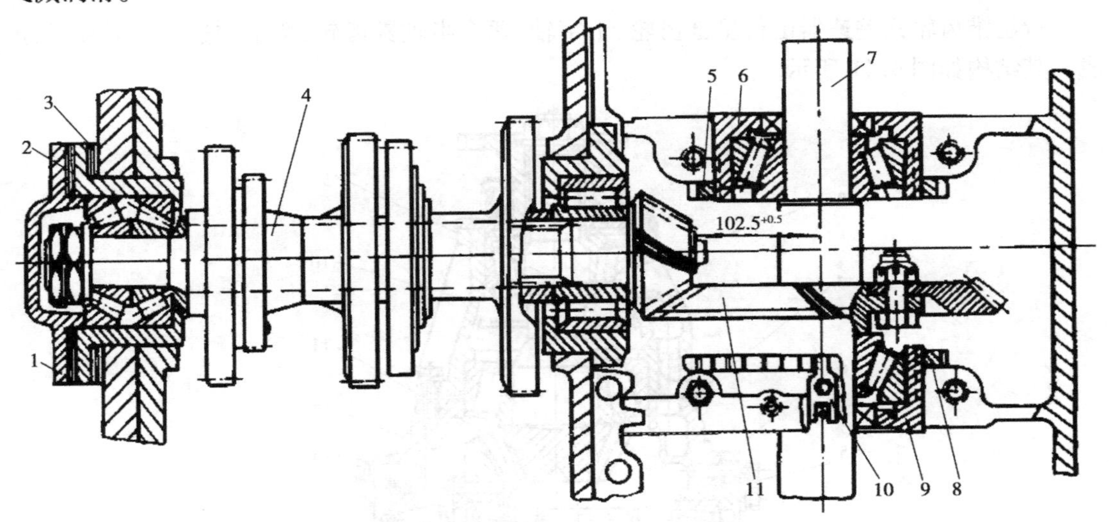

图 4.9　东方红-75 型拖拉机的中央传动

1—轴承盖；2,3—调整垫片；4—变速箱第 2 轴；

5,8—调整螺母；6,9—轴承座；7—横轴；10—锁片；11—中央传动大锥齿轮

②双级式中央传动

根据车辆使用条件不同，有时要求中央传动具有较大的传动比。若车辆仍采用单级式中央传动，主动锥齿轮受强度、最小齿数的限制，尺寸不能做得太小，相应的从动锥齿轮尺寸将增大，这不仅使从动锥齿轮刚度降低，而且会使中央传动壳及驱动桥外形轮廓尺寸也随着增大，难以保证拖拉机有足够的离地间隙。为保证拖拉机具有较好的通过性能，采用一对锥齿轮构成的单级式中央传动已不能保证足够需要，故采用两对齿轮降速的双级中央传动。

如图 4.10 所示为双级式中央传动。第 1 级减速传动由螺旋锥齿轮 11 和 16 构成；第 2 级减速传动由斜齿圆柱齿轮 1 和 5 构成，该中央传动主传动比有 3 种可供选择，分别为 5.77，6.25，7.63。

2）差速器

差速器是驱动桥的主要部件，差速器的功用是根据不同拖拉机行驶需要，在传递动力的同时，使内、外侧驱动轮能以不同的转速转动，以便拖拉机转弯或适应由于轮胎及路面差异而造成的内外侧驱动轮转速差异。

当拖拉机转弯时，两侧驱动轮走过的距离是不相等的。当差速器未起作用时，两侧驱动轮以同样的速度行驶，为了满足拖拉机转弯时外侧车轮行程大于内侧车轮行程的要求，内侧车轮有产生滑转的趋势，而外侧车轮则会产生拖滑的趋势；这样路面将对滑转的车轮作用一个向前的附加阻力，作用在拖滑车轮上的附加阻力是向后的，这时附加阻力转移到差速器，同时带动两个半轴齿轮向不同方向旋转，使外侧车轮转速增大，内侧车轮转速减小，满足两边车轮接近以纯滚动的形式不等距行驶，拖拉机顺利完成转弯行驶并减轻轮胎与地面的

摩擦。

普通齿轮差速器有锥齿轮式和圆柱齿轮式两种。目前,应用最广泛是锥齿轮式差速器,其结构简单、紧凑、工作平稳。

行星锥齿轮式差速器由行星锥齿轮、十字轴、两个半轴锥齿轮、两个差速器壳及垫片组成。其结构如图 4.11 所示。

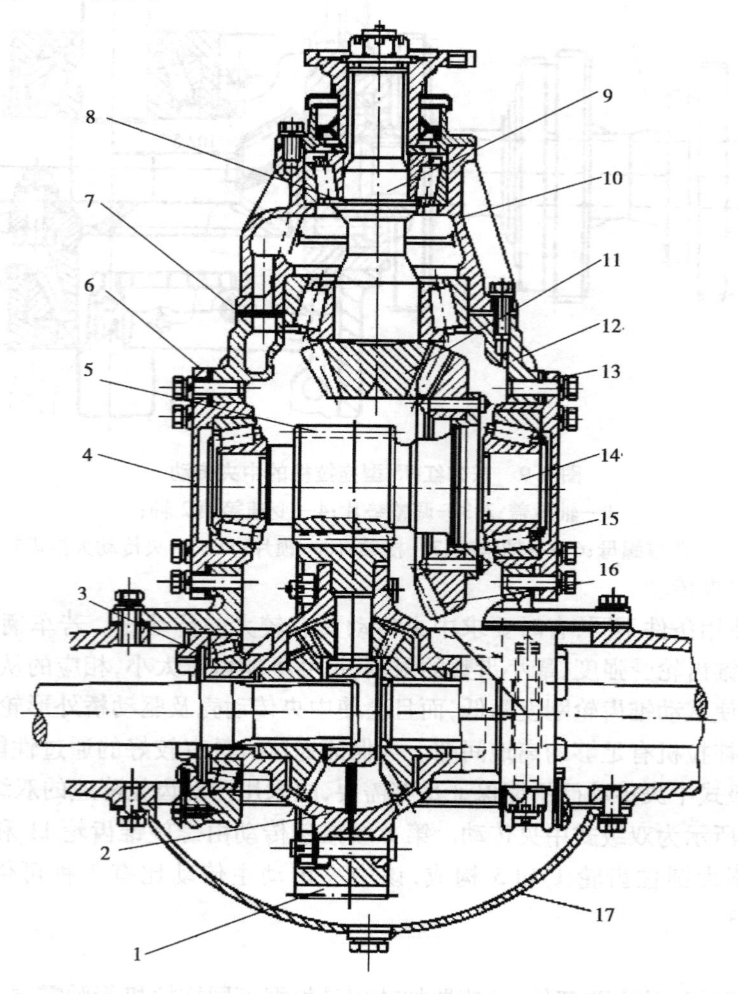

图 4.10 双级式中央传动

1—二级从动齿轮;2—差速器壳;3—调整螺母;4,15—轴承盖;5—二级主动齿轮;
6,7,8,13—调整垫片;9—主动轴;10—轴承座;11——级主动齿轮;12—中央传动壳;
14—中间轴;16——级从动齿轮;17—后盖

中央传动从动圆柱齿轮夹在两差速器壳 1,5 之间,用螺栓四周均匀将它们固定在一起,十字轴的两个轴颈嵌在两个半差速器壳端面半圆槽所形成的孔中,行星锥齿轮分别松套在 4 个轴颈上,两个半轴锥齿轮分别与行星锥齿轮啮合,以其轴颈支承在差速器壳中,并以花键孔与半轴联接。行星锥齿轮背面和差速器壳的内表面都制造成球面,以保证行星锥齿轮对准正中心,利于和两个半轴锥齿轮正确地啮合。

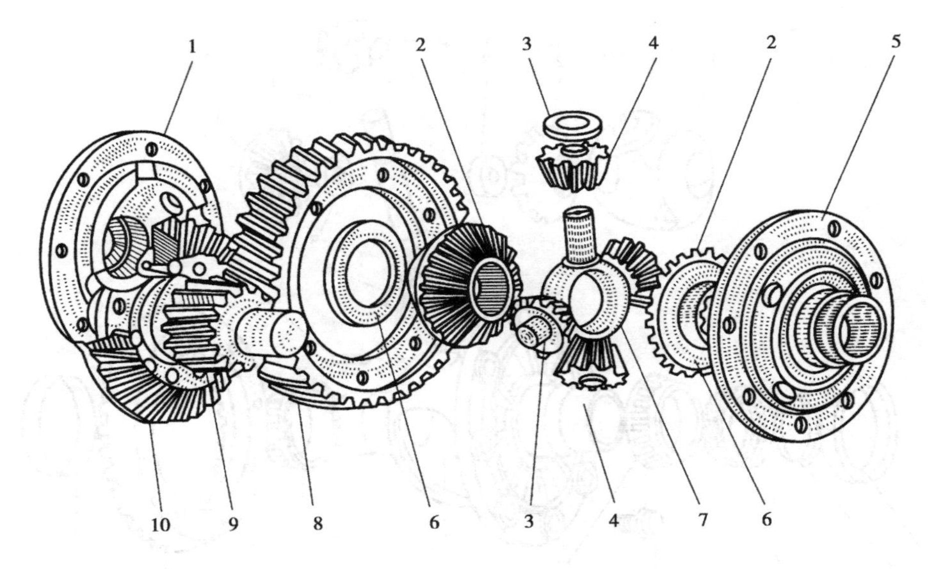

图4.11　行星锥齿轮式差速器

1,5—差速器壳;2—半轴锥齿轮;3,6—推力垫片;4—行星锥齿轮;
7—十字轴;8—从动圆柱齿轮;9—主动圆柱齿轮;10—从动圆锥齿轮

行星锥齿轮和半轴锥齿轮背面与差速器壳之间装有推力垫片3,6,用来减轻摩擦,降低磨损,增长差速器的使用寿命,同时也用来调整齿轮的啮合间隙。差速器靠中央传动壳内的润滑油润滑,因此差速器上开有供润滑油进出的孔。为了保证行星锥齿轮和十字轴轴颈之间的润滑,同样在行星锥齿轮的齿间钻有油孔与其中心孔相通。同时,半轴锥齿轮上也钻有油孔,以加强背面与差速器壳之间的润滑。

差速器动力传递情况首先是动力经中央传动进入差速器,再传至差速器壳,依次经十字轴、行星锥齿轮、半轴锥齿轮传给左右两根半轴后分别驱动左右车轮。

在中型以下的农用车上,因传递的转矩较小,故可采用两个行星锥齿轮,相应的行星锥齿轮轴是一根直轴。如图4.12所示的差速器,其差速器壳为一整体框架结构。行星锥齿轮轴装入差速器壳后用止动销定位,保证行星锥齿轮的对中性,行星锥齿轮和半轴锥齿轮背面也制成球形。半轴锥齿轮背面的推力垫片与行锥星齿轮背面的推力垫片制成一个整体,称为复合式推力垫片。螺纹套用来紧固半轴锥齿轮。

行星锥齿轮式差速器差速原理如图4.13所示。差速器壳与行星锥齿轮轴连成一体,并由中央传动从动锥齿轮带动一起转动,是差速器的主动件,设其转速为n_0。半轴锥齿轮1,5为从动件,若其转速分别为n_1,n_2,而A,B两点分别为行星锥齿轮与半轴锥齿轮1,5的啮合点,C为行星锥齿轮的中心,A,B,C到差速器旋转轴线的距离相等。

3)差速锁

差速锁主要用于拖拉机上,农用汽车一般不装差速锁。

差速器具有能差速但不能差扭的特点。所谓不能差扭,就是指差速器传给两边半轴齿轮的扭矩总是相等的,因而作用在行星齿轮上的力总是平均地分配给两个半轴齿轮。

当拖拉机在行驶中,如果有一侧的驱动轮陷入松软、泥泞或冰雪地段严重打滑时,另一

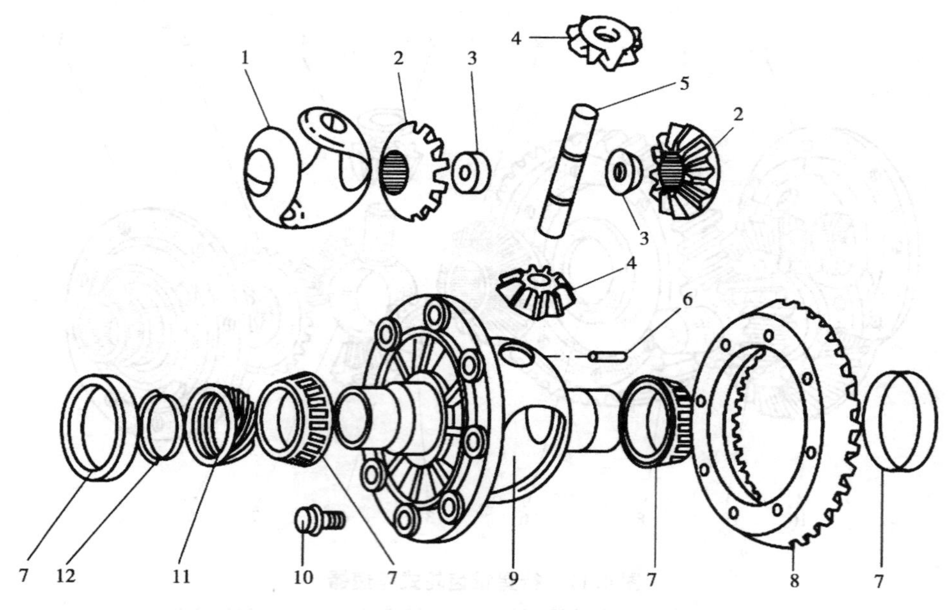

图 4.12　差速器

1—复合式推力垫片；2—半轴齿轮；3—螺纹套；4—行星锥齿轮；5—行星锥齿轮轴；
6—止动销；7—圆锥滚子轴承；8—从动圆锥齿轮；9—差速器壳；10—联接螺栓；
11—车速表齿轮；12—车速表齿轮锁紧套筒

侧驱动轮即使在良好地面上，拖拉机也没有能力驶出这一地段。因为在陷车这一侧，由于驱动轮的附着力降低，传动系统传给该侧的驱动力矩也就降低。由于差速器不能差扭的作用，传给不陷车一侧驱动轮的驱动力矩也就相应降低到同等数值，使整个拖拉机的总驱动力大大降低到不能拖拉机不能向前行驶。这时，不陷车一侧的驱动轮就静止不转，而陷车一侧的驱动轮则以 2 倍于差速器壳的转速在原地滑转，这就使车轮越陷越深。

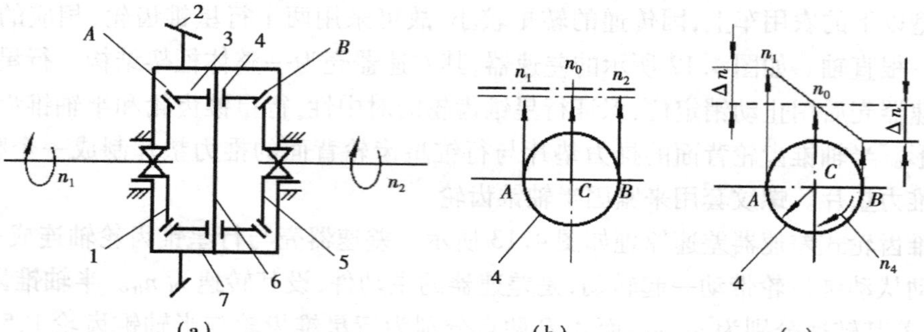

(a)　(b)　(c)

图 4.13　行星锥齿轮式差速器差速原理示意

1,5—半轴锥齿轮；2—从动锥齿轮；3—行星锥齿轮；
4—行星锥齿轮中心 C；6—行星锥齿轮轴；7—差速器壳

为了克服这种现象，轮式拖拉机差速器上装有锁止装置，也就是差速锁。利用它把两根半轴暂时联成一根整轴，以便充分利用良好地面那一侧驱动轮的附着力，使拖拉机驶出打滑地段。

当拖拉机一侧驱动轮严重打滑时,应使用差速锁。操纵差速锁时首先停车,然后将差速锁操纵手柄右推,经过拨叉、推杆压缩回位弹簧,使连接齿套向左移动,通过花键啮合,将差速器两半轴齿轮连在一起,使两驱动轮以同样速度旋转,有助于拖拉机驶出打滑地段。拖拉机驶出打滑地段后,应首先分离离合器,再松开差速锁操纵手柄,连接套在回位弹簧作用下与半轴齿轮分离,让差速器又恢复差速作用。

应该指出,差速锁处于接合状态时,拖拉机必须保持直线行驶;否则,会损坏差速器及传动系统其他零件。

常用的防滑差速器有人工强制锁止式和自动锁止式两大类。前者通过驾驶员操纵差速锁,人为地将差速器暂时锁住,使差速器不起差速作用;后者是在拖拉机在行驶过程中,根据路面情况自动改变驱动轮间的转矩分配。

人工强制锁止式差速器就是在普通行星锥齿轮式差速器基础上设计的差速锁。当一侧驱动轮滑转时,利用差速锁使差速器不起作用,保证了拖拉机的正常行驶。如图4.14所示采用的就是人工强制锁止式差速器。

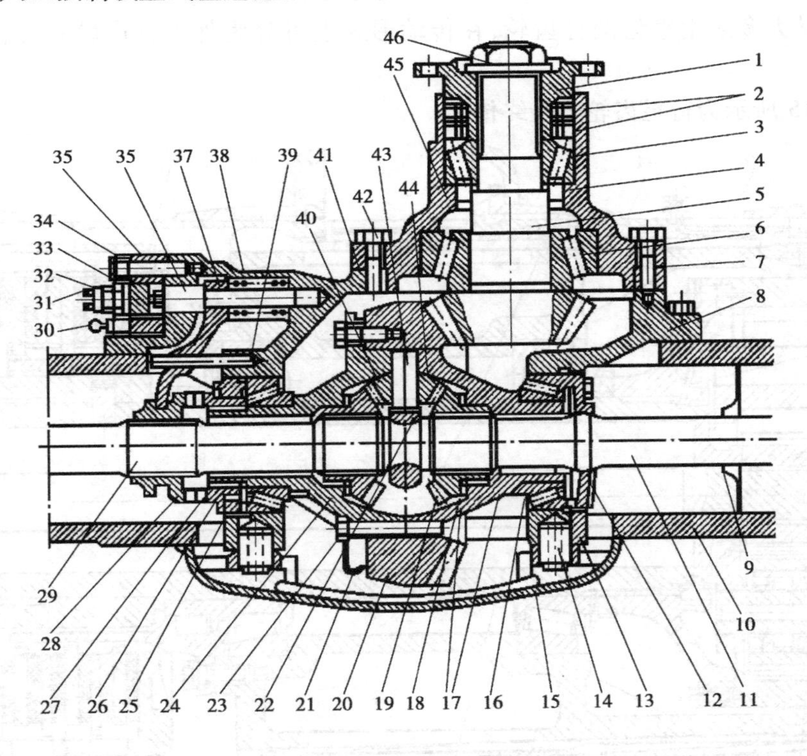

图4.14　人工强制锁止式差速器

1—传动凸缘;2—油封;3,6,16—轴承;4—调整垫圈;5—主动齿轮;7—调整垫片;8—中央传动壳;9—挡油盘;10—桥壳;11,29—半轴;12,25—调整螺母;13—轴承盖;14—定位销;15—集油槽;17,24—差速器;18,44—推力垫片;19—半轴齿轮;20—从动齿轮;21—锁板;22—衬套;23,42—螺栓;26—固定接合套;27—弹性挡圈;28—滑动接合套;30—气管接头;31—活塞;32—差速锁指示灯开关;33—调整螺钉及锁紧螺母;34—缸盖;35—缸体;36—拨叉轴;37—拨叉;38—回位弹簧;39—导向轴;40—行星锥齿轮;41—密封圈;43—十字轴;45—轴承座;46—螺母它的差速锁由牙嵌式接合器及操纵机构两大部分组成。牙嵌式接合器的固定接合套26用花键与差速器24左端联接，并用弹性挡圈27轴向限位。滑动接合套28用花键与半轴29联接，并可轴向滑动。操纵机构的拨叉37装在拨叉轴36上并可沿导向轴39轴向滑动，其叉形部分插入滑动接合套28的环槽中。

当拖拉机行驶在附着力较小的路面上时，通过控制操纵机构拨叉37使滑动接合套28与固定接合套26接合，差速锁将差速器壳与半轴锁紧成一体，使差速器失去差速作用，进而把扭矩转移到另一侧驱动轮上，防止驱动轮滑转，以致产生的驱动力克服行驶阻力，提高车辆的行驶通过性。注意接合差速锁时，车辆必须处于直线行驶，并且离合器要分离。

4）最终传动

最终传动是指差速器或转向机构之后、驱动轮之前的传动机构，是用来进一步增大传动比。通常这一级的传动比较大，以减轻变速箱、中央传动等传动件的受力，并减小其结构。农用汽车一般不设最终传动，拖拉机为了进一步增扭减速，以满足拖拉机的作业需要，一般都设有最终传动。最终传动在其他车辆上又称为轮边减速器。

最终传动大多采用直齿圆柱齿轮，在传动形式上可分为外啮合齿轮式和行星齿轮式两种。

如图4.15所示为行星齿轮式最终传动。

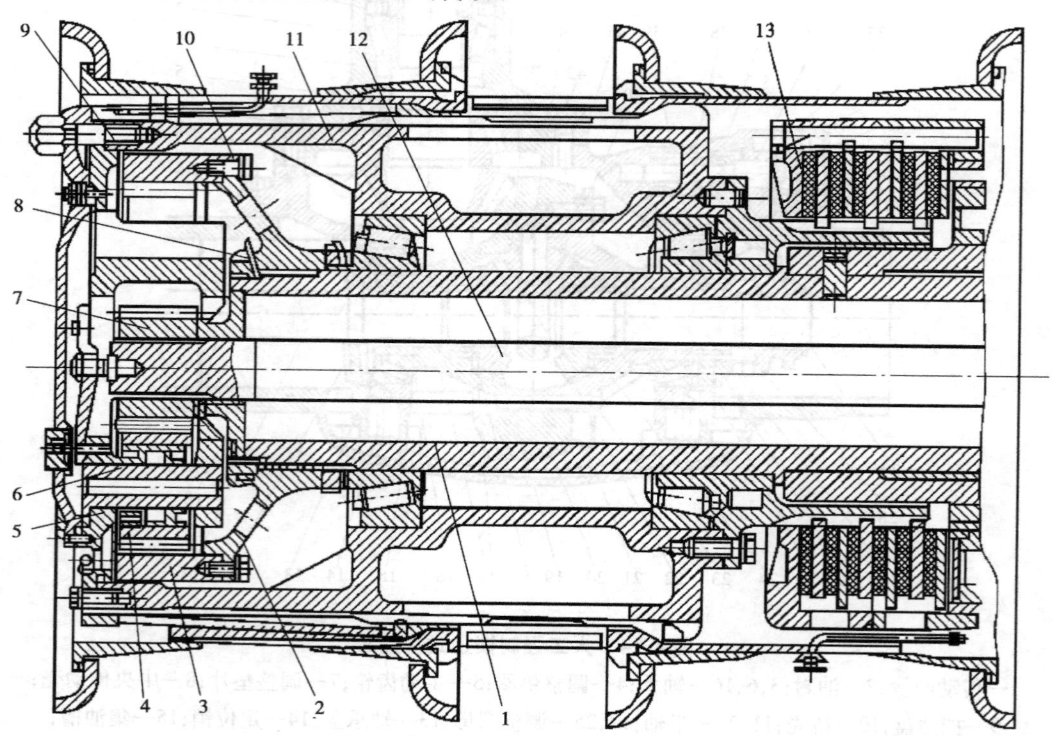

图4.15　行星齿轮式最终传动

1—半轴套管；2—齿圈座；3—齿圈；4—行星齿轮；5—行星齿轮架；6—行星齿轮轴；7—太阳齿轮；8—锁紧螺母；9，10—螺钉；11—轮毂；12—半轴；13—盘式制动器

行星齿轮式轮边减速器的太阳齿轮与半轴花键联接并随半轴转动;齿圈与齿圈座用螺钉联接;齿圈座与半轴套管花键联接,并用锁紧螺母固定其轴向位置,因而齿圈不能转动。太阳齿轮和齿圈之间的3个行星齿轮分别通过网锥滚子轴承的行星齿轮轴支承在行星齿轮架上;行星齿轮架与轮毂用螺钉固联;为了固定半轴和太阳齿轮的轴向位置,在半轴外端面装有调止推螺钉,并用可调止推螺钉顶住。

拖拉机前驱动桥的轮边减速器也是一套行星齿轮式减速机构,如图4.16所示。

太阳齿轮内花键孔与半轴的外侧花键轴相配合,半轴旋转时,即将差速器传来的动力传给太阳齿轮。与太阳齿轮相啮合的是5个行星齿轮,5个行星齿轮轴与减速器罩及行星齿轮架上的相应轴孔静配合,且同时与齿圈相啮合。太阳齿轮带动行星齿轮自转、公转,行星齿轮轴随着公转,通过行星架带动车轮旋转,起到减速作用。

轮边减速器内各机件及轮毂轴承是依靠飞溅润滑的。在减速器罩的端面上用螺栓固定着端盖,在端盖上有加油螺孔,减速器罩的边缘开有放油螺孔,平时用螺塞封闭。为防止密封元件因减速器内压升高而漏油,该减速器内腔与驱动桥壳内腔相通,驱动桥壳上又有一通气孔,保证两内腔与大气相通。

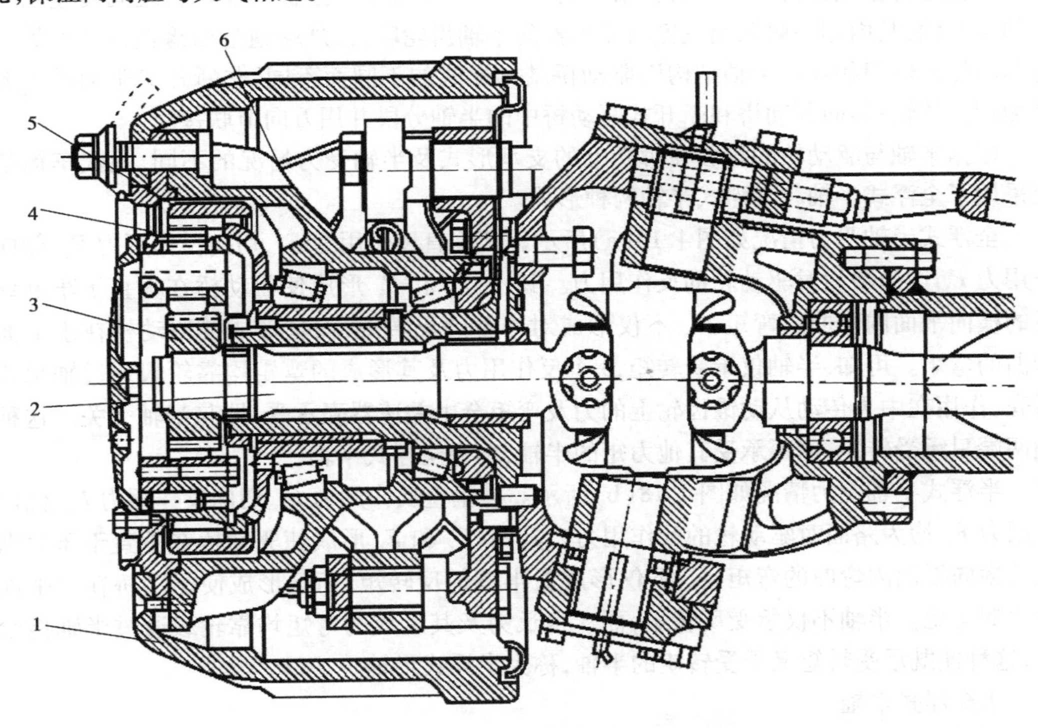

图4.16　前轮驱动轮边减速器

1—制动鼓;2—外半轴;3—太阳齿轮;4—行星架;5—外齿圈;6—轮毂

东方红-75型拖拉机的最终传动如图4.17所示。它的结构布置靠近驱动轮,属外置式最终传动,采用一对直齿圆柱齿轮。

最终传动主动齿轮和花键轴制成一体,花键上装有接盘,接盘与转向离合器的从动鼓相连。主动齿轮轴支承在两个圆柱滚子轴承上,由外圆柱滚子轴承定位。为提高支承刚度,两圆柱滚子轴承通过套筒安装在后桥壳和最终传动壳内。套筒与后桥壳静配合联接。套筒上有集油槽和回油孔,可使经自紧油封漏出的润滑油流回最终传动箱,以防进入转向离合器室内。

从动齿轮与驱动轮用螺栓共同固定在轮毂上。轮毂用两个锥轴承支承在后轴上;轴端有调整垫片用来调整锥轴承间隙。后轴固定在车架上,同时又作为车架的横梁。

由于履带拖拉机地隙较小,最终传动的工作条件恶劣,因此密封问题显得特别重要。东方红-75 型拖拉机驱动轮轮毂的旋转表面与最终传动壳体之间的密封采用端面油封。直接起密封作用的主要是毛毡环和金属压环。毛毡环装在驱动轮的防尘罩内和驱动轮一起转动,金属压环固定不动,被弹簧压向毛毡环,使其端面紧贴在毡圈上起密封作用。在端面油封外面还有橡皮套和内、外防尘罩形成的迷宫,以减少尘土侵入。

为了延长齿轮使用期限,当主、从动齿轮磨损到一定程度时,可将左右最终传动齿轮、轴承等成套地左右互换安装继续使用,使另一侧齿面工作。

5)半轴构件

半轴是将差速器传来的动力传给左右驱动轮。半轴是差速器与驱动桥之间传递较大转矩的实心轴,其内端一般采用花键与差速器的半轴齿轮联接,外端通过凸缘盘或花键等方式与驱动轮的轮毂相连。半轴结构因驱动桥结构形式的不同而不同,非断开式驱动桥中的半轴为刚性整轴;转向驱动桥和断开式驱动桥中的半轴分段并用万向节联接。

根据半轴与驱动轮的轮毂在桥壳上的支承形式及半轴受力情况的不同,现代车辆基本上采用了全浮式半轴和半浮式半轴两种形式。

全浮式半轴受力情况如图4.18(a)所示。其垂直反作用力 F_2、切向反作用力 F_x、侧向反作用力 F_y 均为路面对驱动轮的反作用力。其中,F_x 和 F_y 形成使驱动桥在垂直于车辆纵轴线的横向平面内弯曲的弯矩;F_x 不仅形成对半轴的反转矩,而且形成使驱动桥在水平面内弯曲的弯矩。可知,半轴仅承受转矩,3 个反作用力及其形成的弯矩均靠轮毂通过轴承传给桥壳,作用在中央传动从动锥齿轮上的力及弯矩全由差速器壳承受,即与半轴无关。这种半轴两端只承受转矩,而不承受其他力矩的半轴,称为全浮式半轴。

半浮式半轴受力情况如图4.18(b)所示。其垂直反作用力 F_z、切向反作用力 F_x、侧向反作用力 F_y 均为路面对驱动轮的反作用力。其中,F_x 和 F_y 形成使驱动桥在垂直于车辆纵轴线的横向平面内弯曲的弯矩;F_x 不仅形成对半轴的反转矩,而且形成使驱动桥在水平面内弯曲的弯矩。半轴不仅承受反转矩,而3 个反力及其形成的弯矩均靠轮毂通过半轴传给桥壳,这种使既承受转矩又承受转矩的半轴,称为半浮式半轴。

①全浮式半轴

全浮式半轴广泛应用于各种类型的载重汽车上,如图4.19 所示。半轴外端带有直接锻造出的凸缘盘;轮毂通过螺栓与凸缘盘联接;轮毂通过两个相距较远的圆锥滚子轴承8,10支承在半轴套管上;半轴套管与驱动桥壳压配成一体,半轴与驱动桥壳无直接联系。轮毂内的两个圆锥滚子轴承的安装方向务必使其能分别承受向内和向外的轴向力,以防止轮毂连同半轴在侧向力作用下发生轴向位移。轴承预紧度可通过调整螺母调整,并用锁紧垫圈和锁紧螺母将其锁定。

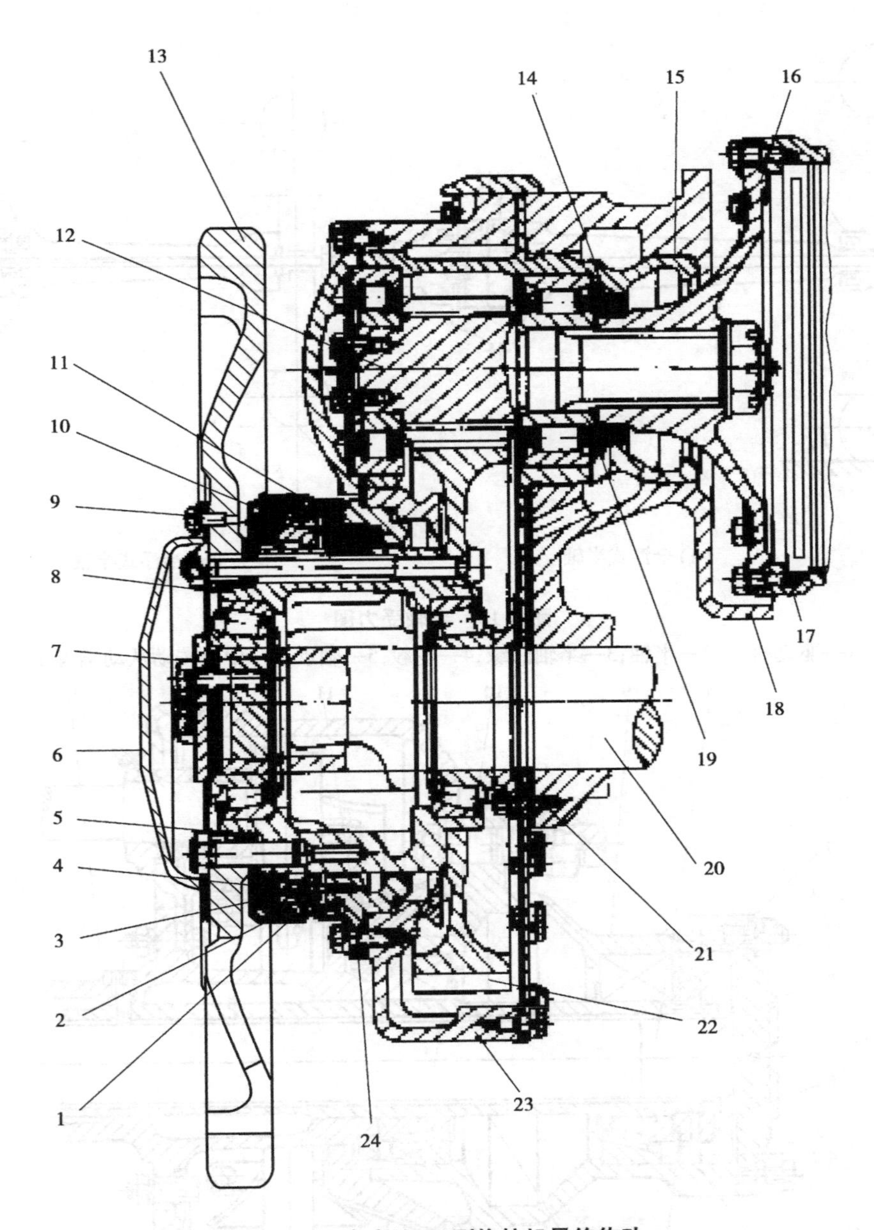

图 4.17　东方红-75 型拖拉机最终传动

1,5,11—防尘罩;2—橡皮套;3—导向销;4—毛毡环;6—端盖;7—调整垫片;8—轮毂;9—弹簧;10—油封压环;12—主动齿轮;13—驱动轮;14—自紧油封;15—套筒;16—接盘;17—转向离合器从动鼓;18—后桥壳;19—集油槽和回油孔;20—后轴;21—橡胶密封圈;22—从动齿轮;23—最终传动壳;24—端面油封固定盘

②半浮式半轴

半浮式半轴多用于各类小轿车上,如图 4.20 所示。其半轴内端支承与全浮式支承相同,即半轴内端不承受弯矩。半轴外端锥面上有纵向键槽及螺纹,轮毂通过键与半轴锥部联接,并用锁紧螺母紧固。半轴通过圆锥滚子轴承 3 直接支承在驱动桥壳凸缘内。可知,路面

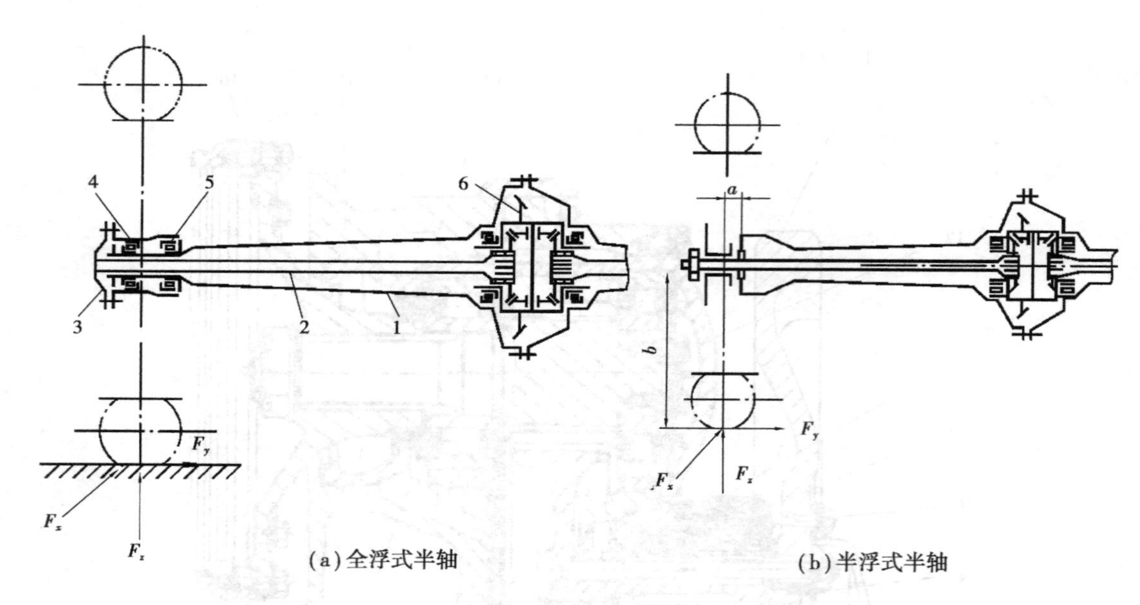

(a)全浮式半轴

(b)半浮式半轴

图4.18　半轴受力图

1—驱动桥壳;2—半轴;3—半轴凸缘;4—轮毂;5—轴承;6—中央传动从动锥齿轮

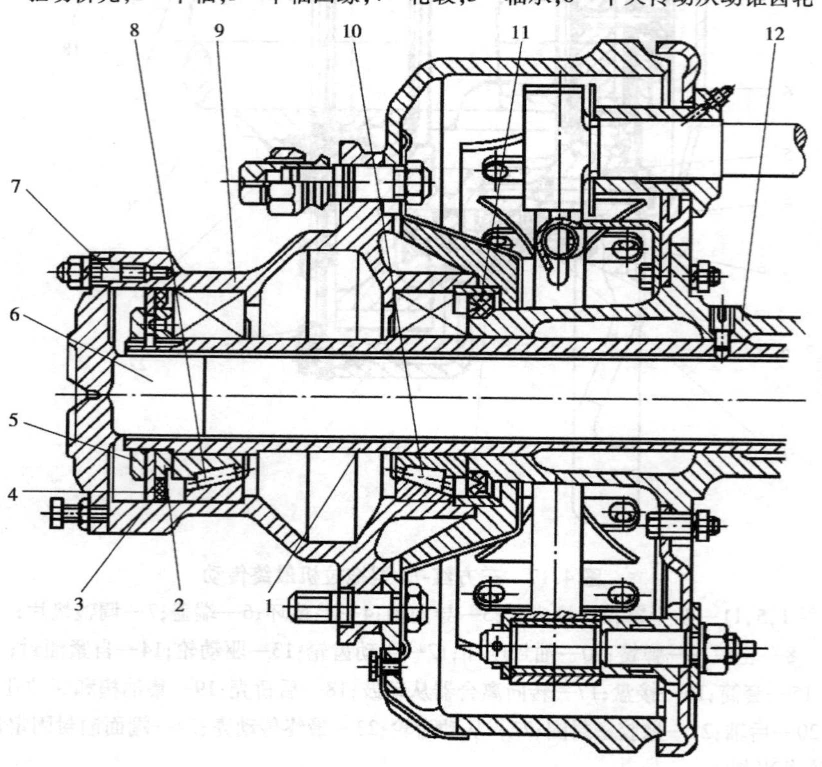

图4.19　全浮式半轴结构

1—半轴套管;2—调整螺母;3,11—油封;4—锁紧垫圈;5—锁紧螺母;6—半轴;

7—轮毂螺栓;8,10—圆锥滚子轴承;9—轮毂;12—驱动桥壳

作用在驱动轮上的各方向反作用力都必须经半轴传递给驱动桥壳。轴承除了承受径向力外，还要承受向外的轴向力。因此，在差速器行星锥齿轮轴的中部设置有浮套止推块，可防止车轮受到向内的侧向力作用时使半轴向内窜动。

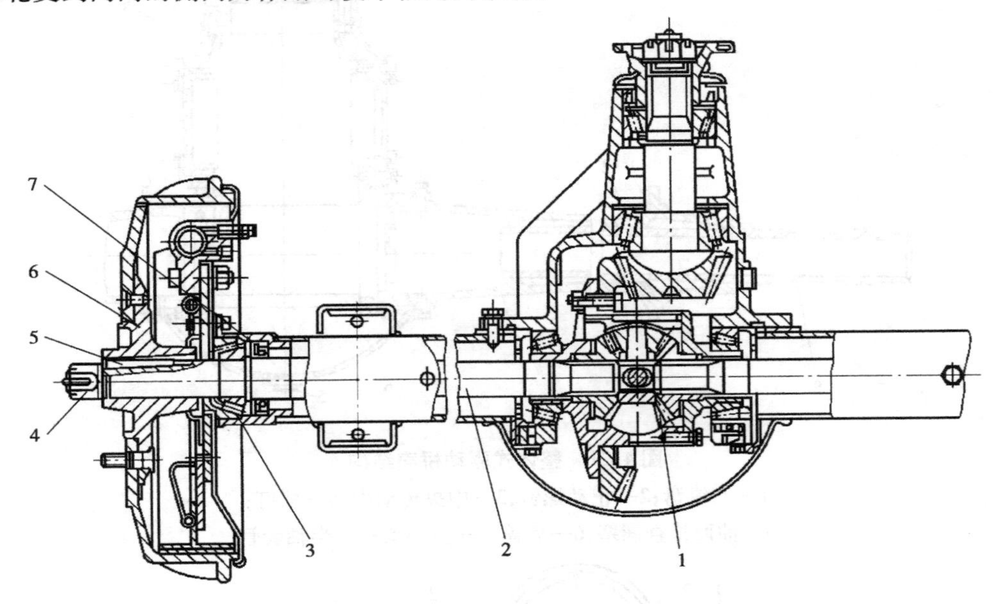

图 4.20　半浮式半轴

1—止推块;2—半轴;3—圆锥滚子轴承;4—锁紧螺母;5—键;6—轮毂;7—桥壳凸缘

6）驱动桥壳

驱动桥壳是拖拉机中央传动、差速器和半轴的基础件，是用来支承并保护中央传动、差速器和半轴等部件，并通过悬架或轮毂的安装使左右驱动轮的相对位置得以固定。同时，与从动桥一起支承车架及其上各部件的质量，以及承受车轮传来的地面反作用力和力矩，直至传给车架。

驱动桥壳分为整体式桥壳和分段式桥壳两类。

①整体式桥壳

整体式桥壳有整体铸造、钢板冲压焊接、中段铸造与半轴套管压配等形式。

如图 4.21 所示为整体式桥壳。其中，段铸造与半轴套管压配，由中部空心梁、半轴套管、中央传动壳及后盖等组成。空心梁用球墨铸铁铸造，其两端压配钢制无缝套管并用止动螺钉定位，空心梁上凸缘盘用来固定制动器底板；预先装有中央传动和差速器的中央传动壳，通过螺钉与空心梁中部的前端面联接空心梁中部的后端面大孔用来检查中央传动和差速器的工作状态。半轴套管最外端轴颈用来安装轮毂轴承。带有油面检查螺塞的后盖用螺钉与空心梁中部的后端面联接。同时，中央传动孔上还有加油孔和放油孔。

如图 4.22 所示桥壳采用的是钢板冲压焊接整体式桥壳。

②分段式桥壳

分段式驱动桥壳一般通过螺栓将两段联接成一体，如图 4.23 所示。

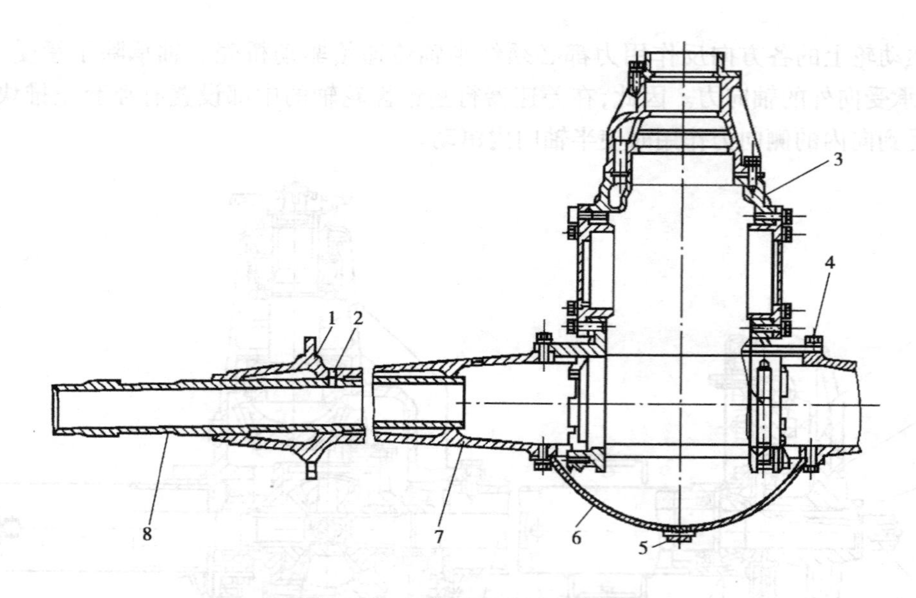

图 4.21　整体式驱动桥壳结构

1—凸缘盘;2—止动螺钉;3—中央传动壳;4—螺钉;
5—油面检查螺塞;6—后盖;7—空心梁;8—半轴套管

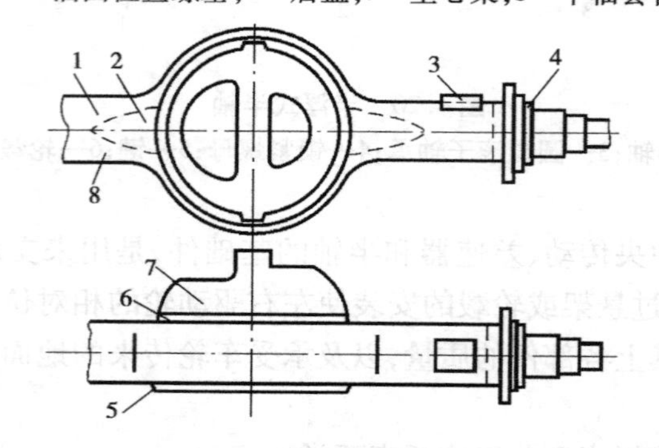

图 4.22　焊接整体驱动桥壳

1,8—驱动桥壳主件;2—三角镶块;3—钢板弹簧座;4—半轴套管;
5—前加强环;6—后加强环;7—后盖

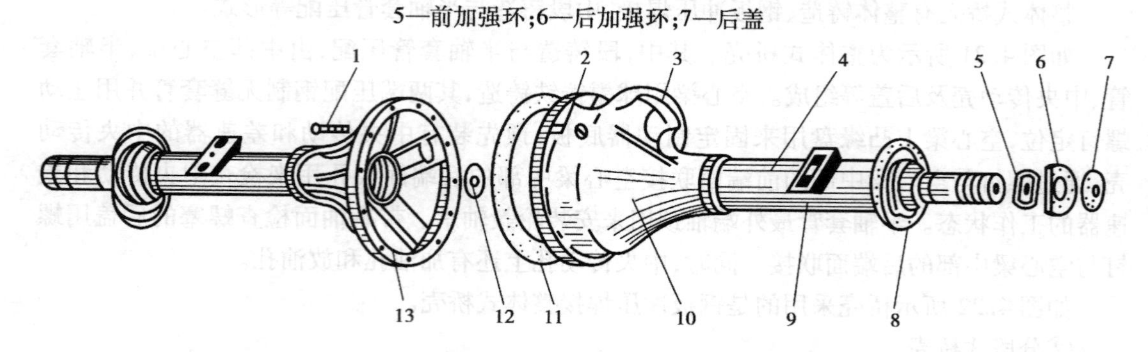

图 4.23　分段式驱动桥壳

1—螺栓;2—注油孔;3—中央传动颈部;4—半轴套管;5—调整螺母;6—止动垫片;
7—锁紧螺母;8—凸缘盘;9—弹簧座;10—中央传动壳;11—垫片;12—油封;13—壳盖

桥壳经常承受冲击性载荷，应允许有少量变形，防止断裂，因此，铸造式桥壳多用可锻铸铁或球墨铸铁制造，但也有的汽车桥壳为了减轻质量，也采用铝合金制造。

实施驱动桥的拆装作业

与变速器类似，驱动桥构造主要以箱体、齿轮、轴套类零件为主。除箱体裂纹、渗漏等故障外，一般均需将驱动桥拆卸后进行检查维修。通过对后驱动桥的拆装来加深熟悉后驱动桥的结构和工作原理，进一步掌握轴套类零件的拆装方法和调整技术。

(1)后桥的使用与维护

①定期检查、紧固中央传动、差速器、差速锁和最终传动等处的联接螺栓。

②定期检查后桥壳和最终传动壳的润滑油量，不足时及时加入合格的润滑油，润滑油要定期更换。

③水田作业时，应检查最终传动油封的密封情况。如已损坏或严重磨损，应更换。

④定期或根据需要检查各轴承间隙和中央传动的啮合情况。如发现中央传动齿轮齿面有严重剥落、裂纹和过度磨损时，应及时成对更换齿轮。

(2)车上拆下前驱动桥

1)车上拆下前驱动桥事前准备

①前期准备

a. 待修拖拉机及常用拆装工具。

b. 按厂家维修手册要求制作或购买的专用拆装工具。

c. 按厂家维修手册要求制作或购买专用调整工具。

d. 相关说明书、厂家维修手册和零件图册。

e. 专用支承台架、零件摆放台、接油盘、记号笔、记录纸等辅助设施。

f. 千分尺、百分表等测量工具。

g. 吊装设备及吊索。

②安全注意事项

a. 操作人员应按规定正确着装。

b. 采用合适吨位的吊装设备、吊钩及吊绳，钢丝吊绳应与设备间有隔离垫块，起吊过程重物下面严禁有人，起吊物上严禁有人。

c. 吊下的部件不能直接放在地面上，应垫枕木。

d. 箱体部件拆卸孔洞应进行封口。

e. 不得用铁棒直接敲击工件，避免伤害工件精度。一般要用铜、橡胶或塑料锤子。

f. 如果用力过大，可能导致部件损坏。

g. 采用合适吨位的吊装设备吊装和移动所有重型部件。吊装和移动时，应确保装置或零件有合适的吊索或挂钩支承。

h. 在安装齿轮、花键轴等带尖角的零部件时，要注意不要被尖角划伤。

i. 不得使用汽油或其他易燃液体清洗零部件。

j. 密封面或精密配合面不得用起子等硬金属撬开，以免划伤表面。

k. 拆装时要格外小心，避免弄丢或损伤小的物件。

l. 装配前应彻底清洗所有零件，装配时密封件应涂上润滑油。精密配合件可用手直接推入，不得硬性敲击。

m. 装配时不得戴棉线等易落毛渣的手套，不得使用棉纱等抹布擦拭密封或精密配合表面，不得在灰尘密布的环境下装配。

2）相关作业内容

与变速器类似，驱动桥的拆装主要是轴、套、销类零件的拆装，这些零件之间有些是过渡或过盈紧配合。拆装这些零件时，不能生硬敲击，特别是轴承拆装，一般需要用专用工具。车上拆下前驱动桥按表4.1进行。

表4.1　前驱动桥的车上拆卸作业指导书

操作内容	操作说明	图　示
拆开蓄电池负极电缆	拆开蓄电池负极电缆	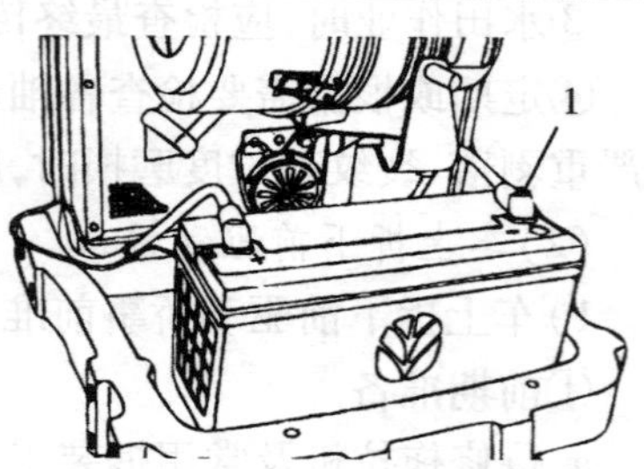 1—负极连接桩
拆下前配重	拆下前配重	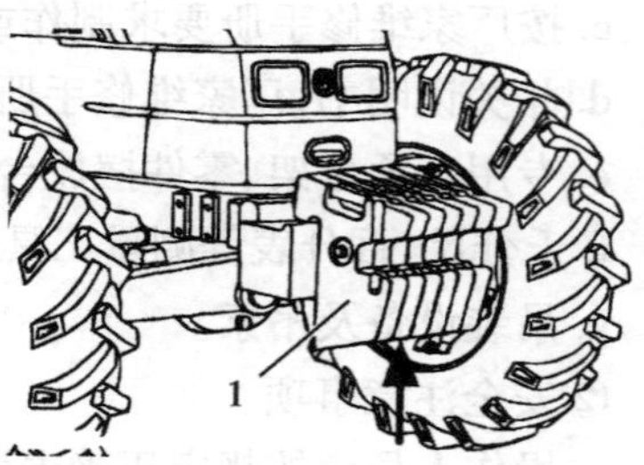 1—前配重
拆下传动轴护罩	拧下螺栓，拆下传动轴护罩	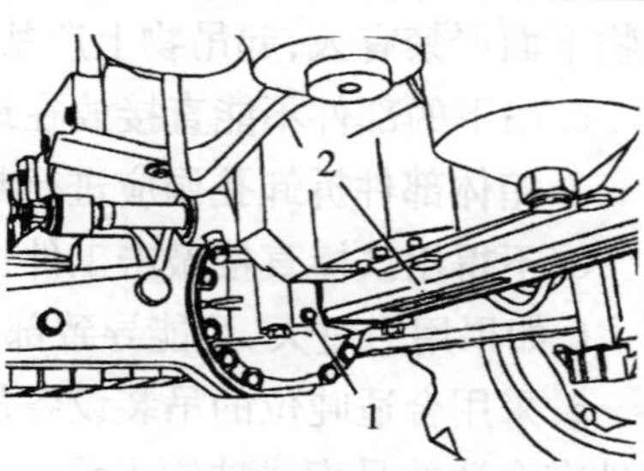 1—螺栓；2—传动轴护罩

续表

操作内容	操作说明	图　示
拆下传动轴前端套筒	拆下环沿箭头方向移动套筒直至其从传动装置上的凹槽中脱出	 1—套筒;2—环
拆下转向油缸油管接头及前轮	用吊带或尼龙吊索将前桥升起,将一个台架放到发动机油底壳下面。拆下转向油缸油管接头,拆开两根软管并拆下前轮	 1—软管螺母;2—接头;3—软管
拧下前桥后支架固定螺栓	拧下前桥后支架固定螺栓	 1—固定螺栓
拧下前桥前支架固定螺栓	拧下前桥前支架固定螺栓并拆下前桥	 1—固定螺栓
将前驱动桥安装在万能支架上	将前驱动桥总成牢靠地固定在万能支架上	

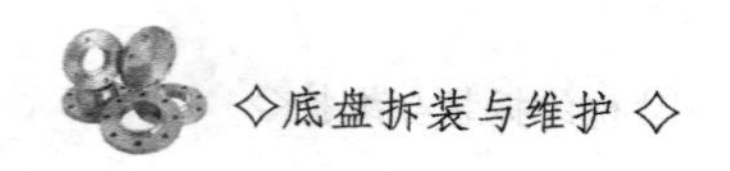

学习情境4.2　驱动桥主要零部件检修

[学习目标]

1. 认识驱动桥主要零件并了解其在驱动桥中的作用。
2. 能借助检测工具识别驱动桥主要零件的质量状况。
3. 能更换不合格的零件,并使驱动桥零件达到使用要求。

[工作任务]

对驱动桥主要零件进行检修。

[信息收集与处理]

驱动桥主要部件有中央传动、差速器、半轴、最终传动及桥壳等。由于相关零部件很多,这些零部件传递动力并相互运转,零部件的相互磨损导致尺寸发生变化。因此,应定期对零部件进行检查和调整。发现有不合格的零部件应及时进行更换,有不合格的装配关系应进行调整。

驱动桥主要零部件常见的检修项目有中央传动、差速器、半轴及桥壳检修。中央传动检修包括轴承及轴承预紧度的检查与调整、主从动圆锥齿轮齿面检验、主从动锥齿轮啮合印痕检查与调整、主从动齿轮的啮合间隙检查与调整;差速器检修包括差速器壳的检查、行星齿轮轴的检查、半轴齿轮和行星齿轮工作面的检查、半轴齿轮与行星齿轮啮合间隙的检查;半轴及桥壳检修包括全浮式半轴的检修、半浮式半轴的检修及桥壳检修等。

(1)中央传动检查

1)主从动圆锥齿轮齿面检查

①检查前必须清洗所有齿轮,检查齿轮有无剥落,啮合印痕及磨损情况。

②齿面上有毛刺或轻微擦伤,应用油石修磨。

③检查主动齿轮的花键部分是否磨损过度,磨损过度应更换。

④检查主从动齿轮疲劳性剥落,当轮齿损坏超过齿长的1/5和齿高的1/3时,主从动齿轮应同时更换。更换时,不能新旧搭配使用。同时,更换两齿轮应选择同一组编号的配对齿轮,配对编组号码刻在主从动齿轮的端面上。

2)轴承检查

轴承转动不应有受阻的感觉,如果轴承滚柱、内外座圈因损坏、磨损或间隙过大时,剥

落、支持架变形都应更换轴承。

3)轴承预紧度的检查

轴承在装配时要具有一定预紧度,调整轴承预紧度同时会影响到主从动锥齿轮的啮合印痕。首先应保证合适轴承预紧度,然后再调整啮合间隙或啮合印痕。

4)主从动锥齿轮啮合印痕检查

主从动锥齿轮啮合位置和印痕大小影响到主从动锥齿轮传力和力矩,影响到中央传动的使用寿命,应认真检查与调整。

在从动锥齿轮上相隔120°的3处齿面上涂上一层红丹粉,在齿轮的正反面各涂2~3个齿,对从动锥齿轮稍施加阻力并正反向转动主动齿轮数圈,观察从动锥齿轮上的啮合印痕。正确的啮合印痕如图4.24所示,其接触面应位于齿高的中部且接近小端,接触面占齿宽60%以上。

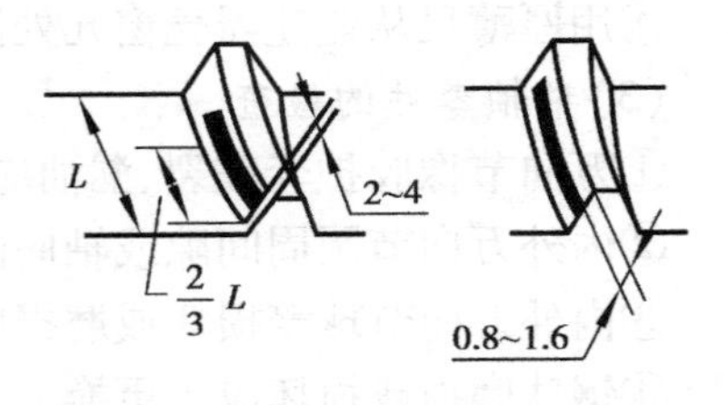

图4.24　正确齿轮啮合印痕示意图

5)主从动齿轮的啮合间隙检查

主从动锥齿轮啮合间隙的检查方法有以下3种:

①用1.5×5×5的铅条置于主从动锥齿轮的轮齿中间,用手沿前进方向转动主动锥齿轮轴,取出被碾压后铅条用游标卡尺测量被碾压的厚度,就是主从动锥齿轮的啮合间隙,一般在周向均布取至少3点进行测量后取其平均值。

②将装有百分表的支架固定于中央传动壳上,用百分表触针抵在从动锥齿轮正面大端处,沿圆周不少于4个齿测量。用手把住主动锥齿轮并周向往复摆转从动齿轮,百分表上反映的数值就是主从动齿轮的啮合间隙。

③用厚薄规插入啮合着的主、从动锥齿轮间测量齿隙。

(2)差速器检查

首先差速器分解时应对左右差速器壳与行星齿轮轴作好标记。

1)差速器壳的检查

检查从动锥齿轮与差速器壳的接触面,确保它们完全接触。

2)行星齿轮轴的检查

检查壳孔及行星齿轮内孔与行星齿轮轴的配合情况,行星齿轮与齿轮轴是间隙配合。磨损严重时要更换,行星齿轮轴不允许有翘曲现象。

3)行星齿轮和半轴齿轮工作面的检查

行星齿轮和半轴齿轮工作面不允许有明显剥落和烧蚀,否则应予以更换。损坏沿齿高超过1/4及沿齿长超过1/5时,应予以更换。

4)半轴齿轮与行星齿轮啮合间隙的检查

一般情况下,通过半轴齿轮与行星齿轮啮合间隙的检查来判断半轴齿轮与行星齿轮磨损量。常用方法有以下4种:

①使用百分表检查半轴齿轮与行星齿轮啮合间隙。百分表支架置于差速器壳上,百分表触头垂直于行星齿轮或半轴齿轮的齿面,固定半轴或行星齿轮,轻轻来回拨动行星齿轮或半轴齿轮,百分表指针的摆动量就是半轴齿轮与行星齿轮的啮合间隙值。

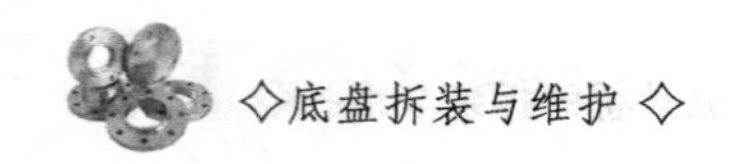

②使用软金属丝检查。把软金属丝夹在半轴齿轮与行星齿轮工作面之间，测量经挤压后金属丝的厚度就是啮合间隙。

③通过测量半轴齿轮的轴向间隙间接判断。在半轴齿轮端面上放进一个适当厚度的平垫圈或平板，用百分表进行测量。如果轴向间隙小于规定值，则表明其啮合间隙正常。

④用厚薄尺从差速器壳窗孔处测量。

(3)半轴零件的检查

①万向节橡胶护套破裂、漏油应更换。

②内外万向节圆周间隙或轴向间隙因磨损过大时会引起振动和噪声，应予以更换。

③内外万向节球笼损坏或磨损应更换。

④钢球磨损或损坏应予更换。

⑤万向节磨损后间隙过大，应整体更换万向节。

⑥检查半轴是否有裂纹，有裂纹应更换半轴。

⑦检查半轴有无弯曲。

实施驱动桥主要零部件调整及检修作业

故障驱动桥在分解总成后要检查每个零部件，以确定零件是否已经失效。这样做是为了确定在重装驱动桥前哪些零件需要进行修复或更换。

(1)驱动桥主要零部件调整与检修事前准备

1)前期准备

①待修拖拉机及常用拆装工具。

②按厂家维修手册要求制作或购买的专用拆装工具。

③按厂家维修手册要求制作或购买专用调整工具。

④相关说明书、厂家维修手册和零件图册。

⑤专用支承台架、零件摆放台、接油盘、记号笔、记录纸等辅助设施。

⑥千分尺、百分表等测量工具。

⑦吊装设备及吊索。

2)安全注意事项

①操作人员应按规定正确着装。

②采用合适吨位的吊装设备、吊钩及吊绳，钢丝吊绳应与设备间有隔离垫块，起吊过程重物下面严禁有人，起吊物上严禁有人。

③吊下的部件不能直接放在地面上，应垫枕木。

④箱体部件拆卸孔洞应进行封口。

⑤不得用铁棒直接敲击工件，避免伤害工件精度。一般要用铜、橡胶或塑料锤子。

⑥如果用力过大，可能导致部件损坏。

⑦采用合适吨位的吊装设备吊装和移动所有重型部件。吊装和移动时，应确保装置或零件有合适的吊索或挂钩支承。

⑧在安装齿轮、花键轴等带尖角的零部件时，要注意不要被尖角划伤。

⑨不得使用汽油或其他易燃液体清洗零部件。

⑩密封面或精密配合面不得用起子等硬金属撬开，以免划伤表面。

⑪拆装时要格外小心，避免弄丢或损伤小的物件。

⑫装配前应彻底清洗所有零件，装配时密封件应涂上润滑油。精密配合件可用手直接推入，不得硬性敲击。

⑬装配时不得戴棉线等易落毛渣的手套，不得使用棉纱等抹布擦拭密封或精密配合表面，不得在灰尘密布的环境下装配。

(2)相关作业内容

根据相关拖拉机图册，将拖拉机驱动桥总成进行分解及组装。驱动桥分解后，要对其零件清洗、检验，确定其技术状况。对于技术状况差的零件进行修复或更换，以保证装复后驱动桥的质量和性能。表4.2为驱动桥主要零部件的调整与检修过程中的常规动作。

表4.2　拖拉机驱动桥主要零部件调整与检修作业指导书

操作内容	操作说明	图　示
主从动锥齿轮啮合印痕	通过检查，不良的接触面说明啮合印痕调整不当，要重新调整垫片厚度或调整螺母使其达到正常 对于准双曲面齿轮，如果啮合印痕位置不正确，调整方法是移动主动锥齿轮。如果啮合间隙不符合要求，需要进行调整，方法是移动从动锥齿轮 对于螺旋锥齿轮，先检查啮合印痕，若不符合要求，应进行调整 调整前先将主从动锥齿轮安装好，并按规定调好轴承预紧度，然后根据检查所得的印痕情况通过主从动锥齿轮向内或向外移动来调整 进出主动锥齿轮是增减轴承座与中央传动壳之间的调整垫片实现的。进出从动锥齿轮是调整差速器两端的调整螺母实现的，一端拧进多少圈，另一端就要拧出多少圈，保证差速器轴承预紧度不变。若需要通过调整垫片调整啮合间隙或啮合印痕时，一定要将减少一侧的垫片数如数地加到另一侧去，从而确保轴承预紧度不变 在调整啮合印痕的过程中，可能会使已符合要求的啮合间隙变得不合要求，重新调整啮合间隙时又将破坏正确的啮合印痕。出现这些情况时，应以啮合印痕为主，而把啮合间隙放宽一些，但放宽量最大不能超过1 mm，否则应成对更换主从动锥齿轮。此外，还应注意啮合印痕应以前进为主，适当兼顾齿轮倒向行驶面	(a) (b) (c) (d) 先调整图中标示的实线部分，后调整虚线部件

续表

操作内容	操作说明	图 示
半浮式半轴的拆卸与分解	旋松半轴与轮毂间的固定螺母,拆下半轴与凸缘盘螺栓,将半轴与凸缘盘分开,从车轮轴承壳内抽出半轴(见图)。拆卸半轴时,应注意球形接头与前悬架下臂联接的位置,并作上位置标记,从前悬架下臂上拆开球形接头 拆掉半轴后,必须装上一根代替半轴的联接轴,避免损坏前轮传动总成。拆卸时,应小心,以防损坏波形护罩 用钢锯将外等速万向节金属卡箍锯开	拆下半轴与凸缘盘螺栓
敲下外万向节	取下防尘罩,用轻金属锤子用力从半轴上敲下外万向节(见图)	
拆下弹簧卡环	拆下弹簧卡环,压出万向节	
取下钢球	用电蚀笔或油石在外万向节钢球球笼和外壳上标出球毂的位置 拆卸外等速万向节时,先旋转球笼与球毂,依次取下钢球(见图)。再用力转动钢球笼,直到方孔与壳体垂直,连球毂一起拆下球笼。然后把球毂上的扇形齿旋入球笼的方孔,再从球笼中取下球毂	
取出内等速万向节球笼里钢球	拆卸内等速万向节时,首先转动球毂与球笼,按箭头方向取出球笼,然后取出笼里钢球(见图)。再从球槽上面,取出球笼里的球毂	

续表

操作内容	操作说明	图　示
等速万向节与半轴的组装	清洗等速万向节与半轴的零部件，并用高压空气吹干 先进行外万向节与半轴的组装，将万向节注入润滑脂 将球笼连同球毂一起装入球笼壳体。对角交替压入钢球，必须保持球毂在球笼以及球笼壳内的原来位置。将弹簧挡圈装入球毂，注意弹簧挡圈必须更换新的 向万向节内压入润滑脂，用手将球毂沿轴向来回推拉，应灵活自如，再检查安装是否正确 接着进行内万向节的组装，对准凹槽将球毂嵌入球笼，并将钢球压入球笼，向球笼内注润滑脂（见图）。	钢球压入球笼
将装好钢球的球笼装入壳体	将装好钢球的球笼垂直装入壳体（见图）。转动球笼，使球笼壳上的宽间隙对准球毂上的窄间隔，再转动球笼，嵌入到位。扭转球笼，使钢球与壳体中的球槽配合有足够的间隙	
球毂完全转入球笼	用力揿压球笼，使装有钢球的球毂完全转入球笼内（见图） 在半轴上套上防尘罩，正确安装碟形座圈。把万向节压入半轴，并安装卡簧 装上外万向节。给防尘罩充气，以便压力平衡，防止在车辆使用过程中产生折痕。用管箍夹住防尘罩并固定 旋紧轮毂固定螺母，拧紧力矩为230 N·m	

续表

操作内容	操作说明	图　示
全浮式半轴的检修	半轴中部未加工面的径向圆跳动应不大于 1.5 mm;半轴法兰盘内端面的摆差在外边缘处测量不大于 0.10 mm,否则应更换 检查半轴是否有裂纹、键齿损坏等现象。如半轴有裂纹断裂应更换半轴,拆解后桥时必须更换半轴油封 检查半轴有无弯曲,将半轴夹在车床上,用百分表抵在半轴中间测量,如摆差超过 2 mm,应进行冷压校正或更换。检查半轴油封颈,如有沟槽,应予以更换 检查半轴内端花键齿有无明显的扭斜,半轴键齿和半轴齿轮内键槽的配合间隙是否明显增大,花键是否磨损。如损坏超过规定范围,如花键磨损超过 0.3 mm,半轴键齿与键槽配合间隙超过 0.25 mm 时,应予以更换 检查半轴轴承是否磨损或损坏,如损坏或感觉松旷时,应更换轴承 检查半轴油封颈,如有沟槽,可涂镀修复或更换 检查半轴的键齿磨损情况,如磨损严重,半轴键齿扭斜时,应更换半轴 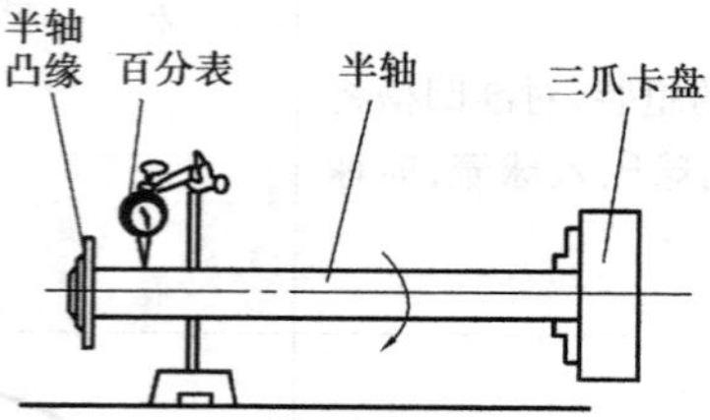 半轴变形的检测 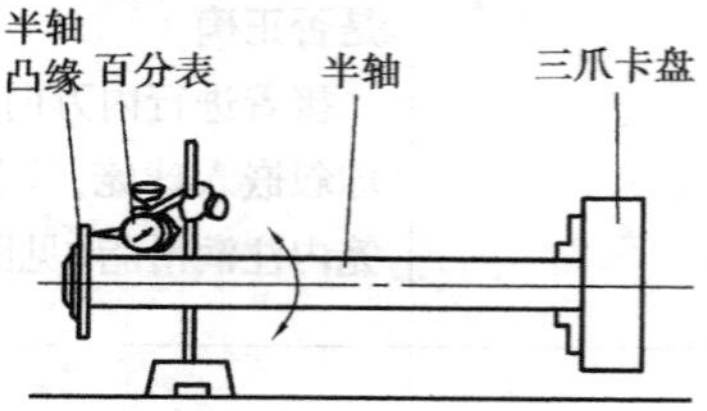　　半轴凸缘平面垂直度的检测	
桥壳检修	桥壳和半轴套管不允许有裂纹存在,半轴套管应进行探伤检查,各部螺纹损伤不得超过两齿 桥壳承孔与半轴套管的配合及伸出长度应符合原厂规定,如半轴套管承孔的磨损严重,可将座孔镗至修理尺寸,更换相应的修理尺寸半轴套管 钢板弹簧座定位孔的磨损不得大于 1.5 mm,超限时先进行补焊,然后按原位置重新钻孔 整体式桥壳以半轴套管的两内端轴颈的公共轴线为基准,两外轴颈的径向网跳动误差超过 0.30 mm 时应进行校正,校正后的径向圆跳动误差不得大于 0.08 mm 分段式桥壳以桥壳的结合圆柱面、结合平面及另一端内锥面为基准,轮毂的内外轴颈的径向圆跳动误差超过 0.25 mm 时应进行校正,校正后的径向圆跳动误差不得大于 0.08 mm	
差速器壳、轴和轴孔的检验与修理	轴承与轴颈配合的检验:主动齿轮轴颈与滚针轴承内轴颈一般为过盈配合,外轴颈为间隙配合,若超过标准,应对轴颈涂镀修理或更换 检查行星齿轮轴与壳体、行星齿轮内孔的配合情况。行星齿轮轴与齿轮为间隙配合,磨损严重时,可涂镀修复。行星齿轮轴颈与壳孔的配合,如有间隙感觉,可将轴颈涂镀 差速器壳内壁与行星齿轮垫片之间会发生磨损或擦伤,但应无明显的沟槽,否则应对壳进行堆焊,然后用圆弧刀进行光削。行星齿轮垫片在大修中一般都要更换	

学习情境4.3　驱动桥故障诊断与排除

[学习目标]

1. 了解拖拉机驱动桥常见故障表现的现象。
2. 能分析拖拉机驱动桥常见故障的产生的原因。
3. 能正确、有效地排除拖拉机驱动桥常见故障。

[工作任务]

对拖拉机驱动系统常见故障进行分析和排除。

[信息收集与处理]

驱动桥是拖拉机传动系统最后一个总成。它由中央传动、差速器、半轴及驱动桥壳等构成。在工作时,驱动桥内零件的相对运动非常频繁,零件本身也承受各种力的作用,因此,驱动桥也是一种易发病的总成。

目前,拖拉机驱动桥常见的故障有驱动桥差速器漏油、驱动桥内有噪声以及中央传动过热等。

(1)驱动桥漏油

拖拉机在使用过程中,由于驱动桥壳体内中央传动、差速器等有高速运动的齿轮及轴承,需要对这些零件进行冷却及润滑,因此在壳体中加有润滑油。如果驱动桥壳体各联接处密封不好,就会造成这些润滑油从壳体中渗漏出来。漏油后会出现驱动桥差速器等缺油而影响差速器正常工作,并且如果挂挡困难或挂不上挡会严重影响操作,并且漏油会对环境造成污染,因此,应及时进行诊断检查,排除故障问题,避免事故的发生。

1)故障现象

从驱动桥加油口、放油口螺塞处或差速器油封处和中央传动壳与后桥壳接口处往外渗油。各接合面处可见到明显漏油痕迹。

2)诊断方法

①将拖拉机停车在平地上,将漏油处用干净毛巾擦干净后,查看是否有新的渗漏油出现。

②检查各加油口、放油口螺塞是否有松动;联接处的密封垫是否损坏;通气孔是否有堵塞。

③检查油封是否磨损、损坏或装反。

3)故障分析

导致驱动桥漏油的故障原因很多,综合分析主要可能有以下一些情况:

①润滑油加注过多或者油的品级不正确。拆下检视孔螺塞,如有油流出,则为油位过高。润滑油的品级必须按设备使用说明书执行。

②油封等密封件磨损或损坏,不能起到密封效果。

③配合法兰松动或损坏,使其在使用过程中不能有效地使密封件密封。

④轴颈与油封处磨损过大,造成渗漏。

⑤螺栓多次拆卸导致螺纹孔间隙大。

⑥通气孔堵塞。

⑦油封、衬垫等材料老化、变质。

⑧螺栓松动导致接合面不严密。

⑨放油螺栓松动或壳体裂纹。

(2)驱动桥内有噪声

拖拉机在行驶过程中,在驱动桥中发出不应该有的金属撞击声响。

1)故障现象

①拖拉机在行驶过程中,在驱动桥中发出的异常声响随着车速的提高而增大。

②拖拉机在行驶时驱动桥异常声响,而脱挡滑行时异常声响消失。

③拖拉机在行驶时驱动桥异常声响,脱挡滑行时也有异常声响。

④拖拉机在直线行驶时无异常声响,只在转向时有异常声响。

⑤拖拉机在上下坡时有异常声响。

2)故障分析

①油位太低或油的品级不正确,导致润滑效果差。

②差速器轴承松动或磨损,驱动桥半轴轴承的磨损,主动锥齿轮和从动锥齿轮之间的间隙过大等因素导致各运动部件的撞击。

③装配调整时不按技术规范,使齿的啮合位置不符合要求。这些不规范的啮合就会使汽车行驶时发出噪声,尤其是在高速行驶或下坡滑行时更为明显。

④保养不良所致。不按规定进行的保养,就会使齿轮润滑油中进入铁屑及脏物,发生堵塞,造成轴承缺油,使齿轮的磨损加剧,啮合间隙变大,从而发出异响。

⑤操作不当所致,猛抬离合器进行强行越坑或超载,大坡度起步,此时齿轮因受冲击力过大造成打齿而发出声响。

(3)驱动桥过热

拖拉机在行驶过程中,在驱动桥中出现了不应出现的发热现象。

1)故障现象

驱动桥过热的表现就是拖拉机行驶一段时间后,驱动桥壳中部或中央传动壳有无法忍受的烫手感。

2)诊断方法

拖拉机行驶一段时间后,用手触摸后桥壳,发现过热,或者用红外线测温仪测后桥壳的表面温度。若发现超过85℃,则为过热。

3)故障分析

①主动锥齿轮和从动锥齿轮的啮合间隙过小,止推片与齿轮背隙过小以及其他各齿轮间的啮合间隙过小。

②装配各支承轴承时,预紧度过高。

③齿轮油变质、油量不足或用油不符合要求。

④拖拉机超载工作。

⑤中央传动壳在使用中变形,使轴承的运行阻力增大。

⑥油封过紧或各运动副、轴承滑片而产生干摩擦或半干摩擦。

实施驱动桥常见故障诊断与排除作业

(1)驱动桥常见故障诊断与排除事前准备

1)前期准备

①待修拖拉机及常用拆装工具。

②按厂家维修手册要求制作或购买的专用拆装工具。

③按厂家维修手册要求制作或购买专用调整工具。

④相关说明书、厂家维修手册和零件图册。

⑤专用支承台架、零件摆放台、接油盘、记号笔、记录纸等辅助设施。

⑥千分尺、百分表等测量工具。

⑦吊装设备及吊索。

2)安全注意事项

①操作人员应按规定正确着装。

②采用合适吨位的吊装设备、吊钩及吊绳,钢丝吊绳应与设备间有隔离垫块,起吊过程重物下面严禁有人,起吊物上严禁有人。

③吊下的部件不能直接放在地面上,应垫枕木。

④箱体部件拆卸孔洞应进行封口。

⑤不得用铁棒直接敲击工件,避免伤害工件精度。一般要用铜、橡胶或塑料锤子。

⑥如果用力过大,可能导致部件损坏。

⑦采用合适吨位的吊装设备吊装和移动所有重型部件。吊装和移动时,应确保装置或零件有合适的吊索或挂钩支承。

⑧在安装齿轮、花键轴等带尖角的零部件时,要注意不要被尖角划伤。

⑨不得使用汽油或其他易燃液体清洗零部件。

⑩密封面或精密配合面不得用起子等硬金属撬开,以免划伤表面。

⑪拆装时要格外小心,避免弄丢或损伤小的物件。

⑫装配前应彻底清洗所有零件，装配时密封件应涂上润滑油。精密配合件可用手直接推入，不得硬性敲击。

⑬装配时不得戴棉线等易落毛渣的手套，不得使用棉纱等抹布擦拭密封或精密配合表面，不得在灰尘密布的环境下装配。

(2)相关作业内容

驱动桥常见故障诊断与排除作业时按表4.3进行。

表4.3 驱动桥常见故障诊断与排除作业指导书

驱动桥漏油		
故障原因	故障检查	故障排除
润滑油加注过多或者油的品级不正确	拆下检视孔螺塞，如有油流出，则为油位过高。对照检查油品是否合格	排除多加注的润滑油，更换合格的润滑油
油封（密封件）磨损或损坏	检查油封（密封件）是否磨损或损坏，是否能起到密封效果	拧紧螺塞，更换合格的密封
配合法兰松动或损坏	摇动配合法兰，检查螺栓是否松动，是否损坏	拧紧螺塞，更换合格法兰
轴颈与油封处磨损过大，造成渗漏	各联接螺栓拧紧后且更换油封后仍有渗漏	轴颈与油封处磨损过大，应焊修，或对磨损、损坏的进行更换
螺栓多次拆卸导致螺纹孔间隙大	拧动螺栓时是否有滑丝现象	更换合格螺栓或重新配螺栓
通气孔堵塞	检查通气孔是否有堵塞	若有，则对通气孔进行疏通
油封、衬垫等材料老化、变质	拆下来的油封、衬垫发硬，发干	更换合格配件
螺栓松动导致接合面不严密	检查螺栓是否松动	按要求拧紧螺栓
放油螺栓松动或壳体裂纹	检查加油口、放油口螺塞是否松动	对装反的油封重新安装。焊修有裂纹的壳体

续表

驱动桥内有噪声		
油位太低或油的品级不正确导致的润滑效果差	检查油位高低及对照检查油品质量	若油位太低，则加油至检视孔；若属润滑油的品级不正确，则应把油放掉并换油
零件松动或磨损	检查差速器轴承是否松动或磨损，驱动桥半轴轴承的磨损情况，主动锥齿轮和从动锥齿轮之间的间隙等	应更换轴承，调整主动锥齿轮和从动锥齿轮之间的间隙
装配不规范	检查各齿轮间是否运行正常，是否有卡滞现象	按说明书要求及上述方法调整各齿的啮合位置
保养不良所致	检查润滑油油品等	按说明书进行保养
驱动桥过热		
齿轮啮合间隙过小	转动各配合齿轮是否灵活，没有卡滞现象	主动锥齿轮和从动锥齿轮的啮合间隙过小，以及其他各齿轮间的啮合间隙过小，应调整有关齿轮的啮合间隙
装配各支承轴承时预紧度过高	转动各支承轴承，没有卡滞现象	应按要求调整轴承的预紧度
齿轮油不符合要求	检查油量、油品质量	若润滑油过少，应加至检视孔；若润滑油不符合标准，应放净，并重新加符合标准的润滑油
拖拉机超负荷工作	检查是否超负荷	降低拖拉机负荷
中央传动壳在使用中变形	检查壳体是否变形，中央传动壳在使用中变形，使轴承的运行阻力增大	检修或更换中央传动壳
各运动副、轴承滑片产生干摩擦	检查各运动副、轴承滑片情况看是否处于干摩擦状态	添加润滑油、减少预紧力

学习情境5

制动系统的拆装与维护

●学习目标

1. 能描述制动系统的用途及工作原理。
2. 能选择适当的工具拆装拖拉机制动系统。
3. 能有效地对制动系统零部件进行检修。
4. 会诊断和排除拖拉机制动系统的故障。

●工作任务

对拖拉机制动系统进行部件拆装与维护；能排除制动系统常见故障。

●信息收集与处理

拖拉机制动系是拖拉机上不可缺少的重要机构。它用来强迫拖拉机迅速降速并停车，保证斜坡停车和固定作业，履带拖拉机的制动系还用来协助转向以减小转弯半径。本章主要进行制动系的拆装、制动系统操纵及传动机构的检修以及制动不灵或制动力矩不足、单边制动、制动复位不灵、摩擦衬片烧损及制动跑偏等典型故障的诊断与排除的学习。

学习情境5.1　制动系统的拆装与维护

[学习目标]

1. 了解制动系统的基本功用、类型、组成及工作原理。
2. 了解典型拖拉机制动系统的结构。
3. 能选用适当工具对拖拉机制动系统进行拆装及维护。

[工作任务]

对拖拉机制动系统进行拆卸、组装及维护保养。

[信息收集与处理]

拖拉机制动机构是保证拖拉机安全作业不可缺少的重要机构。它用来强迫拖拉机迅速降速并停车,保证斜坡停车和固定作业,履带拖拉机的制动系统还用来协助转向以减小转弯半径。

轮式拖拉机大都使用摩擦式制动器,利用制动器摩擦力使驱动轮转速迅速降低或停止。

(1)制动系统的功用

拖拉机在行驶中经常需要减速甚至紧急停车,下坡行驶时需要控制车速并保持稳定行驶,使已停止的车辆不受坡路影响保持静止不动等。拖拉机田间作业时,常利用单边制动来协助转向,配合离合器安全并可靠地挂接农机具。

因此,制动系统的功用一般应具有制动可靠、制动稳定、制动平顺、操纵轻便、散热性能好等基本要求,并能做到:

①根据道路状况,使拖拉机减速或在最短距离内停车。

②拖拉机行走时限制车速,保持行驶的稳定、安全。

③使车辆可靠地驻车停放。

④协助或实现拖拉机转向。

(2)制动系统的类型

拖拉机制动系统按作用分为行车和驻车制动系统,按制动能源分为人力、动力和伺服制动系统。

目前,生产的拖拉机不管是轮式还是履带式的,为协助转向,对两侧驱动轮都设置一套独立的制动机构,既能联动操纵,也能单独操纵。

(3)制动系统的组成

任何制动系统都由供能装置、传动装置、控制装置及制动器4个基本组成部分组成,如图5.1所示。制动器是用来对运动件产生阻力并使运动件快速减速或停止转动的装置,制动操纵机构则是控制制动器发挥制动作用的机构。

1)供能装置

供能装置包括供给、调节制动所需能量及改善传能介质状态的各种部件。其中,产生制动能量的为制动能源,人的肌体也属于制动能源。

2)控制装置

控制装置有制动踏板、制动阀等产生制动动作和控制制动效果的各种部件。

3)传动装置

传动装置包括制动主缸和制动轮缸等将制动能量传输到制动器的各个部件。

4)制动器

制动器产生制动摩擦力矩的部件。

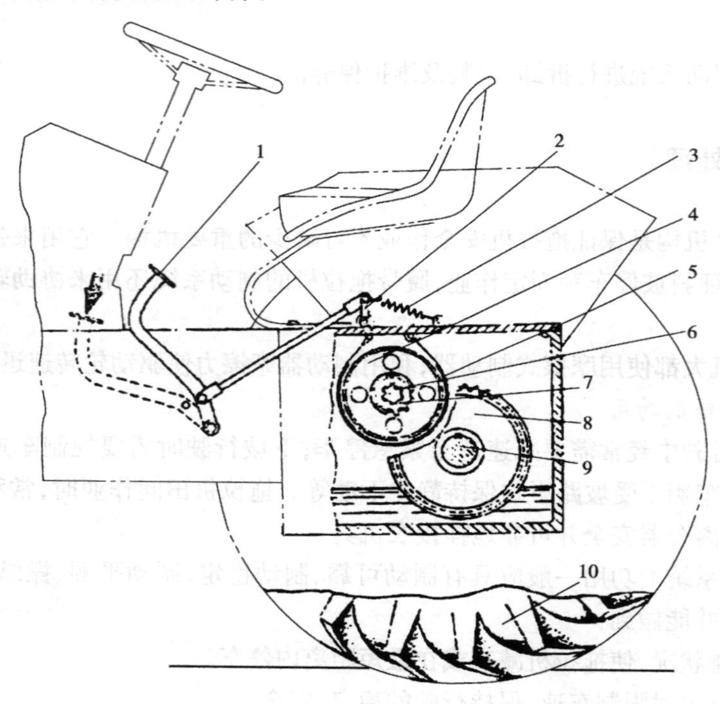

图5.1 拖拉机制动系统的组成

1—踏板;2—杠杆;3—回位弹簧;4—制动鼓;5—制动带;6—半轴;
7—最终传动主动齿轮;8—最终传动从动齿轮;9—驱动轮轴;10—驱动轮

另外,较为完善的制动系统还有制动力调节装置、报警装置和压力保护装置等附加装置。

如图5.2所示的制动系统为典型的拖拉机行车制动系统。该制动系统组成主要是鼓式制动器与操纵传动机构,鼓式制动器也称为蹄式制动器。

制动器由固定部分、旋转部分和张开机构所组成。图 5.2 中,旋转部分是固定在轮毂上并随车轮一起旋转的制动鼓,固定部分主要包括制动底板和制动蹄等。制动蹄上铆有摩擦片,下端铰接在支承销上,上端用回位弹簧拉紧并压靠在轮缸内的活塞上。支承销和轮缸都固定在制动底板上。制动底板则用螺钉与前桥转向节凸缘或后桥桥壳凸缘固定在一起。液压式传动机构主要由制动踏板、推杆、制动主缸、管路及制动轮缸等部分组成。

(4)制动系统的工作特点

如图 5.2 所示的制动系统工作过程为:当操纵制动踏板进行制动时,推杆便推动主缸活塞,迫使制动油液经油管进入制动轮缸,制动液便推动轮缸活塞克服制动蹄回位弹簧的抗拉力,使制动蹄绕支承销转动而张开,消除制动鼓与制动蹄之间的间隙后紧压在制动鼓上。这样不旋转的制动蹄摩擦片对旋转着的制动鼓就产生了一个摩擦力矩,摩擦力矩大小取决于轮缸的张开力、摩擦片的摩擦系数、制动鼓和制动器的尺寸,制动鼓将力矩传给车轮后,由于路面与车轮的附着作用,车轮即对路面作用一个向前的力,路面就给车轮一个向后的反作用力,这个力就使拖拉机减速,直至停车。

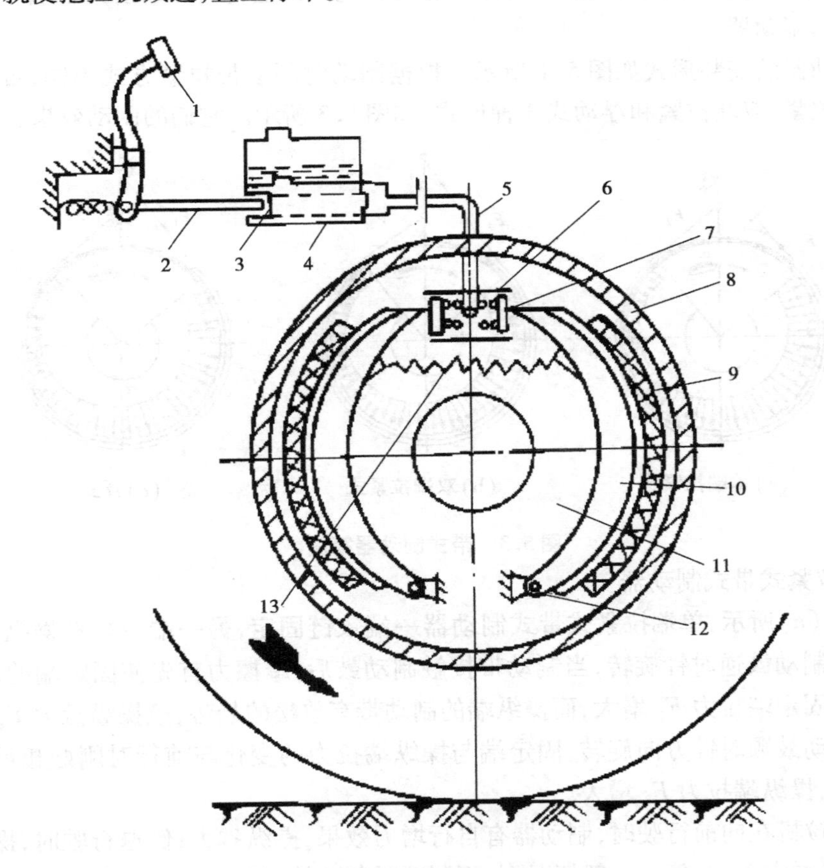

图 5.2　制动系统的组成与工作原理

1—制动踏板;2—推杆;3—主缸活塞;4—制动活塞;5—油管;6—制动轮缸;7—轮缸活塞;8—制动鼓;9—摩擦片;10—制动蹄;11—制动底板;12—支承销;13—制动蹄回位弹簧

当放松制动器踏板解除制动后，制动轮缸中的制动油液在制动蹄回位弹簧的作用下倒回到主缸，制动蹄与制动鼓的间隙得到恢复解除制动。

(5)典型制动器构造

拖拉机上设置的制动器大都是摩擦式制动器。它由制动件和旋转件始终和驱动轮联系在一起转动，而制动件是固定不动与拖拉机的机体联系在一起。

根据制动件形状的不同，摩擦式制动器可分带式、蹄式和盘式3种类型。按安装位置不同，可分为车轮制动器和中央制动器。车轮制动器用于行车制动和驻车制动，中央制动器只用于驻车制动和缓速制动。

1)带式制动器

带式制动器的旋转元件是与车轮相连的制动鼓，制动元件是一铆接有摩擦衬片的钢带。带式制动器尺寸紧凑、构造简单，但制动时轮轴受力较大，操纵费力，摩擦面上压力分布不均，制动过程不够平顺，磨损也不均匀，散热性较差。由于它利用转向离合器的从动鼓作为制动鼓，便于结构布置，带式制动器主要用在履带式拖拉机上；在轮式拖拉机上，常用带式制动器作为驻车制动器。

带式制动器的安装形式如图5.1所示。根据制动时制动带拉紧方式不同，带式制动器可分为单端拉紧、双端拉紧和浮动式3种形式，如图5.3所示。它们的制动效果有所不同。

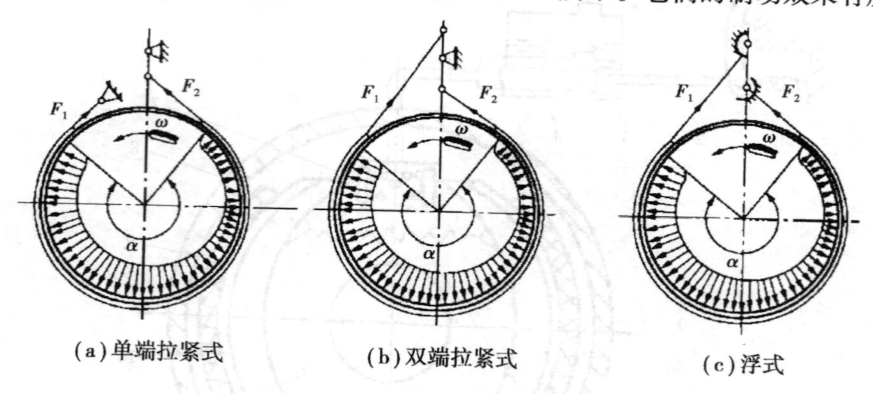

(a)单端拉紧式　(b)双端拉紧式　(c)浮式

图5.3　带式制动器简图

①单端拉紧式带式制动器

如图5.3(a)所示，单端拉紧式带式制动器一端铰链固定，另一端由杠杆操纵。拖拉机向前行驶时，制动鼓逆时针旋转，当制动带接触制动鼓后，摩擦力首先使固定端的制动带进一步拉紧，故固定端拉力 F_1 增大，而操纵端的制动带有放松的趋势，故操纵拉力 F_2 减小；倒退行驶时，制动鼓顺时针方向旋转，固定端与操纵端拉力的变化与前行时刚好相反，即固定端拉 F_1 减小，操纵端拉力 F_2 增大。

因此，拖拉机在向前行驶时，制动器有自行增力效果，操纵省力；倒退行驶时，操纵费力，一般比前进时增大5~6倍。一般情况下，不制动时制动鼓与制动带之间有2~2.5 mm的制动器间隙。

如图5.4所示为东方红-802型拖拉机单端拉紧式的带式制动器。

②双端拉紧式带式制动器

如图5.3(b)所示,双端拉紧式带式制动器的两端都分别与操纵机构传动杆相连。因此,当制动时制动带两端同时拉紧,无论前进还是倒退制动时,都是一半费力而另一半省力,制动过程较单端拉紧式平顺些。由于双端拉紧消除了制动带与制动鼓之间的间隙,所需踏板行程减小,因此,可增大操纵机构的传动比,减少操纵力。如图5.5所示的东方红-28型拖拉机上,采用的双端拉紧式带式制动器。

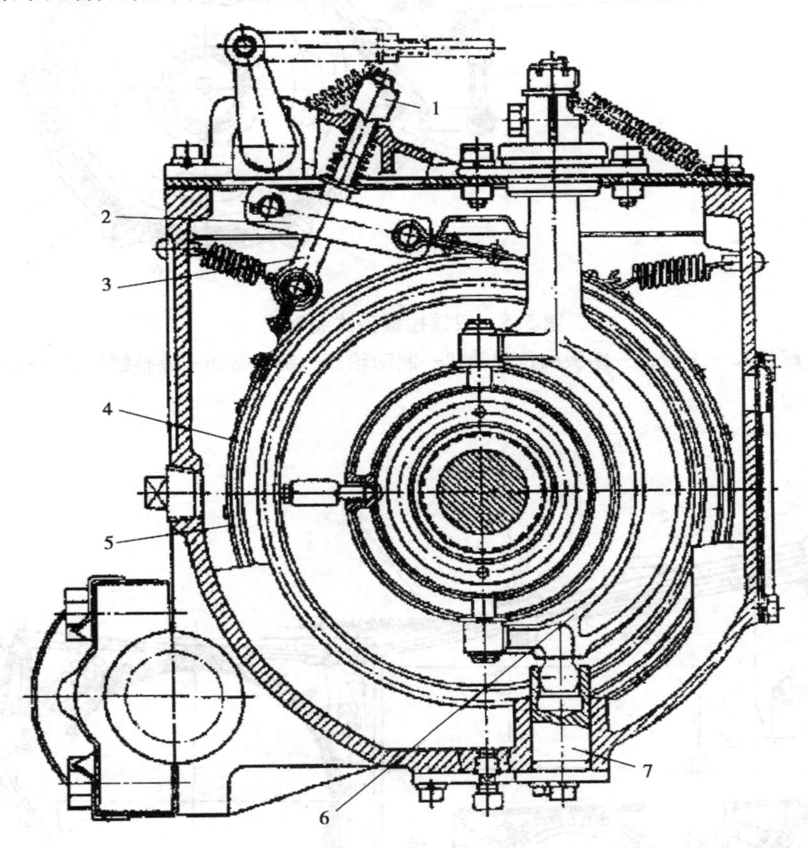

图5.4　东方红-802型拖拉机制动器

1—调整螺母;2—连接板;3—拉板;4—制动鼓;5—制动带;6—分离叉;7—支座

③浮动带式制动器

如图5.3(c)所示,浮动带式制动器制动带两端均与杠杆铰链联接,无固定支点。制动时,当制动带接触制动鼓后,在摩擦力的带动下,制动带连同传动杆一起,顺着制动鼓旋转方向转动,直到制动带一端靠在其邻近的支点上成为固定端时,就成为了单端拉紧的带式制动器。若制动鼓旋转方向改变,制动带另一端变成固定支点,仍然成为单端拉紧带式制动器。因此,浮动制动器无论是前进制动还是倒退制动操纵都省力。其缺点是构造比较复杂。如图5.6所示为采用这种形式的制动器的东方红-1002型拖拉机制动器。

2)鼓式制动器

鼓式制动器又称为蹄式制动器,其旋转元件是与车轮相连的制动鼓,制动元件是两块外

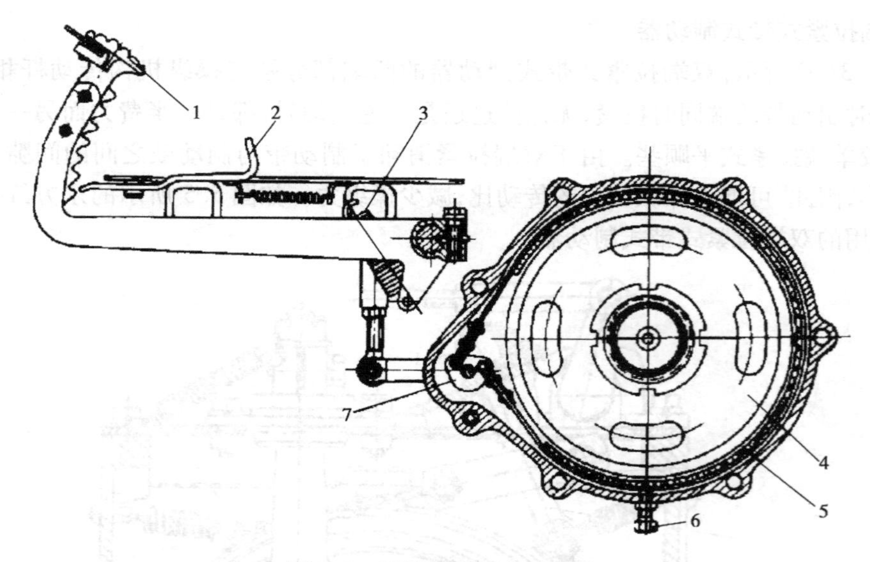

图 5.5　双端拉紧带式制动器

1—蹄板;2—卡板;3—踏板回位弹簧;4—制动轮;5—制动带;6—调整螺钉;7—凸轮

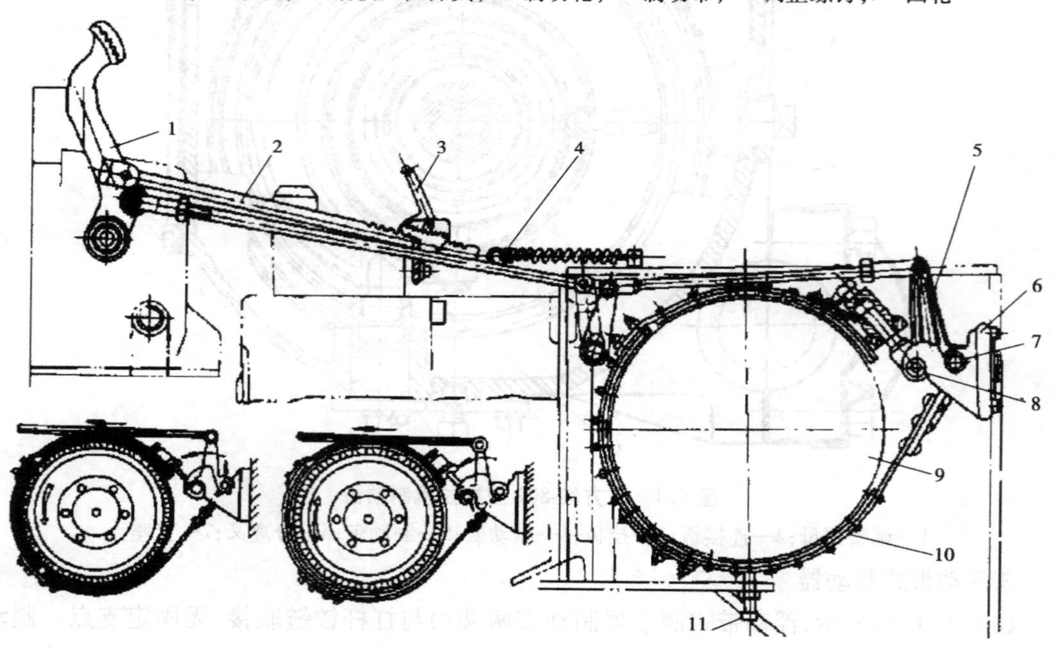

图 5.6　浮式带式制动器

1—踏板;2—齿杆;3—卡板;4—回位弹簧;5—杠杆;6—支架;
7,8—支承销;9—制动轮;10—制动带;11—调整螺钉

圆表面铆有摩擦材料、形似马蹄的制动蹄,如图 5.2 所示。

鼓式制动器按控制制动蹄张开装置结构形式不同,可分为轮缸式制动器、凸轮式制动器和楔式制动器。

鼓式制动器按其受力特点,可分为简单非平衡式、平衡式和自动增力式等。

鼓式制动器按制动蹄的属性不同，可分为双领蹄式、领从蹄式、双向双领蹄式、双从蹄式、单向增力蹄式及双向增力蹄式等。

①轮缸式制动器

A. 非平衡式制动器

非平衡蹄式制动器是指制动鼓所受来自二蹄的法向力不能互相平衡的制动器。如图5.7所示为典型的非平衡式制动器。当制动鼓逆时针旋转制动时，制动鼓内表面与张开的制动蹄接触产生摩擦力，左蹄上摩擦力 F_{x1}，使左蹄进一步压紧制动鼓，而右蹄上的摩擦力 F_{x2} 有使右蹄离开制动鼓的趋势。因此，左蹄上所受的摩擦力和法向力都大于右蹄。左蹄的摩擦片磨损较多，故摩擦片设计时比右蹄要长些。

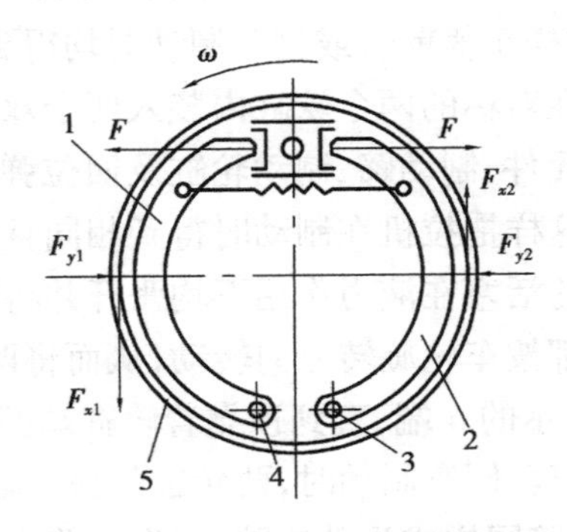

图5.7　简单非平衡式制动器示意图

1—前制动领蹄；2—后制动从蹄；3，4—支承销；5—制动鼓

图5.7中，一个蹄在轮缸促动力作用下张开时的旋转方向与制动鼓的旋转方向一致，称为领蹄，也称为增势蹄或紧蹄；另一个蹄张开时的旋转方向与制动鼓的旋转方向相反，则称为从蹄，也称减势蹄或松蹄。

领蹄在摩擦力的作用下，蹄和鼓之间的正压力较大，制动作用较强。从蹄在摩擦力的作用下，蹄和鼓之间的正压力较小，制动作用较弱。

这种在制动鼓正向旋转和反向旋转时，都有一个领蹄和一个从蹄的制动器，也称为领从蹄式制动器。

B. 平衡式制动器

为提高制动效能，将前后制动蹄均设计为领蹄的制动器，称为平衡式制动器。平衡式制动器可分为单向助势平衡式和双向助势平衡式两种。单向助势平衡式制动器是指只在前进制动时两蹄为助势蹄，倒车制动时两蹄均为减势蹄；双向助势平衡式制动器是在前进和倒车制动时两蹄都是助势蹄。

如图5.8(a)所示为一种单向助势平衡式制动器的示意图。

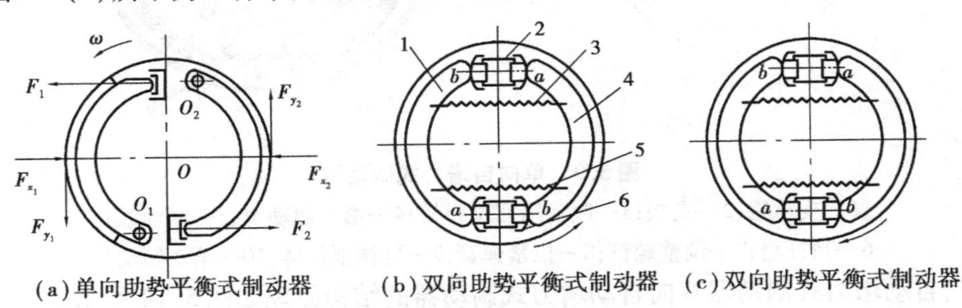

(a)单向助势平衡式制动器　(b)双向助势平衡式制动器　(c)双向助势平衡式制动器

图5.8　平衡式制动器示意图

1—制动底板；2，6—制动轮缸；3，5—回位弹簧；4—制动蹄

两制动蹄独自用一个单活塞的制动轮缸，两个轮缸用油管相连。这样前进制动时，制动

鼓逆时针旋转制动，两蹄都是助势蹄，制动效能得到提高，但是，倒车时两制动蹄都是减势蹄。

如图5.8(b)、(c)所示为双向助势平衡式制动器，对称的两个轮缸内装入两个双向活塞，这样车辆前进或倒车制动时均得到相同且较高的制动效能。

在对称的两个轮缸内装入两个双向活塞，制动底板上的所有零件都是对称布置的，包括固定元件、制动蹄、制动轮缸及回位弹簧等。两制动蹄的两端采用浮式支承，用回位弹簧拉紧。这样拖拉机在制动时得到相同且较高的制动效能；当拖拉机前进制动时，两个制动轮缸两端的活塞在液力作用下均张开并将两个制动蹄靠压在制动鼓上，在摩擦力的作用下，两蹄开始都按车轮旋转方向转动，从而将两轮缸活塞其中的各一对称端支座推回，如图5.8(b)、(c)所示的 a 端，直到顶靠着轮缸端面成为刚性接触为止，于是两蹄便均在助势的条件下工作；同理，倒车制动时，两轮缸的另一端，如图5.8(b)、(c)所示的 b 端支座成为制动蹄的支点，两蹄同样成为助势蹄，产生与前进制动时效能完全一样的制动效能。

C. 自动增力式制动器

自动增力式制动器可分为单向自增力和双向自增力两种。

如图5.9所示，单向自增力式制动器是两个制动蹄只有一个单活塞的制动轮缸，第2制动蹄的促动力来自第1制动蹄对顶杆的推力，两个制动蹄在拖拉机前进时均为领蹄，在倒车时产生的制动力很小。

双向自增力式制动器是两个制动蹄上有一个双活塞制动轮缸，轮缸上还有一个制动蹄支承销，两制动蹄的下方用顶杆相连。无论前进还是倒车，都与单向自增力式制动器相当，故称双向自增力式制动器。

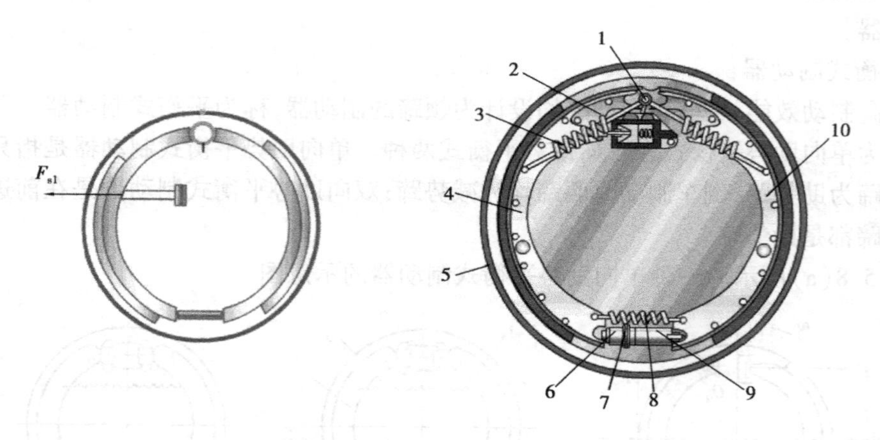

图5.9　单向自增力式制动器

1—支承销；2—夹板；3—制动蹄回位弹簧；4—第1制动蹄；5—制动鼓；6—顶杆套；7—调整螺钉；8—拉紧弹簧；9—可调顶杆体；10—第2制动蹄

双向自动增力式制动器双向自动增力式制动器的结构原理如图5.10所示。

②凸轮式制动器

如图5.11所示为凸轮式制动器，凸轮式制动器中用凸轮取代制动轮缸对两制动蹄起促动作用，通常利用机械力或气压使凸轮转动。凸轮式制动器的结构除用凸轮作为张开装置

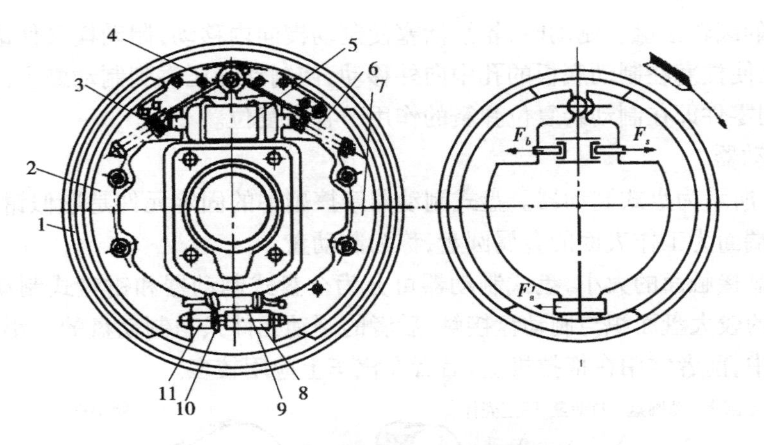

图5.10　双向自动增力式制动器

1—制动底板;2—后制动蹄;3—后蹄回位弹弹簧;4—夹板;5—制动轮缸;6—前蹄回位弹簧;7—前制动蹄;8—可调推杆体;9—拉紧弹簧;10—调整螺钉;11—推杆套

外,其余结构和液压轮缸促动的制动器结构相同。

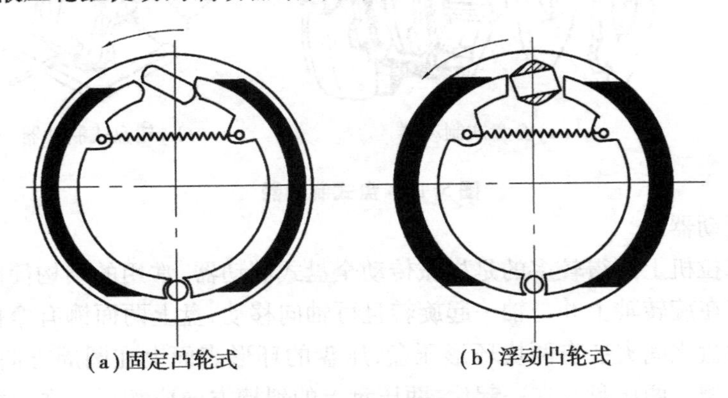

(a)固定凸轮式　　(b)浮动凸轮式

图5.11　凸轮促动式制动器

③楔式制动器

如图5.12所示为楔式制动器。它的制动蹄依靠在柱塞上,柱塞内端面的斜面与支于隔

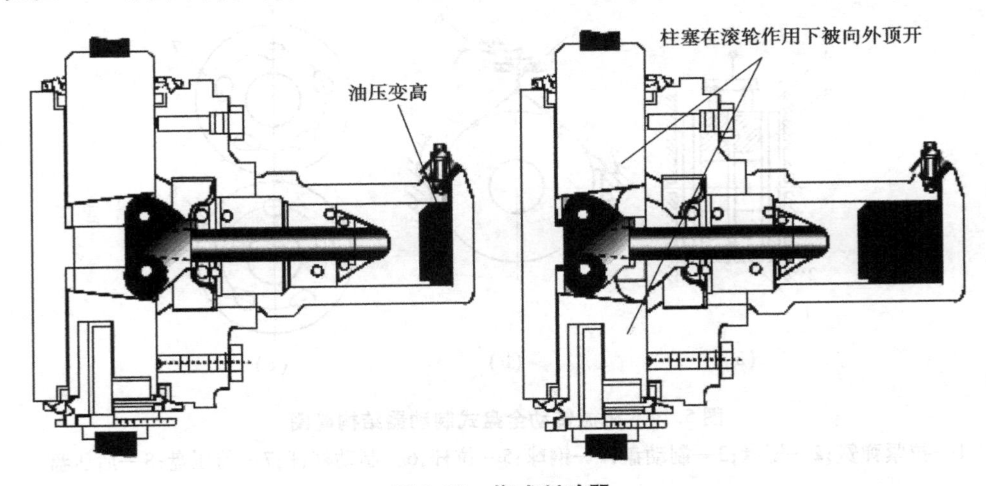

图5.12　楔式制动器

离架两边槽内的滚轮接触。制动时,轮缸活塞使制动楔向内移动,制动楔又使滚轮沿柱塞斜面向内滚动,又使柱塞在制动底板的孔中向外移动,使制动蹄压靠到制动鼓上。轮缸液压撤除后,这一系列零件即在制动蹄复位弹簧的作用下各自复位。

3)盘式制动器

如图5.13所示为盘式制动器。盘式制动器摩擦副中的固定元件是形似钳形的制动钳,旋转元件是以端面为工作表面的金属圆盘,称为制动盘。

根据制动盘接触面的大小,盘式制动器可分为全盘式制动器和钳盘式制动器。前者则以环形摩擦片的较大盘面积与制动盘接触;后者的制动元件只与制动盘的一小部分接触,产生制动力。其中,前者常用在拖拉机上,后者在汽车上应用较多。

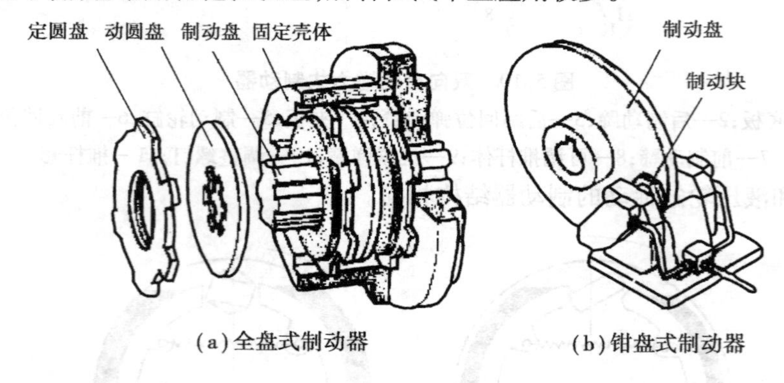

(a)全盘式制动器　(b)钳盘式制动器

图5.13　盘式制动器

①全盘式制动器

我国轮式拖拉机上用得较多的是机械传动全盘式制动器,常用的结构简图如图5.14所示。两制动盘装在旋转轴上并与轴一起旋转且可轴向移动,盘上两面铆有摩擦材料,故又称摩擦盘。两制动盘之间夹装有两块环形压盘,压盘的环形表面上在圆周方向开有若干个均匀分布的球面斜槽。两压盘合在一起后,两压盘上的斜槽方向应相反。在斜槽中放进圆球,两压盘间用弹簧拉紧。每一压盘上有一铰链点和两凸耳,铰链点上联接连杆,与操纵杠杆相连,凸耳与制动器壳体上的凸肩压靠。

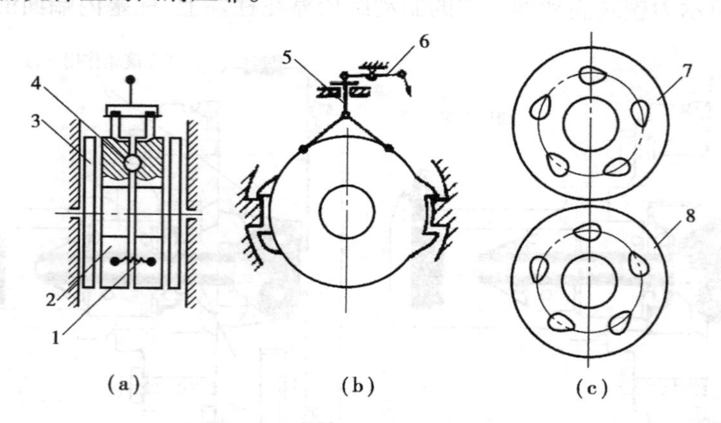

图5.14　机械传动全盘式制动器结构简图

1—拉紧弹簧;2—压盘;3—制动盘;4—钢球;5—拉杆;6—制动杠杆;7—前压盘;8—后压盘

假设制动前旋转轴逆时针方向转动，制动时，操纵制动踏板使制动杠杆左端向上移动，经连杆拉动前压盘逆时针方向转动，而后压盘顺时针方向转动，这时钢球向斜槽的浅处移动，因而将两压盘向外张开，逐渐压紧制动盘而起制动作用，如图5.15(b)所示。开始压紧后，压盘与制动盘之间就产生圆周摩擦力，该摩擦力将带动两压盘按旋转轴原来的旋转方向旋转。但旋转某一角度后，后压盘上的凸耳压靠在壳体的凸肩上后(见图5.15(c))，后压盘不能再旋转，摩擦力将带动前压盘继续逆时针旋转，钢球将向斜槽的更浅处移动(见图5.15(d))，压盘将更向外张开，因而将制动盘压得更紧，并且这种制动器是有自行助力作用的。

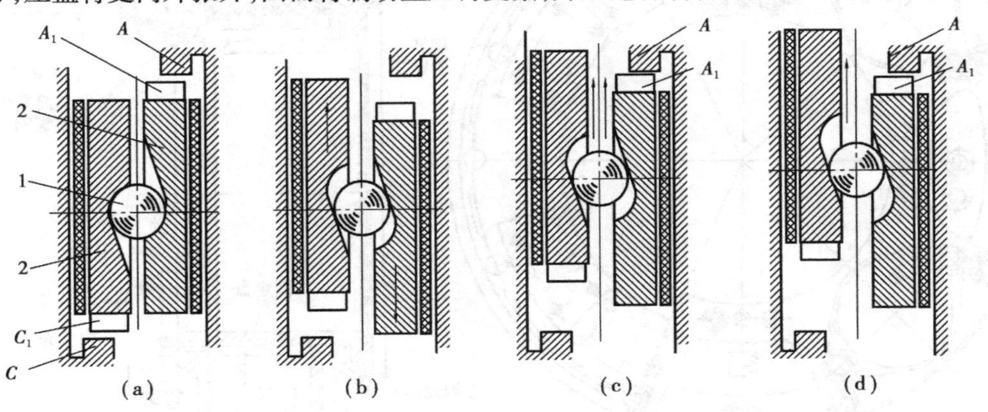

图5.15　盘式制动器的制动过程简图

1—钢球；2—压盘；A，C—制动器壳体上的凸肩；A_1，C_1—压盘上的凸耳

如果旋转轴原来顺时针方向旋转，在制动时，前压盘的凸耳压靠在壳体的凸肩上，摩擦力将带动后压盘继续顺时针方向旋转，压盘将进一步压紧制动盘，因而也同样有自行助力作用。

在使用过程中制动间隙加大后，可调整图5.14内拉杆5的长度来调整制动间隙。但这时，自行助力作用延迟。如制动间隙太大，甚至可能不再起自行助力作用。

铁牛-654型拖拉机的盘式制动器如图5.16所示。

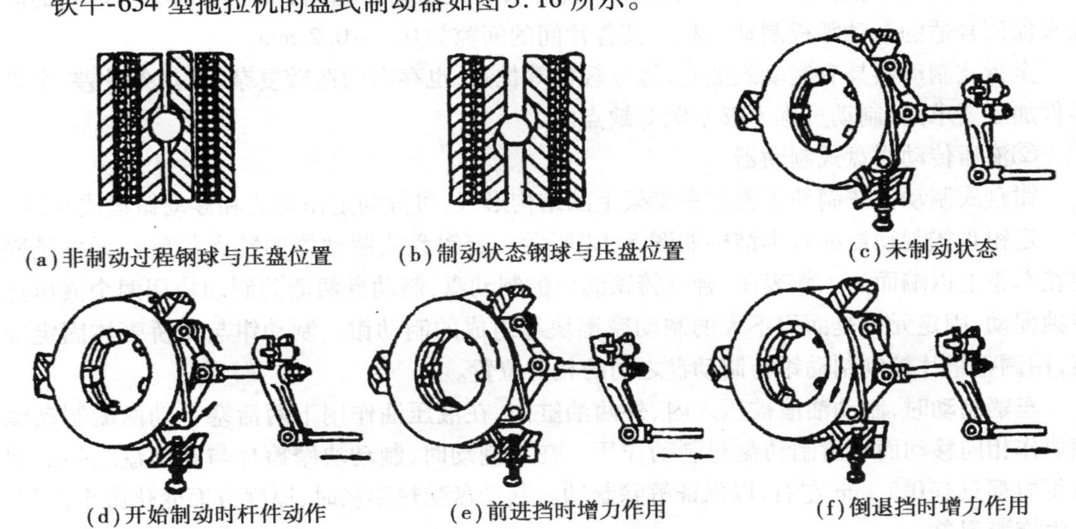

图5.16　铁牛-654型拖拉机盘式制动器结构与工作简图

为了改善盘式制动器的性能和提高它的使用寿命,近年来国外的一些拖拉机上已采用了湿式盘式制动器,其结构原理与摩擦离合器相似。法国产梅西尔多片全盘式制动器的构造如图 5.17 所示。

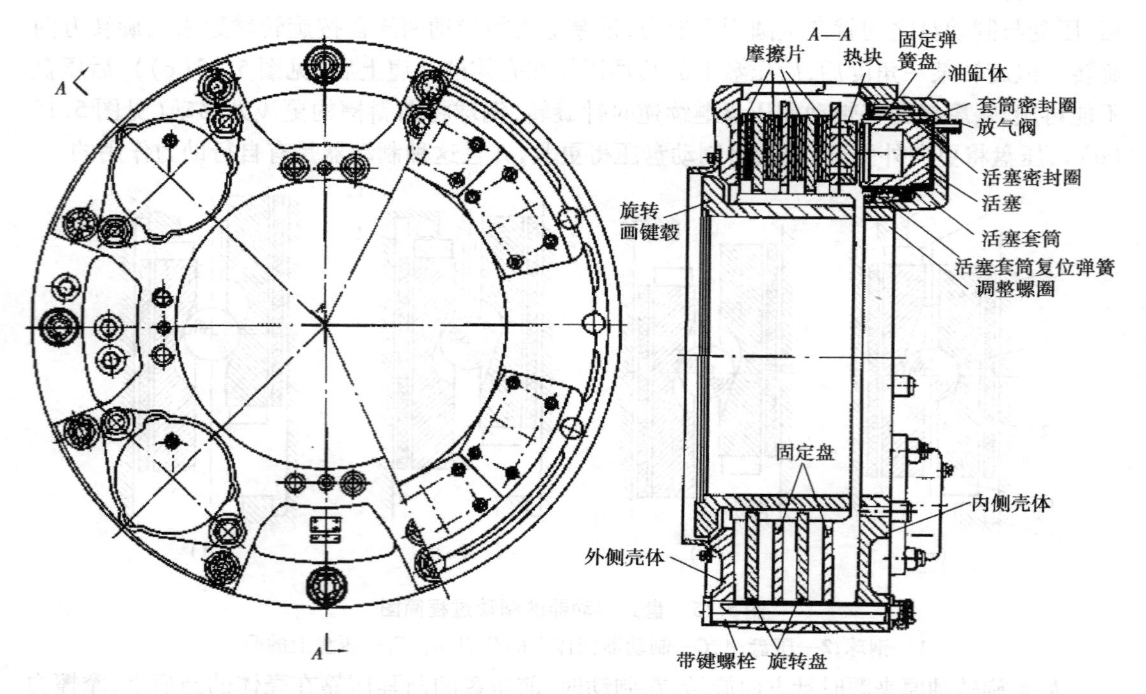

图 5.17　梅西尔多片全盘式制动器

湿式盘式制动器其摩擦片一般采用铜基粉末冶金材料,许用单位压力远较石棉摩擦片高。整个制动器浸在油中,散热能力强,磨损小,制动平顺。但摩擦片由于浸在油中,摩擦因数较低。在大功率拖拉机上用增加摩擦片数目来加大制动器制动力矩,用减小各片间的间隙来保证合适的制动踏板制动行程。其各片间的间隙为 0.1 ~0.2 mm。

全盘式制动器具有制动效能高、操纵轻便等优点;也存在构造较复杂、散热条件差、个别零件加工要求高、制动过程不够平顺等缺点。

②液压传动钳盘式制动器

钳盘式制动器按制动钳固定在支架上的结构形式,可分为定钳盘式和浮动钳盘式两种。

定钳盘式制动器的基本结构如图 5.18 所示。定钳盘式制动器的特点是旋转元件是固定在车轮上以端面为工作表面、合金铸铁制成的制动盘,制动盘两侧的制动块用两个液压缸单独促动,固定元件是面积不大的制动摩擦块等组成的制动钳。制动钳与车桥壳体固定安装,用调整垫片控制制动钳与制动盘之间的相对位置。

车辆制动时,制动油液被压入内、外两油缸内,在液压油作用下两活塞带动两侧制动摩擦块作相向移动而压紧制动盘起制动作用。在不制动时,制动块摩擦片与制动盘之间的间隙每边都只有 0.1 mm 左右,以保证解除制动。制动盘受热膨胀时,厚度方面变化微小,不会发生拖滞现象。

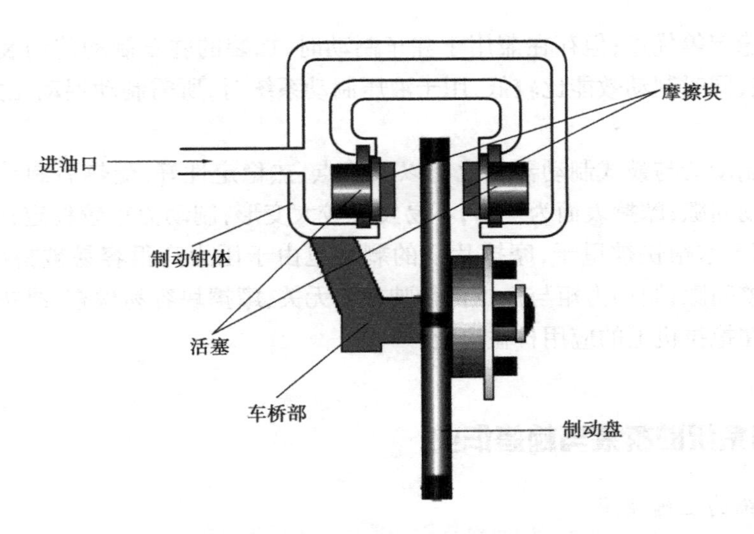

图 5.18　定钳盘式制动器示意图

如图5.19所示为浮钳盘式制动器示意图。浮钳盘式制动器与定钳盘式的不同之处在于制动钳体相对制动盘作轴向滑动，制动油缸只装在制动盘的内侧，外侧的制动块固定在钳体上。制动时，液力推动活塞，使内侧制动块靠压制动盘，同时钳体受到的反力使钳体连同外侧制动块靠到制动盘的另一侧面上，直到两侧制动块受力均等为止。

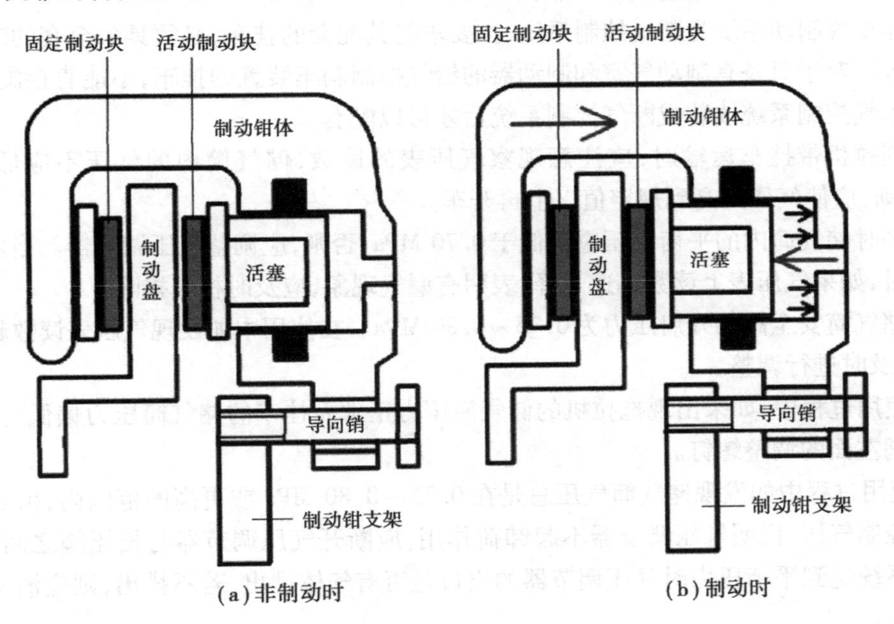

图 5.19　浮钳盘式制动器

与定钳盘式相比，浮钳盘式的优点是它的外侧没有液压件，单侧油缸结构不需要有跨越制动盘的油道，这不仅能够布置得更接近车轮轮毂，而且还不易产生气阻。浮钳盘式制动器的缺点有刚度较差，摩擦片易产生偏磨损，等等。

钳盘式制动器具有结构简单、摩擦片拆装更换容易、制动时无助势作用、制动平顺性较好、制动效能较稳定等优点;但存在兼用于驻车制动时,加装的驻车制动传动装置比鼓式制动器复杂的缺点,同时制动效能比较低,用于液压制动系统时,所需制动促动压力较高,一般需用伺服装置。

总之,盘式制动器与鼓式制动器相比有以下特点:热稳定性好,受热后制动盘只在径向膨胀,不影响制动间隙;摩擦表面为平面,不易发生较大变形,制动力矩较稳定;受水浸渍后,在离心力的作用下水很快被甩干,摩擦片上的剩水也由于压力高很容易被挤出;制动间隙小,便于自动调整间隙;制动力矩与拖拉机行驶方向无关,摩擦块容易检查、维护和更换。因此,盘式制动器在拖拉机上的应用日益广泛。

实施制动系统的拆装与检修作业

(1)制动系统的正确使用

①制动器不制动时,不要把脚放在踏板上,以免引起摩擦片磨损。

②拖拉机进行运输作业时,必须将左右踏板用连锁板连在一起。坡道上长时间停车时,需要熄火挂挡,并将踏板锁定在制动位置,以防滑溜。

③在正常情况下,应先分离离合器后制动;紧急制动时,分离离合器和制动器可同时进行。

④气制动的使用要注意以下 8 点:

a. 挂车气制动系统为断气控制系统时,要求与其配套的挂车,必须具备全套的断气控制刹车装置。对于只备有制动气室和制动器的给气控制刹车装置的挂车,不能直接配套使用,必须将给气控制系统改装成断气控制系统后才可以配套。

b. 拖拉机带挂车运输时,应注意观察气压表的读数,储气筒内的气压不应低于 0.44 MPa;否则,应使气压升高到规定值以上再开车。

c. 平时储气筒内的平衡气压应不低于0.70 MPa;否则,应调整气压调节器。当发动机停止工作时,如果气压表上读数迅速下降,表明有漏气现象,应及时检查排除。

d. 储气筒安全阀的开启压力为0.75 ~0.80 MPa。在使用中如发现气压表读数超过上述范围,应及时进行调整。

e. 使用过程中,如果出现拖拉机的储气筒压力正常而挂车的储气筒压力偏低时,只应调整制动阀左面的调整螺钉。

f. 使用过程中如发现储气筒气压总是在0.75 ~0.80 MPa 或更高的范围内,由安全阀的开启来控制气压,说明气压调节器不起卸荷作用,应断开气压调节器与松压阀之间的气路,观察在系统达到平衡压力时气压调节器的出口是否有气体排出,若不排出,则应清洗其中的过滤毛毡。

g. 拖拉机带挂车进行运输作业前,必须对整个机组的制动系统工作状态进行检查,必须保证挂车的制动与拖拉机的制动同步或挂车制动略为提前,但不能滞后。必要时,可调整制动阀的调节螺钉来满足上述要求。

h. 为了保证系统工作良好,每工作 50 h 应拧开储气筒下面的螺塞,清除一次储气筒内的凝结物。

(2)行车制动器的拆装

1)行车制动器的拆装事前准备

①前期准备

a. 待修拖拉机及常用拆装工具。

b. 按厂家维修手册要求制作或购买的专用拆装工具。

c. 按厂家维修手册要求制作或购买专用调整工具。

d. 相关说明书、厂家维修手册和零件图册。

e. 专用支承台架、零件摆放台、接油盘、记号笔、记录纸等辅助设施。

f. 千分尺、百分表等测量工具。

g. 吊装设备及吊索。

②安全注意事项

a. 操作人员应按规定正确着装。

b. 采用合适吨位的吊装设备、吊钩及吊绳,钢丝吊绳应与设备间有隔离垫块,起吊过程重物下面严禁有人,起吊物上严禁有人。

c. 吊下的部件不能直接放在地面上,应垫枕木。

d. 箱体部件拆卸孔洞应进行封口。

e. 不得用铁棒直接敲击工件,避免伤害工件精度。一般要用铜、橡胶或塑料锤子。

f. 如果用力过大,可能导致部件损坏。

g. 采用合适吨位的吊装设备吊装和移动所有重型部件。吊装和移动时,应确保装置或零件有合适的吊索或挂钩支承。

h. 在安装齿轮、花键轴等带尖角的零部件时,要注意不要被尖角划伤。

i. 不得使用汽油或其他易燃液体清洗零部件。

j. 密封面或精密配合面不得用起子等硬金属撬开,以免划伤表面。

k. 拆装时要格外小心,避免弄丢或损伤小的物件。

l. 装配前应彻底清洗所有零件,装配时密封件应涂上润滑油。精密配合件可用手直接推入,不得硬性敲击。

m. 装配时不得戴棉线等易落毛渣的手套,不得使用棉纱等抹布擦拭密封或精密配合表面,不得在灰尘密布的环境下装配。

2)相关作业内容

与变速器及驱动桥相比,制动系统更多的是盘类及套类零件。在拆装的过程中,更应关注的是各配合件间的间隙及操纵机构的影响。拆装变速器零件时,不能生硬敲击,特别是配合件表面在拆装时应注意不要划伤,拆装下来后应进行保护。行车制动器的拆装作业时按表5.1进行。

表 5.1　行车制动器的拆装作业指导书

操作内容	操作说明	图　示
从车上拆却制动器	拆下最终传动总成,断开油管 从后桥壳体上拆下制动器壳体、制动器从动盘、太阳轮轴和制动器衬盘 检查行车制动器从动盘和制动器衬盘的磨损情况,如果超出厂家规定的磨损极限,应更换拆制动器活塞之前,在活塞和壳体上都要做好标记,以保证定位销和孔在装配时能对准 如果需要更换密封圈,在装配前要涂润滑脂,并确保安装位置正确以防止装活塞时损坏密封圈 在往传动箱壳体上安装前,应彻底清理制动器衬盘和制动器壳体结合面,去除油污并涂以密封胶	
从拖拉机上拆下制动泵	断开蓄电池的负极搭铁线	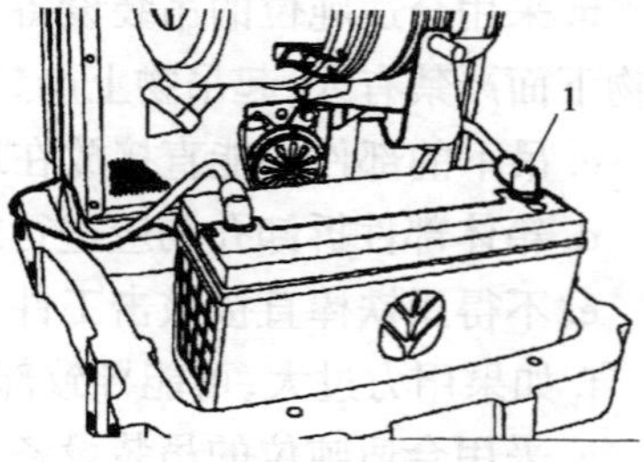 1—负极接线桩
	拆下右侧防护机罩	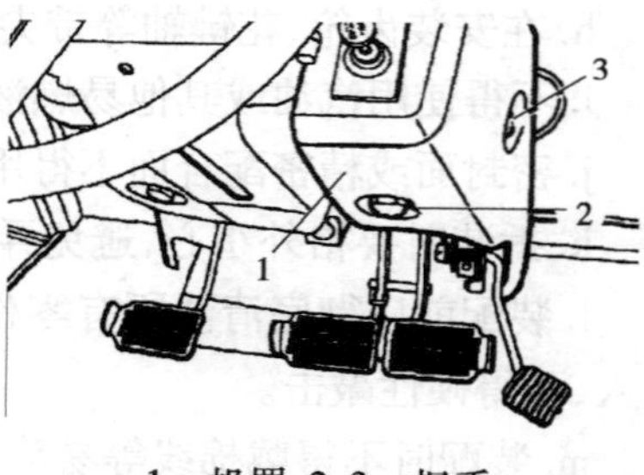 1—机罩;2,3—捏手
	排出制动油路中的油:拆下仪表板;断开制动泵进油管,拆下制动压力传感器连接插头	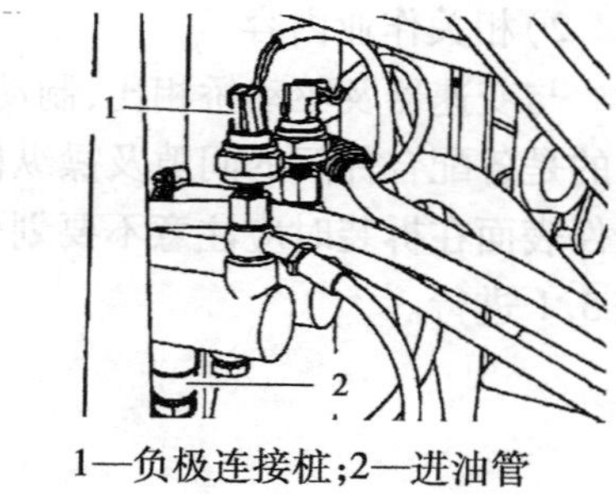 1—负极连接桩;2—进油管

续表

操作内容	操作说明	图　示
从拖拉机上拆下制动泵	拆下制动泵出油管接头 拆下螺栓，连同踏板一起把制动泵拆下	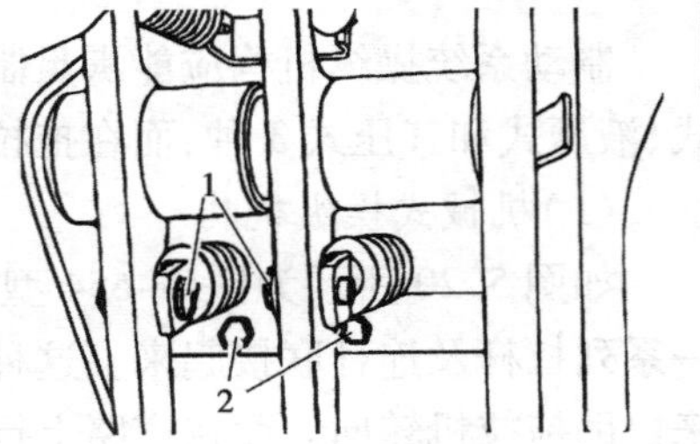 1—推杆；2—固定螺栓
	拆卸制动泵时，注意活塞要从出油管的一端抽出，检查主油缸孔和活塞工作表面的氧化和粗糙度状况以及磨损情况 活塞与主油缸孔的配合间隙应符合厂家维修手册中的规定 检查密封圈，必要时更换 装配时，在装活塞之前，应先把单向阀装上，以防止活塞卡住单向阀	 1—阀片；2—主油缸活塞

学习情境5.2　制动系统操纵及传动机构检修

[学习目标]

1. 了解制动系统操纵、传动机构的基本功用、类型、组成及工作原理。
2. 了解典型拖拉机制动系统操纵、传动机构的结构。
3. 能选用适当工具对拖拉机制动系统操纵、传动机构进行拆装及维护。

[工作任务]

对拖拉机制动系统操纵、传动机构进行拆卸、组装及维护保养。

[信息收集与处理]

制动系统操纵机构应能满足制动系统所提出的要求。制动系统操纵机构一般分为机械式、液压式和气压式3种，而在拖拉机上大多应用机械式和液压式操纵机构。

(1)机械式操纵机构

如图5.20所示为铁牛-654型拖拉机机械式制动操纵机构。制动踏板与制动器之间用一系列杠杆及连杆联接起来。这种机构有左右两个制动踏板，在田间作业时，单独使用可用来协助拖拉机转向。而在道路上行驶时，用锁片将两制动踏板连成一体，使两驱动轮同时制动，从而保证行驶安全。为保证在坡地长时间停车时能锁定制动器踏板，踏板上设有定位爪和定位齿板。

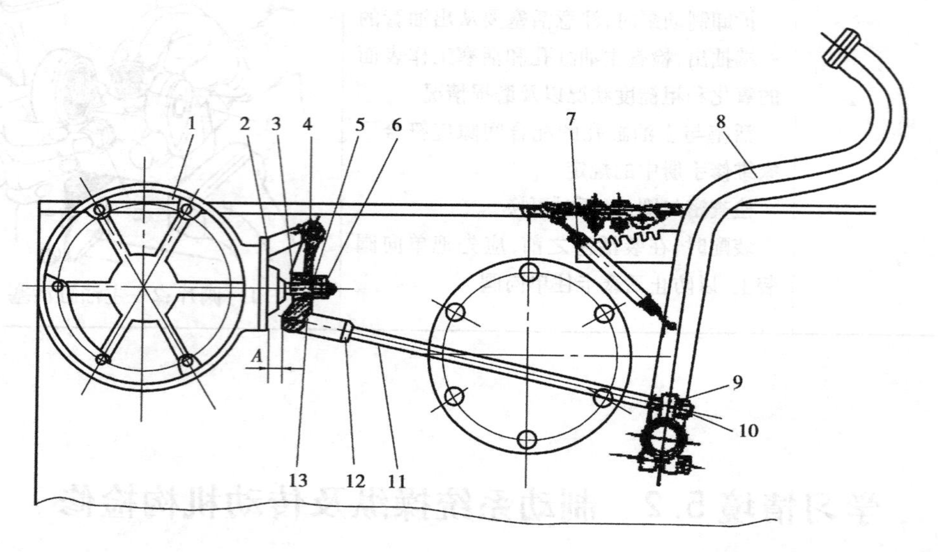

图5.20 铁牛-654型拖拉机制动系统操纵机构

1—制动鼓;2—支座;3—内拉杆调节叉;4,11—拉杆;5—调整螺母;6—锁定螺母;
7—回位弹簧;8—制动踏板;9—调整螺母;10—锁定螺母;12—拉杆螺母;13—调节叉

如图5.21所示为一种机械式操纵传动机构的驻车制动器。制动鼓通过螺杆与变速器第2轴后端的凸缘盘紧固在一起，制动底板固定在变速器第2轴轴承盖上，两制动蹄下端松套在偏心支承销上，制动蹄上端装有滚轮。制动凸轮轴通过制动底板支座支承在制动底板上部，其外端与摆臂的一端用细花键联接，摆臂的另一端与穿过压紧弹簧的拉杆相连。制动时，握住驻车制动杆上端头并按下按钮打开锁止棘爪，同时向上提拉制动杆。于是，传动杆左移带动摇臂转动，拉杆向下运动通过摆臂使凸轮轴转动，凸轮顶开制动蹄实现制动，此时松开按钮，驻车制动杆便被锁止在齿扇板的一个位置上。

(2)简单式液压传动机构

液压式操纵传动机构是将制动踏板力转换为油液压力，通过管路传到车轮制动器的制动轮缸，制动轮缸将油液压力转变为鼓式制动器制动蹄张力使车轮制动。

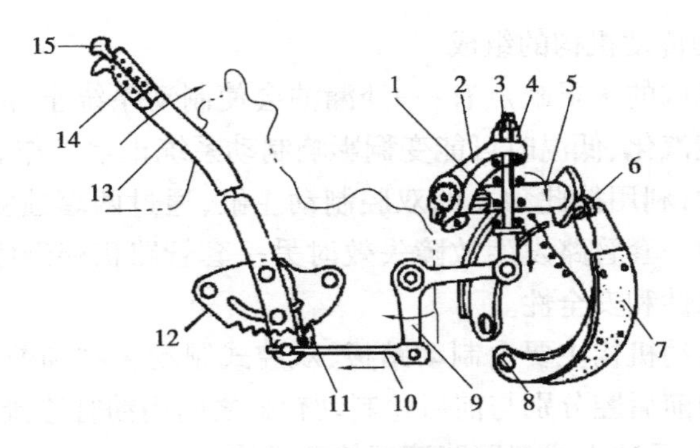

图 5.21　驻车制动器操纵机构

1—压紧弹簧;2—摆臂;3—拉杆;4—调整螺母;5—凸轮轴;6—滚轮;
7—制动蹄;8—偏心支承销;9—摇臂;10—传动杆;11—锁止棘爪;12—齿扇;
13—驻车制动杆;14—拉杆弹簧;15—按钮

液压式操纵传动机构具有结构简单、制动灵敏柔和、工作可靠等优点,但液压式操纵传动机构操纵较费力、制动力不够大,并且液压油还有低温流动性差,高温则容易产生气阻,如果有空气侵入或漏油还会降低制动效能甚至失效。因此,通常在液压制动传动机构中增设制动增压或助力装置,使制动系统操纵轻便,并增大制动力。

如图 5.22 所示为液压式简单制动传动机构。它由制动踏板、制动主缸、制动轮缸、油管、制动开关、比例阀及储油罐等元件组成。

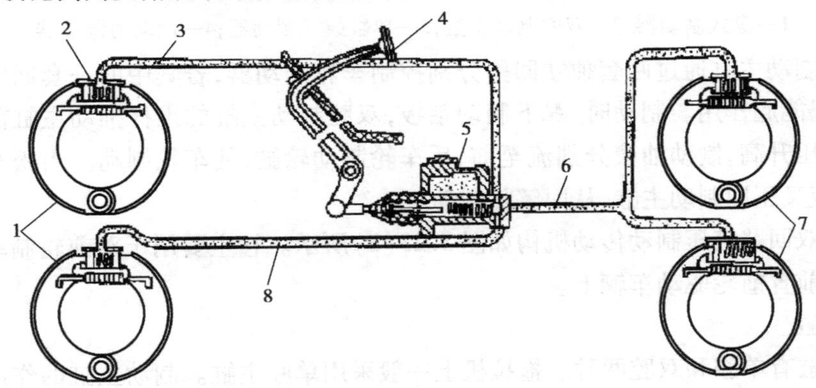

图 5.22　液压式简单制动传动机构示意图

1,7—制动蹄;2—制动轮缸;3,6,8—油管;4—制动踏板;5—制动主缸

液压式简单制动传动机构在传力过程中对操作者的踏板力进行了增大变换,使传递到制动轮缸及制动蹄上的制动力大于踏板力。制动时,制动踏板操纵制动主缸中的活塞向左移动,主缸中的油液增压后经出油阀压出,通过油管送到各个制动器上的制动轮缸中,操纵制动器起制动作用。松开踏板解除制动时,轮缸中的油液在制动器复位弹簧的作用下流回主缸。

简单式液压传动机构具有以下优点:制动安全性较好,不会因车轮跳动或悬架变形而产生自行制动现象;能将制动力正确地分配给前后车轮;能保证左右各轮同时制动;操纵方便,不需润滑和经常调整,等等。

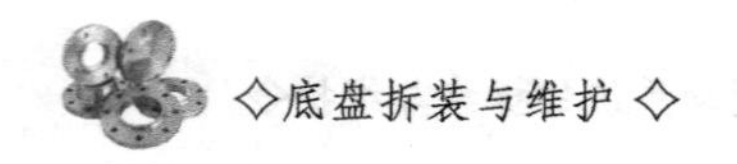

1)双回路液压制动传动机构的组成

简单式液压传动机构的主要缺点有:一处漏油会使制动系统全部失效,造成重大事故;制动油液在高温时可能汽化、低温时可能变稠影响制动系统正常工作。因此,越来越多的采用双管路液压传动机构,利用彼此独立的双腔制动主缸,通过两套独立管路,分别控制车轮制动器。这样就算其中一套管路发生故障失效时另一套管路仍能继续起到制动作用,从而大大提高了制动的可靠性和安全性。

双回路液压制动传动机构主要由制动踏板、双腔式制动主缸和前后车轮制动器以及油管等组成。制动主缸的前后腔分别与前后轮制动轮缸之间用油管连接。

如图5.23所示为前后独立式双回路液压传动机构。

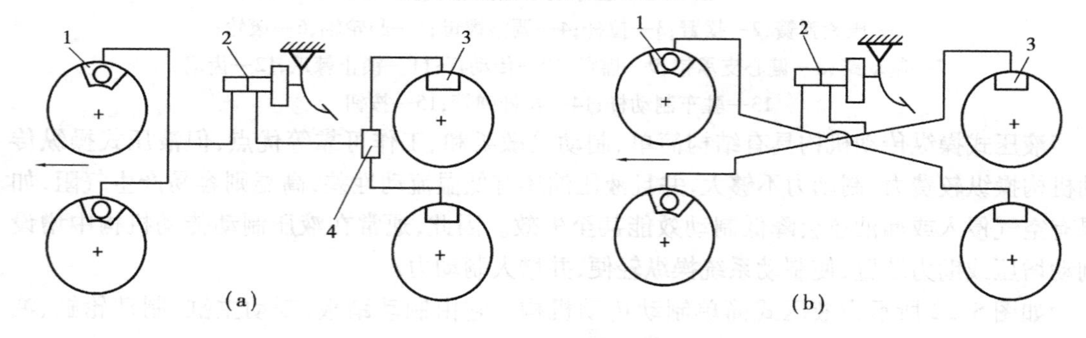

图5.23 双回路液压制动系统

1—盘式制动器;2—双腔制动主缸;3—单缸鼓式制动器;4—制动力调节器

由双腔制动主缸通过两套独立回路分别控制车轮制动器,若其中的一套回路损坏漏油时,另一套仍能起作用。制动时,踩下制动踏板,双腔制动主缸的推杆推动主缸前后活塞使主缸后腔油压升高,制动油液分别流至前、后车轮制动轮缸,使车轮制动。当松开制动踏板时,制动油液又压回制动主缸,从而解除制动。

交叉式双回路液压制动传动机构如图5.23(b)所示。它主要用于对前轮制动力依赖性大的发动机前置前轮驱动车辆上。

2)制动缸

制动主缸有单腔和双腔两种。拖拉机上一般采用单腔主缸。制动主缸的作用是将由踏板输入的机械推力转换成液压力。如图5.24所示为串联双腔式制动主缸的结构示意图。制动主缸的壳体内装有前活塞、后活塞及前活塞弹簧。前、后活塞分别用皮碗密封,前活塞用挡片保证其正确位置。两个储液筒分别与主缸的前后腔相通,前后出油口分别与前后制动轮缸相通,前活塞靠后活塞的液力推动,而后活塞直接由推杆推动。

踩下制动踏板,主缸中的推杆向前移动,使皮碗掩盖住储液筒进油口后,后腔压力升高。在后腔液压和后活塞弹簧力的作用下,推动前活塞向前移动,前腔压力也随之提高。当继续下踩制动踏板时,前、后腔的液压继续提高,使前、后制动器产生制动。

放松制动踏板,主缸中的活塞和推杆分别在前、后活塞弹簧的作用下回到初始位置,从而解除制动。

若前腔控制的回路发生故障时,前活塞不产生液压力,但在后活塞液力作用下,前活塞

被推到最前端，后腔产生的液压力仍使后轮产生制动。

若后腔控制的回路发生故障时，后腔不产生液压力，但后活塞在推杆的作用下前移，并与前活塞接触而推动前活塞前移，前腔仍能产生液压力控制前轮产生制动。

前活塞回位弹簧的弹力大于后活塞回位弹簧的弹力，以保证两个活塞不工作时都处于正确的位置。

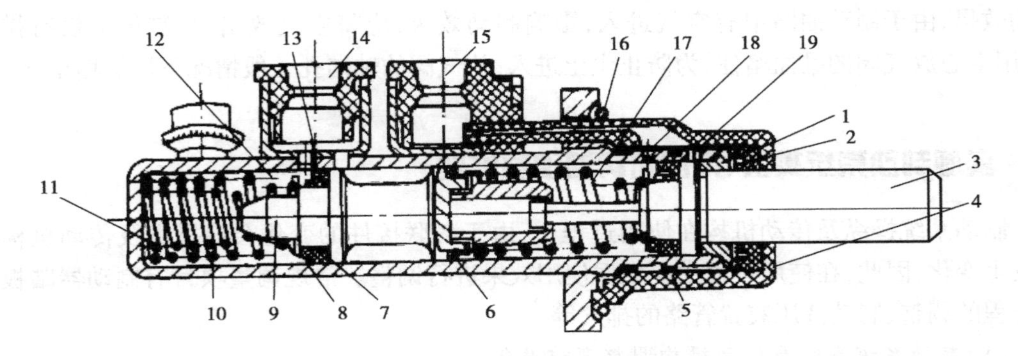

图5.24　串联双腔制动主缸

1—套；2—密封套；3—推杆；4—盖；5—防动圈；6—后活塞；7—垫片；
8—挡片；9—前活塞；10—弹簧；11—缸体；12—后腔；13—密封圈；14，15—进油孔；
16—定位圈；17—前腔；18—补偿孔；19—回油孔

在不工作时，推杆的头部与活塞背面之间应留有一定的间隙，为了消除这一间隙所需的踏板行程称为制动踏板自由行程。该行程过小则制动解除不彻底，过大将使制动失灵。双回路液压制动系统中任一回路失效，主缸仍能工作，只是所需踏板行程加大，导致车辆的制动距离增长，制动效能降低。

3）制动轮缸

制动轮缸的作用是将主缸传来的液压力转变为使制动蹄张开的机械推力。由于车轮制动器的结构不同，轮缸的数目和结构形式也不同，通常分为双活塞式和单活塞式两类。

如图5.25所示为双活塞式制动轮缸示意图。

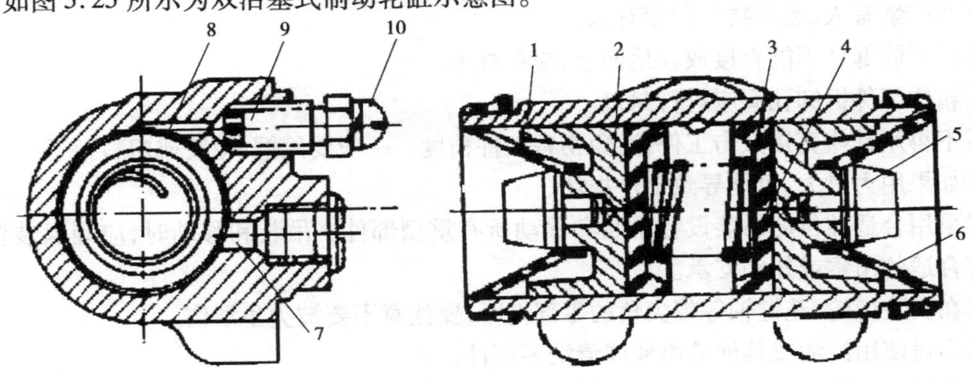

图5.25　双活塞制动轮缸

1—缸体；2—活塞；3—皮碗；4—弹簧；5—顶块；
6—防护罩；7—进油孔；8—放气孔；9—放气阀；10—放气阀防护螺堵

由铸铁铸造的缸体用螺栓固定在制动底板上,缸内有两个活塞,两个刃口相对的密封皮碗利用弹簧分别压靠在个活塞上,以保持两皮碗之间的进油孔畅通。活塞外端凸台孔内压有顶块与制动蹄的上端抵紧。缸体两端防尘罩用以防尘土和水分进入,以免活塞与缸体腐蚀而卡死,缸体上方装有放气阀用以排放轮缸中的空气。

制动时,油液从进油孔进入缸体内,推动活塞向两侧移动,把制动蹄压在制动鼓上产生制动效果,由于制动油路中有空气进入,影响制动效果,应将空气放出,在缸体上设有排气孔,用空心放气阀的锥面堵住,为防止尘土进入,放气阀的轴向孔一般情况下用螺堵堵住。

实施制动系统操纵、传动机构的调整作业

制动系统操纵及传动机构在使用过程中,由于各联接件的变化会使操纵及传动机构不能发生变化,因此,在使用过程中应根据使用效果进行调整。常规调整项目有制动器踏板自由行程的调整、制动液压装置管路的排气等。

(1)制动系统操纵及传动机构调整事前准备

1)前期准备

①待修拖拉机及常用拆装工具。

②按厂家维修手册要求制作或购买的专用拆装工具。

③按厂家维修手册要求制作或购买专用调整工具。

④相关说明书、厂家维修手册和零件图册。

⑤专用支承台架、零件摆放台、接油盘、记号笔、记录纸等辅助设施。

⑥千分尺、百分表等测量工具。

⑦吊装设备及吊索。

2)安全注意事项

①操作人员应按规定正确着装。

②采用合适吨位的吊装设备、吊钩及吊绳,钢丝吊绳应与设备间有隔离垫块,起吊过程重物下面严禁有人,起吊物上严禁有人。

③吊下的部件不能直接放在地面上,应垫枕木。

④箱体部件拆卸孔洞应进行封口。

⑤不得用铁棒直接敲击工件,避免伤害工件精度。一般要用铜、橡胶或塑料锤子。

⑥如果用力过大,可能导致部件损坏。

⑦采用合适吨位的吊装设备吊装和移动所有重型部件。吊装和移动时,应确保装置或零件有合适的吊索或挂钩支承。

⑧在安装齿轮、花键轴等带尖角的零部件时,要注意不要被尖角划伤。

⑨不得使用汽油或其他易燃液体清洗零部件。

⑩密封面或精密配合面不得用起子等硬金属撬开,以免划伤表面。

⑪拆装时要格外小心,避免弄丢或损伤小的物件。

⑫装配前应彻底清洗所有零件,装配时密封件应涂上润滑油。精密配合件可用手直接

推入，不得硬性敲击。

⑬装配时不得戴棉线等易落毛渣的手套，不得使用棉纱等抹布擦拭密封或精密配合表面，不得在灰尘密布的环境下装配。

(2)相关作业内容

1)制动器踏板自由行程的调整

根据相关拖拉机图册，将拖拉机驱动桥总成进行分解及组装。驱动桥分解后，要对其零件清洗、检验，确定其技术状况。对于技术状况差的零件进行修复或更换，以保证装复后驱动桥的质量和性能。

从图5.26的结构中可知，制动蹄总成的一端由偏心轴定位，而另一端在制动回位弹簧拉力下紧靠在制动凸轮轴上，凸轮的转角大小直接决定制动蹄的制动带与制动鼓之间的间隙大小。拖拉机工作一段时间后制动带就会磨损，操纵机构中踏板的自由行程就会增大，引起制动不灵，甚至不能制动；若自由行程过小，将会引起制动器自刹，加速零件磨损。制动踏板正常的自由间隙为20～40 mm。

制动踏板自由行程调整的过程是：首先用转动偏心轴的办法调整好制动带与制动鼓之间的间隙，然后让制动踏板紧靠在脚踏板上，用改变图5.26中拉杆的长度来保证自由行程符合要求。拉杆长度的调整方法是先松开拉杆接头处的锁紧螺母，然后转动拉杆，并使左右两制动器拉杆长度一致，当调整好后再把锁紧螺母锁紧。

应当注意，左右两个制动器一定要调整一致，如果不一致，制动时拖拉机就会出现跑偏现象。发现跑偏时，应将轮胎印痕短的那边拉杆再适当地调短一些，直至左右两轮胎的印痕长度基本一致，最后锁紧螺母方可使用。

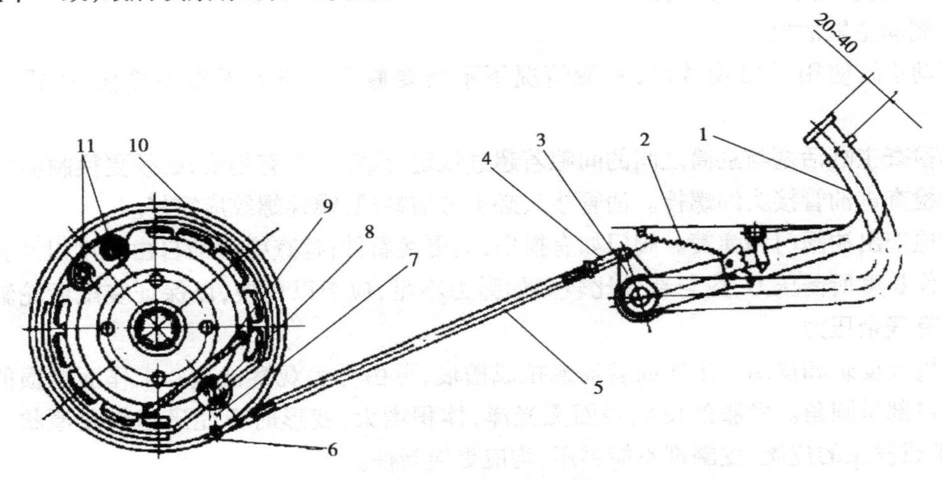

图5.26　轮式150系列拖拉机制动器操纵机构示意图

1—制动踏板；2—拉紧弹簧；3—制动摇臂；4—拉杆接头；5—拉杆；6—制动鼓；
7—制动凸轮轴摇臂；8—制动凸轮轴；9—制动蹄回位弹簧；10—制动带；11—偏心轮

2)制动液压装置管路的排气

液压传动装置在检修、更换制动液之后，或拆卸了制动主缸、制动轮缸和油管重新装配后，便会有空气渗入，使制动效能明显降低，因此，必须将制动系统内部渗入的空气排除干

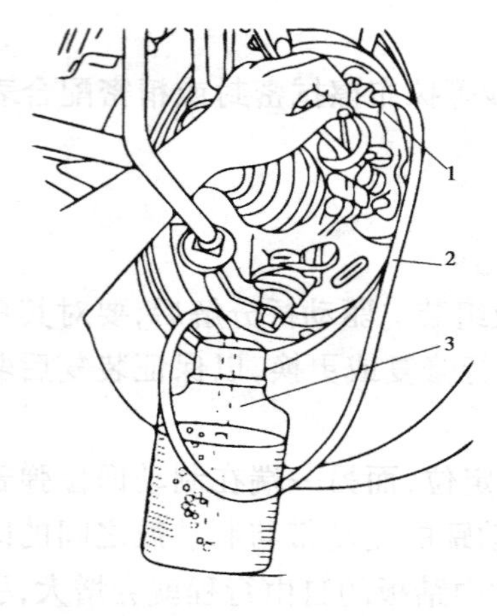

图 5.27　人工排气方法
1—排气螺钉;2—油管;3—容器

净。如第 1 次踏下制动踏板,软绵无力;连续踏数次,制动踏板逐次升高;升高后踏下不动并感到有弹力,则表明制动系统中有空气,容易发生气阻现象,必须对液压传动装置排气。下面以桑塔纳轿车为例介绍液压传动装置管路空气的人工排放方法,如图 5.27 所示。

进行人工排气时,需两人配合进行,排除空气的顺序应要由远到近,一般为右后轮—左后轮—右前轮—左前轮。在对有两个制动轮缸的车轮制动器进行排气时,应先排下制动轮缸空气,后排上制动轮缸空气,每个制动轮缸的排气方法均相同。

①取下放气阀上的防尘罩,在放气阀上装上适当长度的透明油管,一头插入容器中,油管的下口不得露出液面。

②个人踩制动踏板数次,然后用力将制动踏板踩下不动;另一个人将制动轮缸放气阀上的排气螺钉旋松 1/2 圈,此时空气伴随着油液将一起排除;当制动踏板位置下降到行程的终点后,立即把排气螺钉拧紧,注意两人配合要准确。

③重复进行上述操作,即可排净制动系统内的空气,直到流出没有气泡的制动液为止。然后拧紧排气螺钉,装复防尘罩。

④在排气过程中,要随时检查制动主缸制动液面高度。如不足,应予以补充制动液。切记,排出的制动液不能继续使用。

3)制动主缸的检修

制动主缸使用后出现故障,一般情况下不需要修理。但若无新件更换,也需要检查修理。

①检查主缸活塞与缸筒之间的间隙若超过规定,或缸筒壁有划痕,必须更换制动主缸。

②检查进油管接头的螺栓。油管接头必须清洁畅通,螺栓螺纹应完好。

③检查出油阀门和弹簧。阀门如有损伤,应更换新件;检查弹簧的自由长度以及弹簧压缩至工作长度所需压力,应与新件比较。如弹力不足,应予以更换,以保证装配后轮缸和管路中应有残余压力。

④检查皮碗和皮圈。工作面磨损或拉成槽痕,可由外表观察检查。工作面磨损的特点是皮碗口部呈圆角。发胀的皮碗表面无光泽,体积增大,变形时不能迅速恢复原状。凡磨损、起槽或发胀的皮碗、皮圈都不能再用,均应更换新件。

⑤制动主缸的装配。主缸装配前,零件必须用制动液或酒精彻底清洗干净,禁止用汽油和煤油清洗,以免损伤皮碗、皮圈。

4)制动轮缸的检修

制动轮缸是精密配件,初学者不要随意修理,应更换总成以保护行车安全,但在无备件情况下,可拆卸修理。

①制动轮缸的检查。检查轮缸是否有裂纹,缸口、油管接头、排气螺钉及固定螺孔螺纹

是否有损坏,缸筒直径是否有磨损严重或缸壁拉痕、腐蚀斑点等。若轮缸缸壁损伤或磨损严重,则应换轮缸总成。

②制动轮缸的装配。轮缸装配时和主缸一样,应注意清洁,内部零件不得沾染矿物油。零件装配时,应涂以制动液润滑。皮碗不得有磨损及发胀现象。装配后,应试验其密封性,将轮缸沉入盛有酒精的容器内,应无漏气的气泡。

(3)使用制动器应注意的事项

①一般情况下,使用制动器应先减小油门,断开离合器后再踏下制动踏板,使拖拉机平稳减速停车。紧急情况下,可同时断开离合器和踏下制动板。

②拖拉机在行驶过程中脚不要放在制动踏板上,以免造成制动带与制动鼓的摩擦发热甚至烧坏。

③左右制动器应调整一致,发现跑偏现象应及时调整。

④拖拉机在坡道上停车时,一定要使用制动锁定装置,使制动器处于锁定状态。

⑤轮式150系列拖拉机密封性较差,离地间隙较小,泥水易进入制动器内,影响制动效果。因此,应尽量避免或减少在泥水条件下工作,更不能在水田工作。一旦有泥水进入制动动器内,应及时清除。

⑥制动鼓与半轴是圆锥面配合,行驶时制动鼓有脱离半轴的趋势,因此,必须把制动鼓与半轴联接的螺母拧紧锁牢。若发现松动,应支起后桥,在后轮离开地面的情况下拧紧螺母,锁好锁片。

学习情境5.3　制动系统的故障诊断与排除

[学习目标]

1. 了解拖拉机制动系统常见故障表现的现象。
2. 能分析拖拉机制动系统常见故障的产生的原因。
3. 能正确、有效地排除拖拉机制动系统常见故障。

[工作任务]

对拖拉机制动系统常见故障进行分析和排除。

[信息收集与处理]

制动机构的功用主要是在行驶中,能够使拖拉机减速或停车;在农田作业时,采用单边制动能协助拖拉机急转弯;固定作业时,使拖拉机原地不动。若制动机构发生故障,上述功用有可能丧失,就不能保证安全生产。因此,掌握拖拉机制动机构的故障原因,目的就是为了更好地排除故障。

目前,拖拉机制动系统常见的故障有制动不灵或制动力矩不足、单边制动、制动复位不灵、摩擦衬片烧损及制动跑偏等。

(1)制动不灵或制动力矩不足

拖拉机在正常行驶过程中,有时会出现制动不灵或感觉制动力矩不够的现象。这种情况是相当危险的,特别是当制动是应对应急情况时更加危险,出现这种情况一定要进行事故检查及处理。

1)故障现象

当踩下制动踏板时,不能将拖拉机刹住,路面无拖印。严重时拖拉机照样行驶,以致制动无效。

2)诊断方法

首先在测试路面上进行制动试验,查看路面拖印情况及制动距离,再检查制动自由跳板自由行程是否超过规定值。

3)故障分析

①摩擦衬片沾有油污或泥水,制动器内部密封不严,如制动器盖的油封失效或油封弹簧脱落,橡胶罩损坏,致使油污、尘土和泥水进入制动器内,导致摩擦衬片沾有油污或泥水,因而降低摩擦衬片的摩擦因数,使摩擦片与制动器盖及制动器壳体打滑,造成制动不灵或制动力矩不足。

②摩擦衬片磨损,铆钉凸起,制动时产生的摩擦力矩过小。当制动摩擦片磨损变薄后,各相对表面总间隙增大,制动踏板自由行程就会过大,引起制动不灵。

③踏板自由行程过大。当摩擦片磨损严重或调整不当时,会使各摩擦偶件之间总的间隙增加,使相应的踏板自由行程过大,造成制动不灵敏,甚至失效。

④制动压盘回位弹簧失效,或钢球卡死在斜槽深处。当制动器过热后,回位弹簧会退火变软而丧失弹性,钢球也会在压力下卡死在制动压盘凹槽中。

⑤制动摩擦片装配方向有误。若制动摩擦片装反,制动时,便不是摩擦片表面与制动壳体或盖的平面相接触,而是轮毂与制动壳体或盖的平面相接触,使摩擦面积减少,大大降低制动效果。

(2)拖拉机单边制动

拖拉机制造中左右制动轮所使用的各自单独制动是联接在一起使用的,而在路面行驶时,左右制动是在使用的过程中会出现左右制动不一致的情况,因此要进行检查和调整。

1)故障现象

将左右制动踏板连成一体后,踩制动踏板进行制动,只有一边制动器起作用。

2)诊断方法

在测试路面上进行制动试验,观察制动过程中两驱动轮的拖印痕迹,查看印痕是否一致,是否有跑偏现象。有条件的可在专用设备上进行制动力矩的检测。

3)故障分析

①左右制动踏板自由行程不一致。

②某一侧钢球卡死在压盘斜槽浅处。

③某一侧压盘回位弹簧失效。

④某一侧制动器内,制动间隙过小。

⑤当左右制动器内摩擦片磨损量不相同,而使左右制动器总间隙相差过大,便不能保证左右制动器同时制动。

(3)制动复位不灵

当制动器制动后,制动器踏板没有回复到原来位置,或者是制动器发生自动制动现象造成不法自动复位。

1)故障现象

当加大油门时,拖拉机加速缓慢,高档行驶时尤甚。行驶时间稍长,制动器就发热,严重时摩擦片将烧坏。

2)诊断方法

检测路面上检查自动滑行情况及检测制动踏板自由行程。

3)故障分析

①制动摩擦片轮毂的花键孔与短半轴上花键配合太紧或有毛刺,将两者卡住,使压盘一直压在制动器壳体和制动器盖上,不能在半轴上移动,造成制动复位不灵。

②保养不当。制动器内的润滑脂干硬,失去防锈、润滑作用,使钢球卡在压盘的斜槽里,压盘向两侧撑开后不能复位。

③复位弹簧变软,制动压盘制动器壳体上的3个凸台定位圆弧面配合过紧,都会使压盘不能复位。

④制动器联动轴在支架里转动不灵活或制动踏板复位弹簧失效等,也会引起制动复位不灵。

⑤制动器的间隙太小,也易造成制动复位不灵。

⑥制动踏板自由行程过小或消失,发生自行制动,引起制动器发热,摩擦片早期磨损。

⑦摩擦片翘曲、开裂会造成摩擦片与制动器盖及壳体长期滑动摩擦,导致制动卡死。

⑧制动踏板不能回位。

(4)摩擦衬片烧损

1)故障现象

摩擦片表面与制动壳体或盖的平面相互严重摩擦,使制动器壳体发热、壳体处冒烟。踩下加速踏板时,拖拉机加速反应缓慢。

2)诊断方法

拖拉面使用一段时间后,可闻到一股焦煳味,并且制动器盖及制动器壳体上温度升高,严重时冒烟。用手触摸制动器外壳时,感到热而烫手。

3)故障分析

①踏板无自由行程,非制动时,制动压盘与摩擦片之间、摩擦片与制动器盖及制动器壳

之间,经常处在半摩擦状态,温度升高以致烧损。

②制动器内的螺旋弹簧过软或折断,使压板不能自动回位而卡在制动位置。

③停车锁板未松开,制动踏板仍处于制动位置,拖拉机就进行起步,造成制动器发热,导致摩擦衬片烧损。

④制动器总间隙过小,也易发生自行制动而发热。

⑤拖拉机田间作业时,经常使用单边制动,造成制动器产生单边过热,容易使摩擦衬片烧损。

(5)制动跑偏

1)故障现象

拖拉机在行驶中制动操纵后,出现两侧车轮制动效果不一致。

2)诊断方法

在测试路面上进行制动试验,观察制动过程中两驱动轮的拖印痕迹,查看印痕是否一致,是否有跑偏现象。

3)故障分析

①左右制动踏板自由行程不一致,或制动器间隙不一致。

②某一侧制动器内可能进油,导致某一侧制动器打滑。

③某一侧制动摩擦片损坏。

④田间作业经常使用单边制动,致使制动器内摩擦片磨损严重。

⑤两后轮轮胎气压不一致。

实施制动系统故障诊断与排除作业

(1)诊断与排除故障事前准备

1)前期准备

①待修拖拉机及常用拆装工具。

②按厂家维修手册要求制作或购买的专用拆装工具。

③按厂家维修手册要求制作或购买专用调整工具。

④相关说明书、厂家维修手册和零件图册。

⑤专用支承台架、零件摆放台、接油盘、记号笔、记录纸等辅助设施。

⑥千分尺、百分表等测量工具。

⑦吊装设备及吊索。

2)安全注意事项

①操作人员应按规定正确着装。

②采用合适吨位的吊装设备、吊钩及吊绳,钢丝吊绳应与设备间有隔离垫块,起吊过程重物下面严禁有人,起吊物上严禁有人。

③吊下的部件不能直接放在地面上,应垫枕木。

④箱体部件拆卸孔洞应进行封口。

⑤不得用铁棒直接敲击工件,避免伤害工件精度。一般要用铜、橡胶或塑料锤子。

⑥如果用力过大,可能导致部件损坏。

⑦采用合适吨位的吊装设备吊装和移动所有重型部件。吊装和移动时,应确保装置或零件有合适的吊索或挂钩支承。

⑧在安装齿轮、花键轴等带尖角的零部件时,要注意不要被尖角划伤。

⑨不得使用汽油或其他易燃液体清洗零部件。

⑩密封面或精密配合面不得用起子等硬金属撬开,以免划伤表面。

⑪拆装时要格外小心,避免弄丢或损伤小的物件。

⑫装配前应彻底清洗所有零件,装配时密封件应涂上润滑油。精密配合件可用手直接推入,不得硬性敲击。

⑬装配时不得戴棉线等易落毛渣的手套,不得使用棉纱等抹布擦拭密封或精密配合表面,不得在灰尘密布的环境下装配。

(2)相关作业内容

1)制动不灵或制动力矩不足故障处理

制动不灵或制动力矩不足故障处理见表5.2。

表5.2　制动不灵或制动力矩不足故障处理

故障原因	故障检查	故障排除
摩擦衬片沾有油污或泥水	拆下制动器,查明油污的来源	用汽油或煤油清洗摩擦衬片,晾干后可安装使用。如油封老化漏油应更换,如油封弹簧脱落,应重新安装
摩擦衬片磨损,铆钉凸起,制动时产生的摩擦力矩过小	检查制动摩擦片总厚度是否小于10 mm,铆钉处是否有裂纹,或铆钉头下沉量是否小于0.5 mm	应更换摩擦衬片。重新调整制动间隙,使制动摩擦片总成和制动压盘在非制动状态时,制动压盘与摩擦片之间、摩擦片与制动器盖及制动器壳之间的总间隙为1~1.4 mm,相应的制动踏板自由行程为90~120 mm
踏板自由行程过大	检查制动踏板自由行程是否大于90~120 mm。检查方法:用钢直尺测量制动踏板从最高位置到用手按下踏板感到有明显阻力时的位移,即为制动踏板自由行程	重新调整制动踏板自由行程
制动压盘回位弹簧失效,或钢球卡死在斜槽深处	检查制动压盘回位弹簧的弹力是否减弱	拆开制动器,更换回位弹簧,并用砂布磨光制动压盘凹槽及钢球,以减少钢球在凹槽中的运动阻力,再用抹布擦净,装复制动器后即可使用

续表

故障原因	故障检查	故障排除
制动零件变形	检查制动器的传动杆件是否变形，制动器压板的工作表面是否磨损、翘曲、烧损、裂纹以及球面斜槽的磨损等	校正或更换变形的传动杆件。当压板摩擦表面翘曲、裂纹轻微时，可在研磨平台上加气门砂，用手工研磨磨平
制动摩擦片装配方向有误	检修制动器摩擦片方向	检修制动器时，应正确装配，制动摩擦片装配是有方向性的，一般应将摩擦片轮毂较高的一面对着制动压盘

2）单边制动故障处理

单边制动故障处理见表5.3。

表5.3　单边制动故障处理

故障原因	故障检查	故障排除
左右制动踏板自由行程不一致	松开踏板联锁板，分别调整左、右制动踏板自由行程	应重新调整两踏板的自由行程至符合规定
某一侧钢球卡死在压盘斜槽浅处	打开制动器检查	清洗钢球，当压盘斜槽磨损轻微时，可用油石打磨圆滑；磨损严重时，则更换新压盘
某一侧压盘回位弹簧失效	打开制动器检查	更换压盘回位弹簧
某一侧制动器内，制动间隙过小	打开制动器检查	将两边间隙调整一致
左右制动器内摩擦片磨损量不相同	打开制动器检查	根据左右制动器的制动情况，必要时测量左右制动器摩擦片厚度，通过增减制动器盖处的调整垫片，使左右制动间隙为1～1.4 mm

3）制动复位不灵故障处理

制动复位不灵故障处理见表5.4。

表5.4　制动复位不灵故障处理

故障原因	故障检查	故障排除
花键孔与短半轴上花键配合太紧或有毛刺	拆开制动器,检查短半轴上花键是否配合太紧或有毛刺、锈蚀或磨出凹坑等。把摩擦片总成套在短半轴花键上试验,看是否能自由滑动	应修锉花键,使之与花键孔配合松动,即摩擦片能在花键上自由地轴向移动
保养不当	检查平常保养情况	应按保养规程定期加注润滑脂,并经常清洗和擦拭制动杆件上的泥水。安装时,应在所有的销子上,薄薄地涂上一层润滑脂
压盘不能复位	检查制动器压盘复位弹簧和制动踏板回位弹簧是否变软、折断或脱落。如制动器压盘复位弹簧变软,则不能将两块制动压盘拉拢,钢球不能退回半球形斜槽深处,因而造成故障	应用砂纸将压盘斜槽和钢球磨光,再涂小量润滑脂后装上
制动器联动轴在支架里转动不灵活或制动踏板复位弹簧失效	检查回位弹簧是否失效	可更换弹簧或修整圆弧配合面
制动器的间隙太小	检查制动踏板自由行程是否过小。若过小,会造成过早损坏制动器	行驶中若产生一侧能制动,而另一侧不能制动时,切记不能仅仅将制动一侧的间隙调小,而应对制动系统全面调整,并保证制动踏板有90 ~ 102 mm的自由行程
制动踏板自由行程过小或消失,摩擦片早期磨损	按说明书检查自由行程,检查摩擦片磨损情况	重新调整制动踏板自由行程
摩擦片翘曲、开裂	新更换的摩擦片总成不得翘曲,两表面对花键轴中心线的端面圆跳动量不能大于0.3 mm	应矫正摩擦片,必要时更换新摩擦片
制动踏板不能回位	检查钢球是否因锈蚀卡滞在斜槽中;检查回位弹簧是否失效	若回位弹簧失效,应更换回位弹簧

4）摩擦衬片烧损故障处理

摩擦衬片烧损故障处理见表5.5。

表5.5　摩擦衬片烧损故障处理

故障原因	故障检查	故障排除
踏板无自由行程	摩擦片烧损时，可闻到一股焦煳味，并且制动器盖及制动器壳体上温度升高，严重时冒烟。用手触摸制动器外壳时，感到热而烫手，则判断为摩擦衬片烧损，这时应打开制动器进行零件检查	若烧损至完全发黑并产生裂纹时，应更换摩擦衬片，并调整制动踏板自由行程至符合规定值
螺旋弹簧过软或折断		应更换螺旋弹簧
停车锁板未松开		熟练拖拉机操作技术，拖拉机起步前，应及时松开停车锁板
制动器总间隙过小		可增加制动器盖处的垫片数量，保证间隙为0.1～0.2 mm
单边制动		拖拉机田间作业时，不能长时间使用单边制动，或尽量减少使用单边制动

5）制动跑偏故障处理

制动跑偏故障处理见表5.6。

表5.6　制动跑偏故障处理

故障原因	故障检查	故障排除
左右制动踏板自由行程不一致，或制动器间隙不一致	检查左右制动踏板自由行程是否符合要求	应重新调整制动踏板自由行程，使左右制动踏板自由行程保持一致
制动器内进油，导致制动器打滑	拆开制动器，检查摩擦片表面是否沾上油污	查明原因，排除漏油故障。拆开制动器，清洗制动器内各零件，或更换油封，再装复制动器
某一侧制动摩擦片损坏	检查制动器两边摩擦衬片的磨损情况，损坏程度是否一致，其厚度是否减小，铆钉是否外露、铆钉孔周围是否产生裂纹等	更换损坏摩擦片
单边制动器内摩擦片磨损严重	同上	更换摩擦片，并检查左右制动踏板自由行程
两后轮轮胎气压不一致	检查两后轮轮胎气压是否一致	按规定气压对轮胎进行充气

学习情境6

转向系统的拆装与维护

●学习目标

1. 能描述拖拉机转向系统的用途及工作原理。
2. 能选择适当的工具拆装轮式、履带式拖拉机转向系统。
3. 能有效地对轮式、履带式拖拉机转向系统进行检修。
4. 会诊断和排除轮式、履带式拖拉机转向系统的常见故障。

●工作任务

对拖拉机转向系统进行部件拆装与维护;能排除转向系统的常见故障。

●信息收集与处理

转向系是拖拉机操纵系统的一个重要组成子系统。常见拖拉机的转向系主要为轮式拖拉机和履带式两种。通过对转向系统的拆装与维护的学习,掌握拖拉机转向系统的组成和类型,能够熟练地选择适当的工具拆装转向器,正确检查和调整方向盘自由行程,正确检查和调整转向角度的大小;基本会诊断和排除转向系行驶中摆头、自动跑偏和转向沉重等常见故障。

学习情境6.1　轮式拖拉机转向机构的拆装与维护

[学习目标]

1. 了解轮式拖拉机转向机构的基本功用、类型、组成及工作原理。
2. 了解典型轮式拖拉机转向机构的结构。
3. 能选用适当工具对轮式拖拉机转向机构进行拆装及维护。

[工作任务]

对轮式拖拉机转向机构进行拆卸、组装及维护保养。

[信息收集与处理]

转向系统是拖拉机操纵系统的一个重要组成子系统。通过对常见拖拉机的转向系统的拆装与维护的学习,能够掌握拖拉机转向系统的组成和类型,能描述机械式转向系统的工作原理,能够熟练地选择适当的工具拆装转向器,能够正确检查和调整方向盘自由行程,能够正确检查和调整转向角度的大小;基本会诊断和排除转向系统的常见故障等。

(1)转向系统的功用

转向系统用来纠正和改变拖拉机的行驶方向,并保持拖拉机的行驶方向。

拖拉机在行驶或作业中,非直线行驶是绝对的,而直线行驶则是相对的,因此经常要调整方向。另外,拖拉机行驶中,即使是在平直路面行驶时,由于两侧驱动轮轮胎气压的不等及路面高低不平等原因,拖拉机也会自动跑偏。因此,需要经常操纵拖拉机以达到拖拉机的改变行驶方向的目的;或操纵拖拉机来保持拖拉机按既定的行驶方向。拖拉机行驶方向的改变是通过转向轮在路面上偏转一定的角度来实现的。控制拖拉机机转向的一整套机构,称为拖拉机的转向系统。

转向系统的功用是使拖拉机按照路面平稳行驶或准确灵活地改变现有行驶方向。转向系统对拖拉机至关重要,转向系统性能的好坏,直接关系到拖拉机的行驶安全、驾驶人员的劳动强度和作业生产效率。

转向系统应满足的基本要求是各车轮形成统一的转向中心、操纵轻便、工作可靠、转向灵敏等。

1)各车轮形成统一的转向中心

轮式拖拉机转向时,各拖拉机车轮应处于纯滚动并且无侧向滑移的运动状态,否则,将

会增加转向阻力并且加剧拖拉机轮胎磨损。因此,转向时各拖拉机车轮要做到绕统一的转向中心进行转动。

如图6.1所示为拖拉机转向时偏转车轮转向示意图。由图6.1可知,两个偏转的前轮从各自的轴线与后轮轴线交于O点,称该点为瞬时转向中心。

根据图6.1可知,两前轮相对于拖拉机车身偏转了一个角度,并且两前轮偏转的角度不同,内侧偏转角α要大于外侧偏转角β。两驱动轮的转速也是不一样,内侧速度慢、外侧速度快,同一时间里内侧驱动轮滚过的路程比外侧驱动轮滚过的路程短。

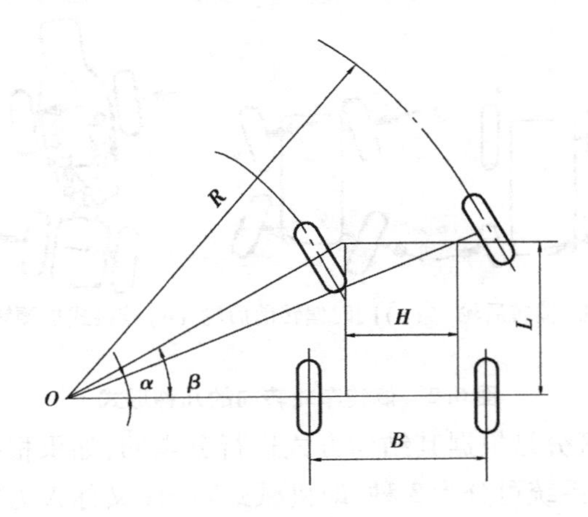

图6.1　偏转车轮转向示意图

2)操纵轻便

拖拉机转向时,操纵者应感到轻松、方便,而路面对车轮的冲击力要尽量少地反传到方向盘上,即对方向盘的影响要小,这样既可减轻驾驶员的劳动强度,又能保证安全。

3)工作可靠

转向系统工作是否可靠直接影响到整机的正常运转和驾驶员的安全。因此,转向系统的零部件及其结构必须稳定、可靠,以此满足工作过程可靠、安全的要求。

4)转向灵敏

拖拉机方向盘的转动角度与车轮偏转角度大小应相互配合。

一般来说,方向盘转过一定的角度时,车轮偏转角度相对转动角度越大,拖拉机转向越灵敏;反之,灵敏度就越差。当然,过于灵敏也不是最好,那样操纵过程就必须相当精准,反而操纵者更易疲劳。

另外,转向系统应具有一定的传动可逆性,使转向轮能自动回正,这样驾驶有一定的路感又不至于造成驾驶疲劳,导致不安全。

(2)转向方式

拖拉机之所以能够在转向机构的操纵下实现转向,是因为转向时转向力使地面与行走轮间产生了与转变方向一致的转向力矩,克服了地面与车辆转向的阻力矩,从而实现转向。

拖拉机转向方式一般有3种:一是依靠拖拉机的行走轮相对于拖拉机本身偏转一定的角度来实现;二是依靠改变两侧行走轮的驱动力大小来实现的;三是同时采取前面两种方法

来实现的。大多数轮式拖拉机采用的是第1种转向方式，而履带拖拉机和手扶拖拉机一般采用第2种转向方式，而有后挂的手扶拖拉机和轮式拖拉机在田间作业时一般采用第3种转向方式。

根据转向方式的不同，偏转车轮转向具体实现方式有5种（见图6.2），即偏转前轮、偏转后轮、同时偏转前后轮、铰接式折腰转向及差速式转向。

轮式拖拉机大多都采用偏转前轮进行转向；部分大马力轮式拖拉机采用铰接式转向方式；而履带式拖拉机、部分手扶拖拉机和船式拖拉机则采用差速式转向方式。

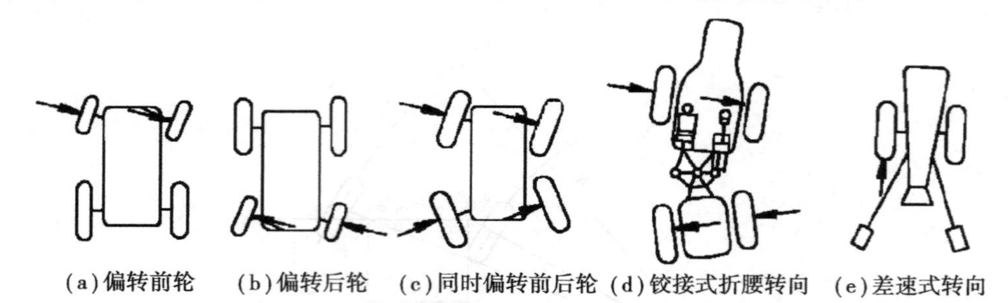

(a)偏转前轮　(b)偏转后轮　(c)同时偏转前后轮　(d)铰接式折腰转向　(e)差速式转向

图6.2　偏转车轮转向的几种形式

上面对转向系统的区分是根据其结构方式进行分类的，如果根据转向系统的操纵方式的不同进行分类，则转向系统可分为3种，即机械式转向（又称人力转向）、液压助力式转向和全液压式转向。

一般中小型轮式拖拉机采用机械式转向，而大型轮拖拉机则多采用液压助力式转向和全液压式转向。

(3)机械式偏转车轮式转向的基本组成

机械式偏转车轮式转向是以人力作为转向动力，所有传力件都是机械的。机械式转向系统一般由转向操纵机构、转向器和转向传动机构三大部分组成。

梯形式转向的转向系统结构简单，布置方便、合理，能基本上满足转向轮在转向时有正确的运动轨迹。因此，目前这种转向系统得到了广泛应用。其结构如图6.3所示。

转向操纵机构是方向盘到转向器之间的所有零部件总称。一般情况下转向操纵机构由方向盘1和转向轴2组成，而图6.3中还设有转向传动轴4，通过转向万向节3，5与转向器6相联接；转向器6为减速传动装置，一般是有1~2级减速传动副的变速箱；转向摇臂7、转向直拉杆8、转向节臂9、左右转向梯形臂11，13和转向横拉杆12组成转向传动机构。其中，转向横拉杆12、前轴左右转向节10，14和左右转向梯形臂11，13组成转向梯形机构。

转向梯形机构的作用是使两转向轮协调地向一个方向偏转，并保证转向时两前轮的偏转角符合转向系统的基本要求，按正确轨迹无侧滑的进行滚动。

当转动方向盘1时，通过转向轴2、转向传动轴4、转向器6使转向摇臂7按要求向前或向后摆动，转向直拉杆8带动装在转向节上端的转向节臂9和转向梯形臂11。因此，当转向节臂9转动时，就使装在左转向节10上的导向轮向某一方向偏转，同时转向梯形臂11的转动带动横拉杆12和另一侧的转向梯形臂13运动，而使右侧的导向轮也协调地向同一方向

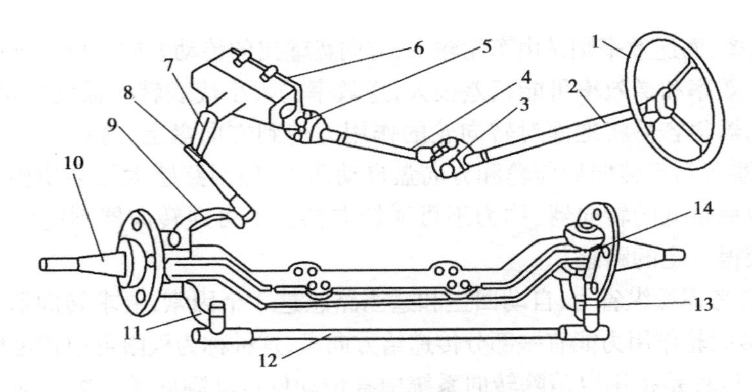

图6.3　机械式偏转车轮转向系统

1—方向盘;2—转向轴;3,5—转向万向节;4—转向传动轴;6—转向器;7—转向摇臂;8—转向直拉杆;9—转向节臂;10—左转向节;11,13—转向梯形臂;12—转向横拉杆;14—右转向节

发生偏转,形成拖拉机转弯。

(4)机械式偏转车轮式转向组成的结构特点

1)转向操纵机构

方向盘又称转向盘,轮式拖拉机上用的方向盘与汽车上使用的方向盘相似。尺寸按标准规定,常用方向盘的外缘直径有 ϕ425,ϕ480,ϕ500 等。方向盘尺寸的大小直接影响到拖拉机操纵的轻便性。因此,不同型号的拖拉机应选用不同规格的方向盘。

方向盘在空转阶段中的角行程,称为自由行程。单从转向操纵灵敏而言,方向盘的转动和转向轮的偏转应同步,然而由于在整个转向系统中各传动件之间存在着装配间隙,而且这些间隙将随着使用过程中的零件磨损而逐渐增大;在缓和路面,方向盘的自由行程有利于减轻转向轮的冲击和驾驶员的过度紧张。因此,自由行程的存在是有用的。但方向盘的自由行程不宜过大,过大会影响转向操纵的灵敏性。一般来说,由于轮式拖拉机速度低,大部分时间是从事农田作业、方向盘的自由行程应偏大一些,轮式拖拉机方向盘的自由行程为20°~30°。

转向轴通常是采用的无缝钢管制造,下端和转向器的主动部分联接,上端通过平键和方向盘中心的轴套联接。为了整车的布置和操纵方便,在转向轴中间安装有万向节传动。

2)转向器

转向器也常称为转向机,是完成由旋转运动到直线运动或近似直线运动的一组齿轮机构,同时也是转向系统中的减速传动装置。较常用的有齿轮齿条式、循环球曲柄指销式、蜗杆曲柄指销式、循环球-齿条齿扇式及蜗杆滚轮式等。

转向器实质上就是一个减速器,主要用来放大作用在方向盘上的操纵力矩。轮式拖拉机对转向器的基本要求如下:

①传动比较大,可以使操纵省力。

②传动效率较高。

③适当的传动可逆性,地面情况能适当地反馈到方向盘上来,操作人员能够获得路感。

④能调整传动间隙,为保持操纵的灵敏性,方向盘的自由间隙在一定范围内能调整控制在规定的范围内。

传动效率可分正效率和逆效率。正效率是指由转向操纵机构输入,转向摇臂输出的情况下求得的传动效率,而逆效率则是由车轮输入,方向盘输出的传动方向相反时求得的效率。

转向器的正效率和逆效率可能相差很大,逆效率的大小代表转向器的传动可逆性程度。逆效率高的转向器很容易将地面对转向轮的作用力传到方向盘上,这种转向器称为可逆转向器,可逆转向器有利于转向后前轮和方向盘自动回正,但因路感太强会使操纵方向盘相当紧张费力。逆效率很低的转向器,称为不可逆转向器。不可逆转向器不能使转向后的转向轮自动回正并获得一定的路感。

因此,应综合考虑操纵省力、自动回正和适当路感这 3 个因素,要求转向器具有一定的可逆性,让路面对转向轮作用力能有一部分传递给方向盘,这种称为极限可逆式也称半可逆。

转向盘自由行程是指用以消除转向系统中各传动件运动副间的间隙所对应的转向盘的角行程。它对于缓和路面冲击以及避免驾驶员过度紧张是有利的,但不宜过大,以免过分影响转向灵敏性,通常转向盘从相应于汽车直线行驶中间位置向任一方自由行程不超过 10°~15°;当零件严重磨损到转向盘自由行程超过 25°~30°时,应及时进行调整。

转向器类型很多,目前在拖拉机、汽车上常用的有球面蜗杆滚轮式转向器、循环球式转向器、齿轮齿条式转向器及曲柄指销式转向器等。

①球面蜗杆滚轮式转向器

如图 6.4 所示为球面蜗杆滚轮式转向器,其传动副由一个球面蜗杆 3 和三齿滚轮 8 构成。转动转向盘,使球面蜗杆转动,三齿滚轮便沿球面蜗杆螺旋槽滚动,从而带动摇臂轴 14 转动,使摇臂 15 摆动。

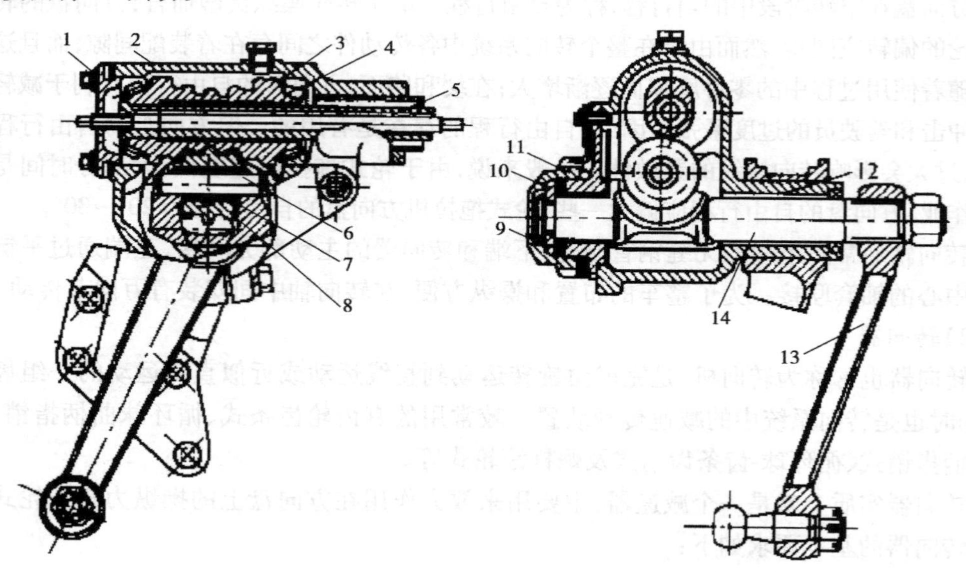

图 6.4 球面蜗杆滚轮式转向器

1—下盖;2—壳体;3—球面蜗杆;4—锥轴承;5—转向轴;6—滚轮轴;7—滚针;
8—三齿滚轮;9—调整垫片;10—U 形垫圈;11—螺母;12—铜套;13—摇臂;14—摇臂轴

球面蜗杆滚轮式转向器有较高的传动效率,操纵轻便,传动可逆性合适,磨损较小,磨损后间隙可调整,应用较广。

②蜗杆螺母循环球式转向器

蜗杆螺母循环球式转向器简称循环球式转向器，如图6.5所示。它是目前国内外应用广泛的一种转向器。这种转向器一般有两级传动副：第1级是蜗杆螺母循环球，因钢球夹入蜗杆螺母之间，变滑动摩擦为滚动摩擦，提高了传动效率；第2级是齿条齿扇传动副或滑块曲柄指销传动副，转向螺母外有两根钢球导管9，每根导管的两端分别插入螺母侧面的一对通孔中，导管内装满钢球22。这样两根导管和螺母内的螺旋形管状通道组成两根各自独立的封闭钢球流道。

这种转向器使用可靠、调整方便、工作平稳，但其逆效率也很高，容易将路面冲击力传到转向盘。汽车和农用运输车大多采用这种转向器。

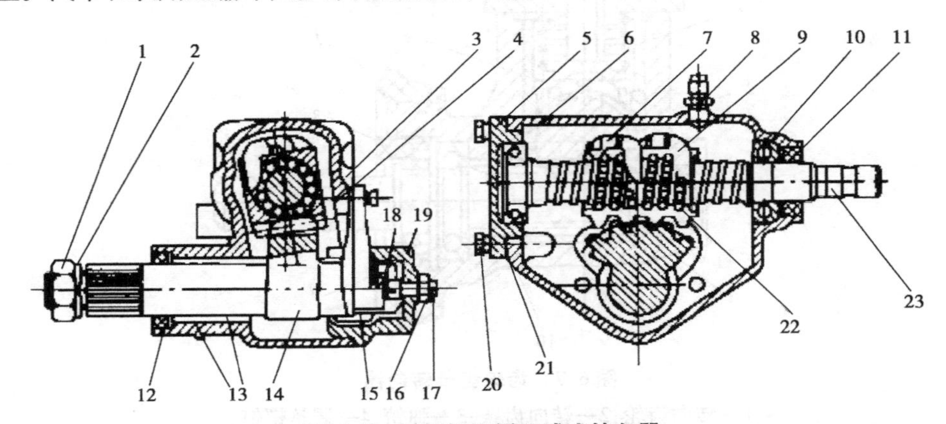

图6.5　蜗杆螺母循环球式转向器

1—螺母；2—弹簧垫圈；3—转向螺母；4—壳体垫片；5—壳体底盖；6—壳体；7—导管卡子；8—加油螺塞；9—钢球导管；10—轴承；11，12—油封；13，15—滚针轴承；14—摇臂轴；16—锁紧螺母；17—调整螺钉；18，21—调整垫片；19—侧盖；20—螺栓；22—钢球；23—转向蜗杆

③蜗杆曲柄指销式转向器

蜗杆曲柄指销式转向器简称为曲柄指销式转向器，如图6.6所示。该转向器的传动副

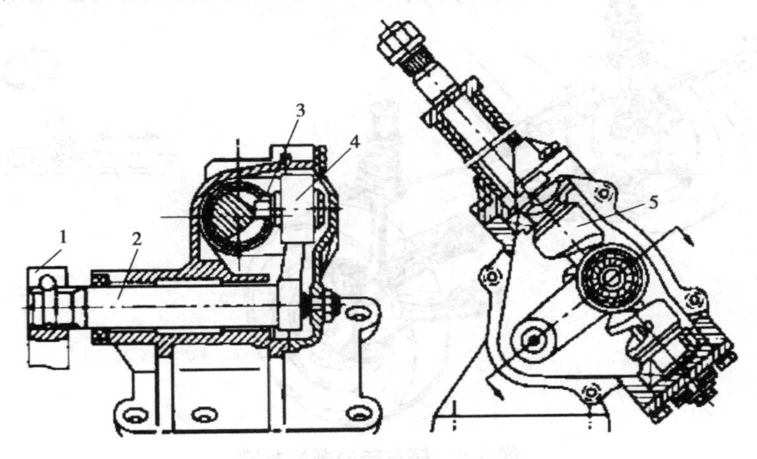

图6.6　曲柄指销式转向器

1—垂臂；2—摇臂轴；3—指销；4—曲柄；5—蜗杆

以转向蜗杆5为主动件,其从动件是装在摇臂轴2上曲柄4端部的指销3,指销插在蜗杆的螺旋槽中。转向时蜗杆转动,使指销绕摇臂轴作圆弧运动,同时带动摇臂轴转动。

这种转向器的性能与球面蜗杆滚轮式、蜗杆螺母循环球式转向器相似,但加工容易。

④齿轮齿条式转向器

由于齿轮齿条式转向器具有结构简单、紧凑,质量轻,刚性大,转向灵敏,制造容易,以及成本低等优点,目前在轿车和微型、轻型货车上得到了广泛的应用。它由转向齿轮1和转向齿条2等部件组成,如图6.7所示。

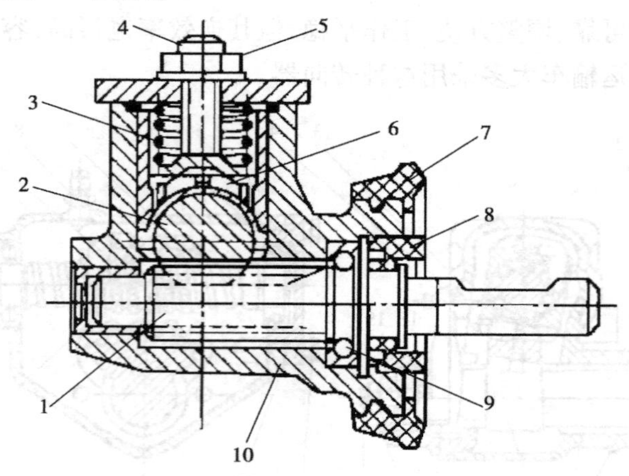

图6.7 齿轮齿条转向器

1—转向齿轮;2—转向齿条;3—弹簧;4—调整螺钉;
5—锁紧螺母;6—压块;7—防尘罩;8—油封;9—轴承;10—壳体

如图6.8所示为轿车转向器的布置方式。当转动方向盘时,方向盘操纵转向器内的齿轮转动,齿轮与齿条紧密啮合,推动齿条左、右移动,通过传动杆带动转向轮摆动,从而改变轿车行驶的方向。为了避免转向轮摆振,在该结构中装有转向减振器。

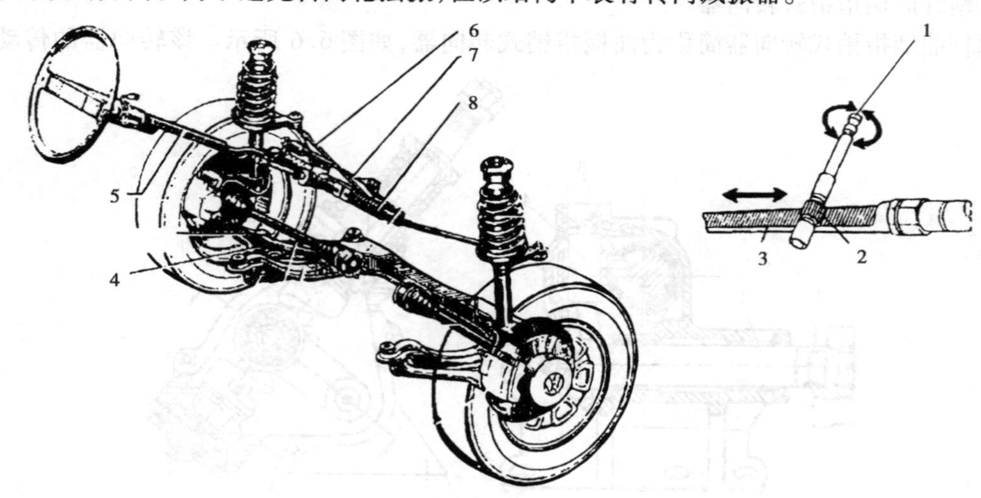

图6.8 轿车转向器的布置

1—转向轴;2—小齿轮;3—齿条;4—悬挂臂;
5—安全转向柱;6—横拉杆;7—转向减振器;8—齿轮齿条转向器

3)转向传动机构

转向传动机构的功用是将转向器输出的力和运动传到转向桥两侧的转向节,使两侧转向轮偏转,且使两转向轮偏转角按一定关系变化,以保证汽车转向时车轮与地面的相对滑动尽可能小。

①转向传动机构的布置

拖拉机转向传动机构布置如图 6.9 所示。拖拉机转向传动机构分单拉杆和双拉杆两种。单拉杆中的转向梯形有前置、后置之分。

如图 6.9(a)所示的前置梯形的横拉杆布置在前轴之前,较易因碰撞而弯曲或损坏,另外由于前置梯形的梯形臂向外偏斜,为了避免和导向轮相碰,必须加大转向节立轴和导向轮之间的距离,因而必然会增大转向阻力臂而使操纵费力。

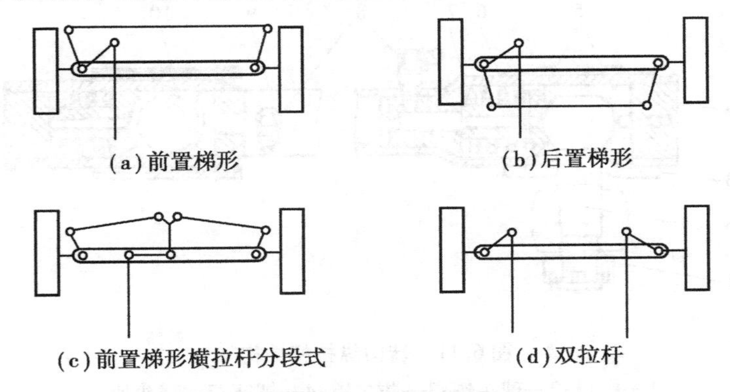

图 6.9　拖拉机转向传动机构的各种布置

如图 6.9(b)所示的后置转向梯形没有这个缺点,但为了使横拉杆不致和发动机相碰,须将发动机往后布置。这样,后置梯形有时就受总布置条件限制而不能采用。

有的拖拉机采用分段式转向梯形,如图 6.9(c)所示。梯形由中央的梯形臂带动。这种布置有利于获得较大的偏转角。而当变型为单前轮时,结构改动可较少。

与单拉杆转向梯形相比,如图 6.9(d)所示的双拉杆机构可使两导向轮的偏转角更接近无侧滑的要求,并且可得到较大的导向轮偏转角。由于没有横拉杆,就不受发动机底部的限制而较易布置。另外,由于可缩小导向轮与转向节立轴之间的距离,可减少操纵力。但是它的转向器内要增多一对传动副,结构较复杂。

②转向传动机构主要构件

A. 转向摇臂

转向摇臂一般用中碳钢锻制而成。大端具有锥形的三角形细花键孔,与转向摇臂轴联接,并用螺母固定。其小端用锥形孔与球头销柄部联接,也用螺母固定,球头再与纵拉杆作铰链联接。转向摇臂安装后从中间位置到两边的摆角范围应大致相同,故在向转向摇臂轴上安装时,两者的安装记号应对正。为此,常在转向摇臂及轴上有安装记号,或者在两者的花键上铣有安装位置键槽,用以保证在安装时不致错位。

B. 转向纵拉杆

如图 6.11 所示为转向纵拉杆结构。转向纵拉杆与转向竹臂及横拉杆之间都是通过球

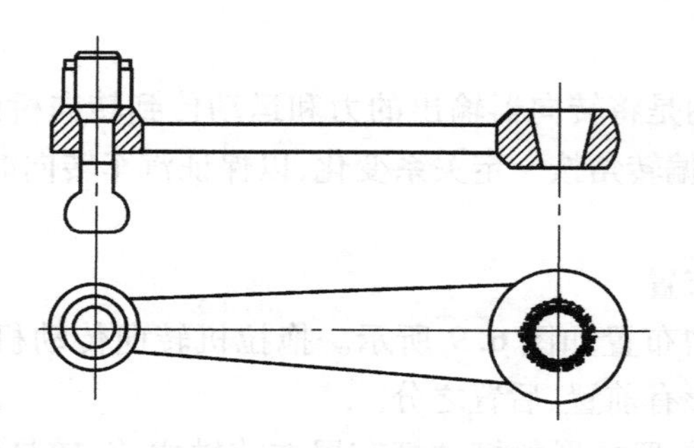

图 6.10　转向摇臂

形铰链相联接的,从而使它们之间可以作相对的空间运动,以免发生干涉。

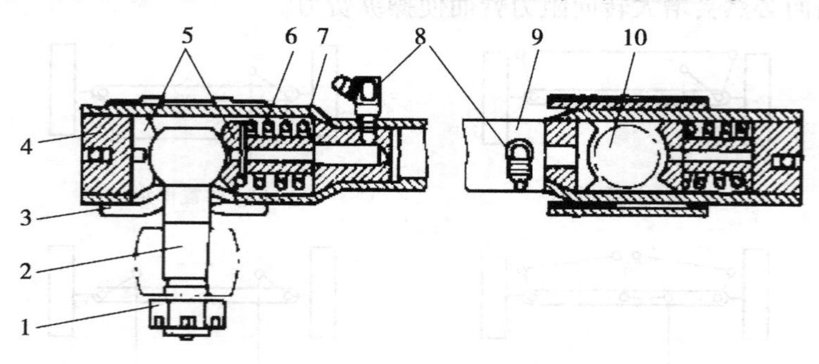

图 6.11　转向纵拉杆结构

1—螺母;2—球头销;3—防尘罩;4—螺塞;5—球头座;
6—弹簧;7—弹簧座;8—油嘴;9—纵拉杆体;10—转向节臂球头

纵拉杆结构上一般具有缓冲及磨损补偿功能。压缩弹簧 6 随时补偿球头与座的磨损,保证两者之间无间隙,并可缓和经车轮和转向节传来的路面冲击。当球头销作用在内球头座上的冲击力超过压缩弹簧的预紧力时,弹簧便进一步变形而吸收冲击能量。

C. 横拉杆

如图 6.12 所示转向横拉杆是转向梯形机构的底边。它由横拉杆体 2 和旋装在两端的横拉杆接头 1 组成。两端的接头结构相同,用螺纹与横拉杆体联接。接头螺纹部分有切口,故具有弹性。接头旋装到横拉杆体上后,用夹紧螺栓 3 夹紧。横拉杆两端的螺纹,一端为右旋,一端为左旋。因此,转动横拉杆体即可改变转向横拉杆的总长度,从而可调整转向轮前束。

(5)动力转向装置

使用机械转向装置可以实现汽车转向,当转向轴负荷较大时,仅靠驾驶员的体力作为转向能源则难以顺利转向。动力转向系统就是在机械转向系统的基础上加设一套转向加力装置而形成的。转向加力装置减轻了驾驶员操纵转向盘的作用力。转向能源来自驾驶员的体力和发动机,其中发动机占主要部分,通过转向加力装置提供。正常情况下,驾驶员能轻松地控制转向。但在转向加力装置失效时,就回到机械转向系统状态,一般来说还能由驾驶员独立承担汽车转向任务。为了减轻驾驶员的劳动强度,一些四轮农用汽车和大中型拖拉机上采用动力转向。动力转向多采用液压式。液压动力转向按采用的是机械式转向器还是液

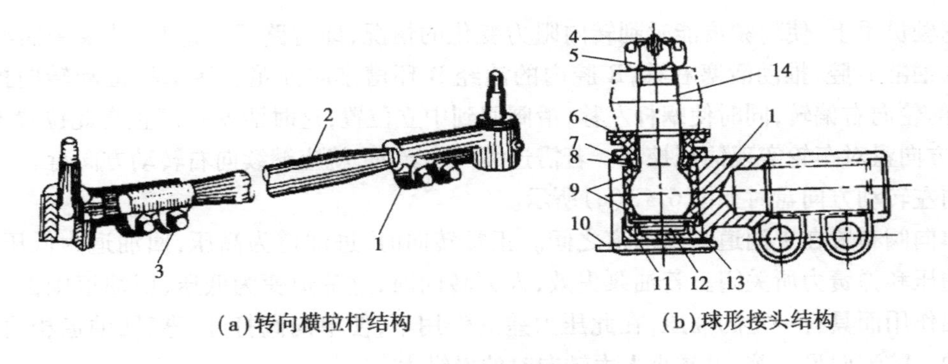

(a)转向横拉杆结构 (b)球形接头结构

图6.12 转向横拉杆

1—横拉杆接头;2—横拉杆体;3—夹紧螺栓;4—开口销;5—槽形螺母;6—防尘垫座;7—防尘垫;8—防尘承;9—球头座;10—限位销;11—螺塞;12—弹簧;13—弹簧座;14—球头销

压转向器,又可分为液压助力式和全液压式两种。

1)液压助力式动力转向装置

液压助力式动力转向装置是利用液压动力,协助驾驶员操纵机械转向器,通过转向摇臂及转向传动杆系操纵导向轮偏转。

如图6.13所示为有路感的液压转向助力器工作原理图。

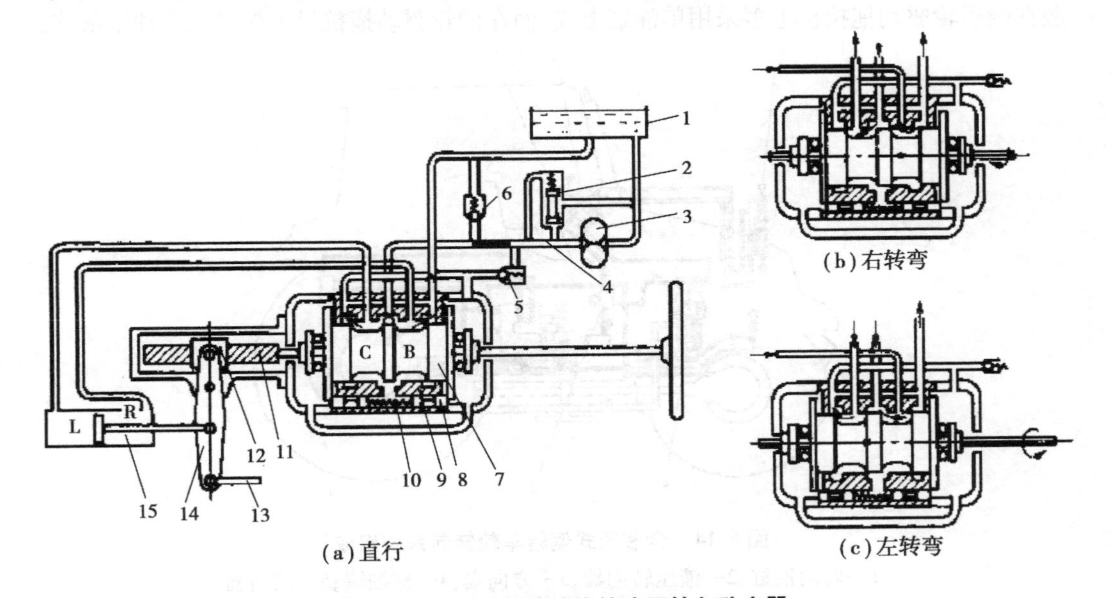

(a)直行 (b)右转弯 (c)左转弯

图6.13 具有路感反馈功能的液压转向助力器

1—液压油箱;2—溢流阀;3—齿轮泵;4—量孔;5—单向阀;6—安全阀;7—滑阀;8—反作用柱塞;9—阀体;10—回位弹簧;11—转向蜗杆;12—转向螺母;13—纵拉杆;14—转向摇臂;15—动力油缸

方向盘不动时,滑阀处于中立位置如图6.13(a)所示。向右转动方向盘时(见图6.13(b)),由于前轮上的转向阻力,开始时转向螺母不动,转向蜗杆右移,滑阀也随之右移,右移的滑阀必须克服油压作用在反作用柱塞上的油压力和回位弹簧的张力,使滑阀右移靠住阀体。在转向过程中,对置的反作用柱塞之间充满高压油,而油压又与转向阻力成正比,此力传到驾驶员手上，使驾驶员能感到转向阻力变化的情况，即有路感。这时，油泵来油经 C 环槽进入油缸 L 腔，推动活塞右移，R 腔内的油经 B 环槽排回油箱。活塞杆推动转向摇臂摆动，使前轮向右偏转，同时使蜗杆左移，滑阀回到中立位置，这时活塞就停止在此位置不再右移，即方向盘对车轮实现伺服控制。若需连续向右转向，就应继续向右转动方向盘。

向左转动方向盘时如图 6.13(c)所示。

单向阀布置在进油道与回油道之间。正常转向时，进油道为高压，回油道为低压，单向阀被油压和弹簧力所关闭。若油泵失效，人力转向时，进油道变为低压，回油道则由于活塞的泵油作用而具有一定的油压，在此压力差的作用下，使单向阀打开，进、回油道相通，油自油缸的一腔流向另一腔，可减小人力转向时的操纵力。

2）全液压转向装置

全液压式偏转车轮转向操纵轻便、部件布置方便、转向可靠，广泛应用在大中型轮式拖拉机上。例如，铁牛-654、东方红-1004/1204、清拖 JS-750/754、上海纽荷兰 SNH800/804 等拖拉机都采用此种转向方式。

如图 6.14 所示为拖拉机全液压偏转车轮转向装置。它主要由转向油缸、转向器（又称转向控制阀）、方向盘、储油罐及滤清器等组成。方向盘与液压转向器联接在一起，转向器通过两根油管按转向要求与转向油缸相应的油腔相连。转向油缸与转向臂相连。根据工作的需要，一般在两后轮驱动拖拉机上多采用单油缸形式，而在四轮驱动拖拉机上多采用双油缸形式。

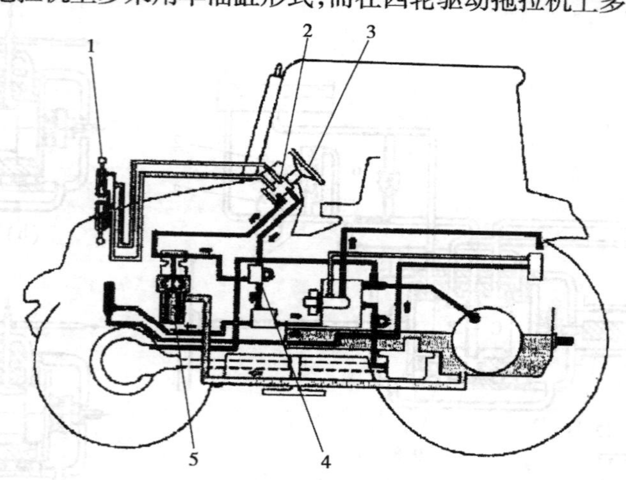

图 6.14 全液压式偏转车轮转向系统组成

1—转向油缸；2—液压转向器；3—方向盘；4—储油罐；5—滤清器

全液压动力转向液压系统原理如图 6.15 所示。它由油泵总成、转阀式全液压转向器总成和转向油缸等组成。如图 6.15 所示的位置为控制阀处于中立位置，车辆以直线或以某一定偏转角行驶，这时油缸两腔和计量泵各齿腔均被封闭，油泵来油经单向阀、阀体、阀套和控制阀上的油孔通道、滤清器流回油箱。

左转弯时，控制阀在方向盘带动下逆时针转到左油路位置，而阀套在计量泵的控制不暂不转动。油泵来油经单向阀、阀体、阀套和控制阀上相应油孔通道进入计量泵，使计量泵转动，迫使一部分油液经控制阀进入转向油缸的下腔，推动活塞上移，实现向左转向。转向油

缸上腔的油液经控制阀上的油道排回油箱。计量泵转动工作时,通过连接轴带动阀套逆时针转动,消除阀套与控制阀之间的转角,使控制阀又处于中立位置。

右转弯时,控制阀处于右油路位置,工作过程与上述左转弯相反。在前、后车体铰链处的两侧各有一个转向油缸,通过方向盘操纵全液压转向器时,一侧的油缸进油,另一侧的油缸排油,使前、后车架发生相对转动并实现车辆转向。

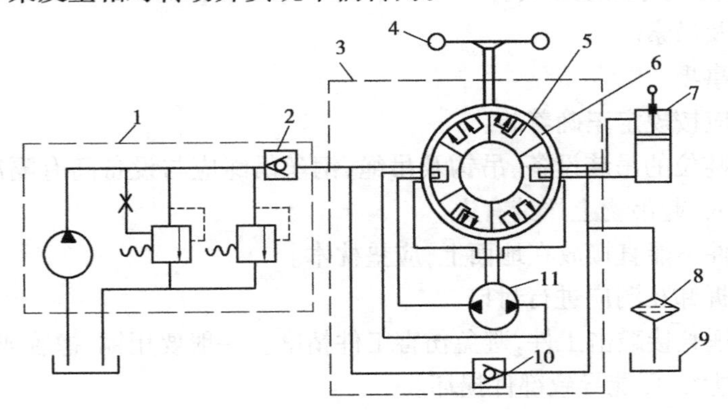

图 6.15　全液压动力转向系统

1—油泵总成;2—单向阀;3—转阀总成;4—转向盘;5—控制阀;
6—阀套;7—转向油缸;8—滤清器;9—油箱;10—止回阀;11—计量泵

轮式拖拉机转向系统的拆装作业

(1)轮式拖拉机转向系统的正确使用

①保持的轮胎气压。轮胎气压过低会增大转向时的操纵力,加剧胎面的磨损和胎缘处的裂纹;轮胎气压过高在不平的路面上行驶时易出现颠簸,加剧胎冠部位的磨损,会使路面对轮胎的冲击通过转向器传给方向盘,容易使驾驶员疲劳;驱动轮胎压不一致,容易造成拖拉机跑偏。

②两驱动轮磨损不一致,新旧不一致,容易造成拖拉机跑偏,驾驶员必须频繁操纵转向盘以纠正方向,而且会使牵引力下降。

③合理掌握速度。过埂、沟等障碍物时应降低车速,以防冲击振坏转向节立轴及前梁和转向系统零件,禁止高速急转弯,猛打转向盘。

④在松软的土地上耕作时,在地头拐弯时避免将转向盘打得过急而打死车轮,因为这时由于转向阻力矩过大,会使拖拉机失去操纵,甚至使前轮停止滚动而侧滑。

⑤尽量避免偏牵引作业,以免频繁纠正方向。

⑥使用差速锁时,不得转向,驶出困难地段后应立即脱开差速锁。

(2)车上拆下液压转向器的拆卸作业按以下过程进行

1)车上拆下液压转向器事前准备

①前期准备

a. 待修拖拉机及常用拆装工具。

b. 按厂家维修手册要求制作或购买的专用拆装工具。

c. 按厂家维修手册要求制作或购买专用调整工具。

d. 相关说明书、厂家维修手册和零件图册。

e. 专用支承台架、零件摆放台、接油盘、记号笔、记录纸等辅助设施。

f. 千分尺、百分表等测量工具。

g. 吊装设备及吊索。

②安全注意事项

a. 操作人员应按规定正确着装。

b. 采用合适吨位的吊装设备、吊钩及吊绳，钢丝吊绳应与设备间有隔离垫块，起吊过程重物下面严禁有人，起吊物上严禁有人。

c. 吊下的部件不能直接放在地面上，应垫枕木。

d. 箱体部件拆卸孔洞应进行封口。

e. 不得用铁锤直接敲击工件，避免伤害工件精度。一般要用铜、橡胶或塑料锤子。

f. 如果用力过大，可能导致部件损坏。

g. 采用合适吨位的吊装设备吊装和移动所有重型部件。吊装和移动时，应确保装置或零件有合适的吊索或挂钩支承。

h. 在安装齿轮、花键轴等带尖角的零部件时，要注意不要被尖角划伤。

i. 不得使用汽油或其他易燃液体清洗零部件。

j. 密封面或精密配合面不得用起子等硬金属撬开，以免划伤表面。

k. 拆装时要格外小心，避免弄丢或损伤小的物件。

l. 装配前应彻底清洗所有零件，装配时密封件应涂上润滑油。精密配合件可用手直接推入，不得硬性敲击。

m. 装配时不得戴棉线等易落毛渣的手套，不得使用棉纱等抹布擦拭密封或精密配合表面，不得在灰尘密布的环境下装配。

2）相关作业内容

车上拆下液压转向器的按表 6.1 进行。

表 6.1　车上拆下液压转向器

操作内容	操作说明	图　示
拆下仪表板上的左侧板和右侧板	将工具箱与其相关的支架分开，拆下仪表板上的左侧板和右侧板	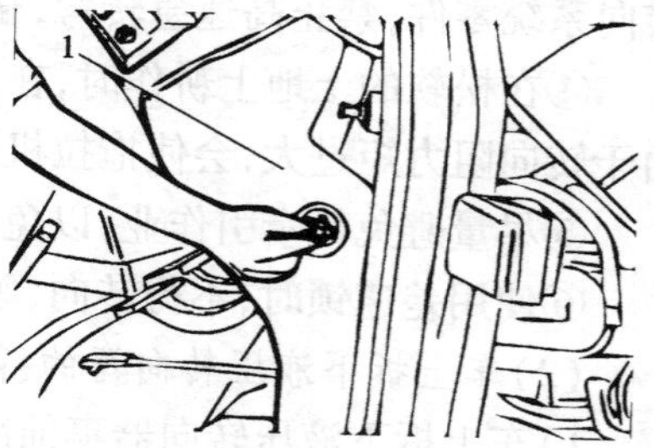 1 1—左右侧板

续表

操作内容	操作说明	图　示
拆下转向柱	首先拆下转向柱筒后拆下转向柱	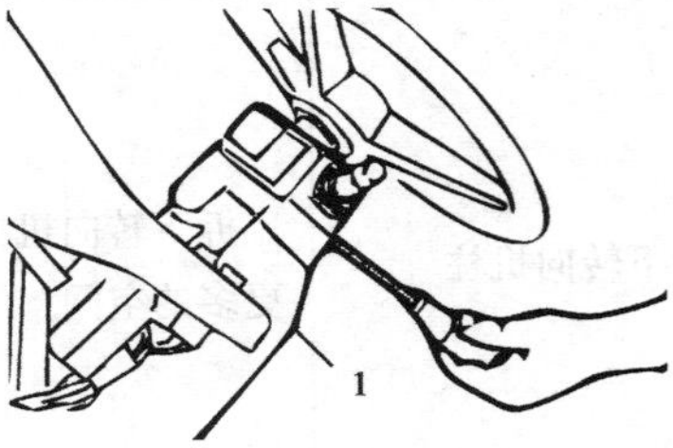 1—左转向柱
旋开灯组固定螺栓	旋开将灯组固定到转向柱上的固定螺栓	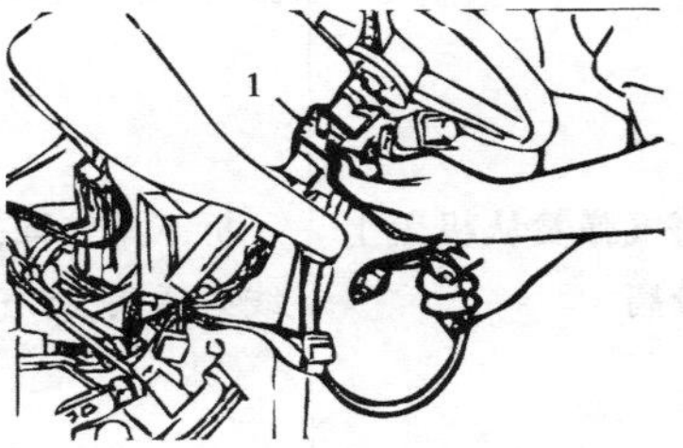 1—固定螺栓
断开线束插头	断开拖拉机启动装置上的线束插头	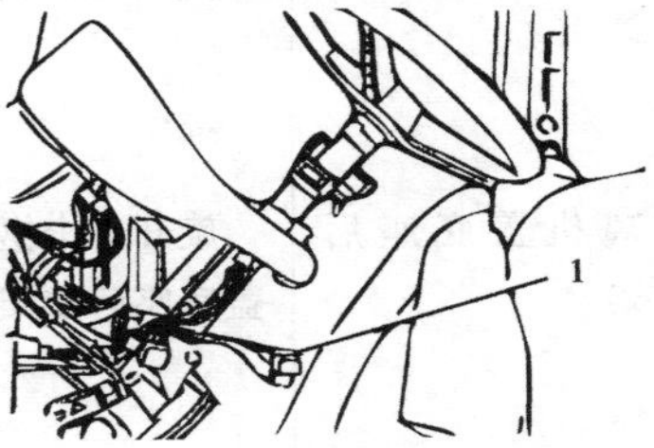 1—线束插头
旋开四个控制阀固定螺栓	从液压转向器内拔出转向机柱轴锁定销，并旋开4个控制阀固定螺栓	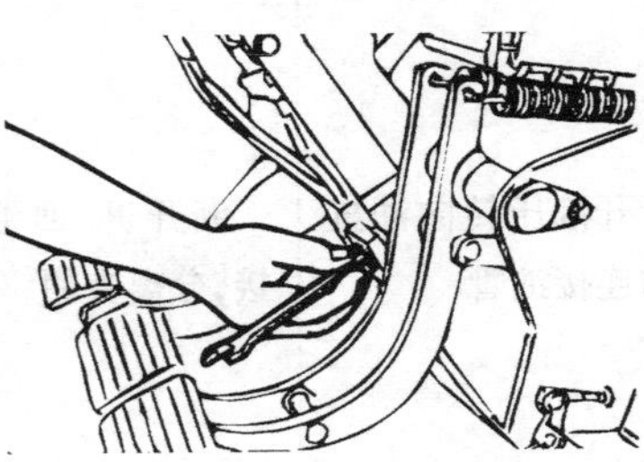
旋开转向机柱固定螺栓	用专用扳手旋开转向机柱固定螺栓	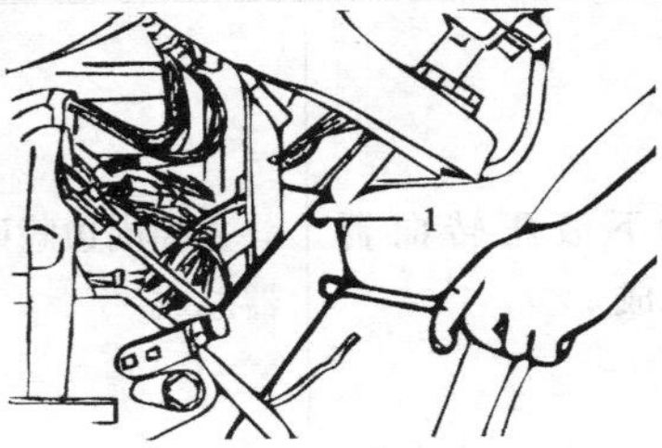 1—固定螺栓

续表

操作内容	操作说明	图　示
拆下转向机柱	拆下转向机柱，为拆除液压转向器创造更多的空间	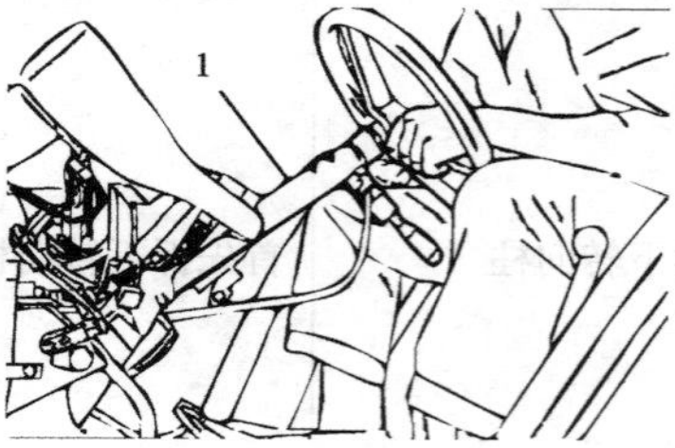 1—转向机柱
将气弹簧从机盖上分离	拆下排气管，抬起机盖并断开前大灯的线束插头，将气弹簧从机盖上分离	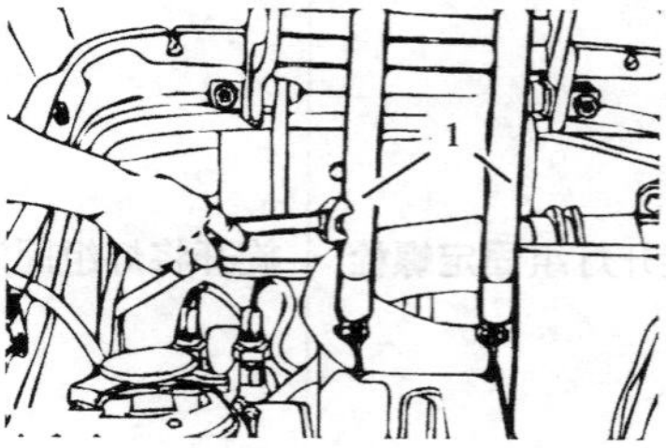 1—气弹簧
分离机盖底座后支架	旋开4个枢轴螺栓并拆下机盖，分离机盖底座后支架	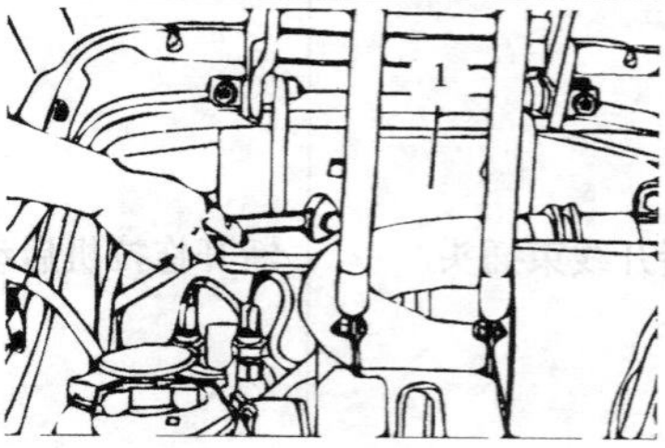 1—后支架
断开液压转向油缸的连接油管	断开进、回油管与液压转向油缸的连接，分离夹钳	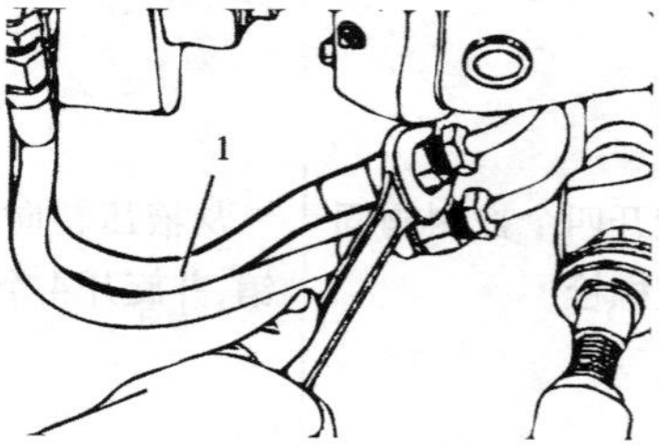 1—进、回油管
拆下液压转向器总成	去掉周边障碍物，从前面拆下液压转向器总成	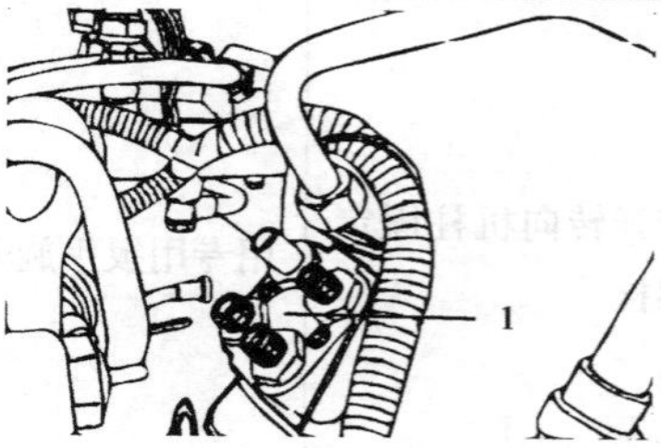 1—液压转向器

学习情境6.2　履带式拖拉机转向机构的拆装与维护

[学习目标]

1. 了解履带式拖拉机转向机构的基本功用、类型、组成及工作原理。
2. 了解典型履带式拖拉机转向机构的结构。
3. 能选用适当工具对履带式拖拉机转向机构进行拆装及维护。

[工作任务]

对履带式拖拉机转向机构进行拆卸、组装及维护保养。

[信息收集与处理]

(1)履带式拖拉机的转向原理

大多数轮式拖拉机的行驶方向是通过改变控制导向轮来实现改变行走方向的，而履带式拖拉机的行驶方向的改变方法则不同，履带拖拉机的行走机构相对于拖拉机机体不能偏转，履带拖拉机的转向方式是靠改变传给两侧履带的驱动力矩而实现转向的，如图6.16所示。

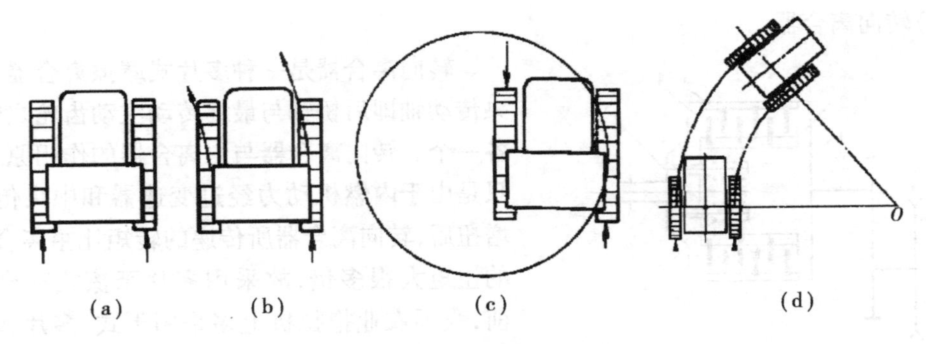

图6.16　履带式拖拉机转向示意图

当履带式拖拉机两侧的转向离合器都在接合状态时，发动机的扭矩便平均分配给两侧驱动轮上，使两侧履带具有相等的推进力，拖拉机便直线前进，如图6.16(a)所示。如果要想拖拉机转向，如要向左转向时，则扳动左侧操纵杆，使左侧转向离合器分离。这时，左侧履带失去前进的推力，但右侧履带的推力还在，因此，拖拉机便向左转，如图6.16(b)所示。如果要想拖拉机向左转小弯，除需要扳动离合器操纵杆外，还要踩下左侧制动器踏板，不让左侧履带转动,这时左侧履带不仅没有推力,而且右侧履带也不能拖曳它前进,拖拉机便绕左侧履带转小的弯,甚至原地转弯,如图 6.16(c)所示。如图 6.16(d)所示为转向时车身形式示意图。

(2)履带式拖拉机转向系统的组成

履带拖拉机的转向系统由转向机构和转向操纵机构两部分组成。常用的转向机构有离合器式、行星齿轮式和双差速器式 3 种。最常见的是通过转向操纵杆控制转向离合器来实现转向的。

转向离合器式转向机构转向半径小,直线行驶性能好,而且构造简单,制造容易,成本低,最早得到广泛应用。其缺点是耐磨性差,寿命短;横向尺寸大,有时使拖拉机的宽度较大,在山地丘陵地区的使用受到限制。

履带拖拉机的转向机构是指用来改变传到两侧驱动轮上驱动力矩的机构。转向机构安装在履带拖拉机的后桥壳体内,它将中央传动传来的动力,传递给两侧的最终传动。从传递动力的作用上来讲,转向机构也可以说是传动系统中的机构。

转向机构使拖拉机既能转大弯,也可以转小弯。当拖拉机向一侧转弯时,只要减小这侧驱动轮的驱动力就可以转大弯;如果完全切断这一侧的驱动力矩,就可以转小弯。若切断驱动力矩后再对制动轮进行制动,就可以转更小的弯,甚至原地转圈。由此可知,转向机构的工作过程包括以下两个阶段:第 1 阶段是逐渐减小直至切断一侧驱动轮的驱动力矩,使该侧履带受到的驱动力逐渐减小直至为零。第 2 个阶段是逐渐对制动轮施加制动力,直至完全制动,使该侧履带不仅没有受到驱动力,而且还受到与拖拉机行驶方向相反的制动力。只有这样,才能满足履带拖拉机作业时不同转弯半径的需要。

综合上述可知,履带拖拉机的制动器除了用于整个拖拉机的制动外,还要用于协助转向,因此也可看作是转向系统的一个组成部分。

(3)常见转向机构

1)转向离合器

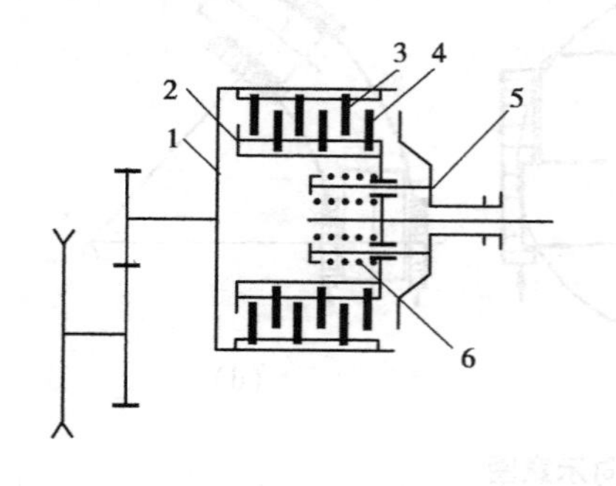

图 6.17　履带式拖拉机转向离合器示意图

1—从动鼓;2—主动鼓;3—从动片;4—主动片;5—压盘;6—弹簧

转向离合器是一种多片式摩擦离合器,位于中央传动轴即后桥轴与最终传动主动齿轮之间,两侧各一个。转向离合器与主离合器的作用原理相同,只是由于内燃机动力经过变速器和中央传动两级增扭后,转向离合器所传递的转矩比主离合器传递的扭矩大很多倍,故采用多片摩擦式离合器。目前,我国农业拖拉机上多采用干式、多片和弹簧压紧式摩擦离合器,如图 6.17 所示。

干式转向离合器作用于摩擦片上的压力是靠弹簧产生的,而湿式转向离合器作用于摩擦片上的压力是靠弹簧、液压或弹簧加液压产生的。

东方红-802 履带拖拉机转向离合器结构如图 6.18 所示。其动力由中央传动的从动大圆锥齿轮轴传给转向离合器的主动鼓,主动鼓外圆表面有许多轴向齿槽,套装多片带有内齿

的主动片，相邻的主动片之间夹装着带有外齿的从动片，从动片套装在内圆表面带有许多轴向齿槽的从动鼓上。主动片与从动片相互间隔，并靠多个压紧弹簧压紧在压盘和主动鼓的凸缘之间。在主动片和从动片压紧的情况下，动力由主动鼓传给从动鼓，再经最终传动传到驱动轮。若要分离离合器使操纵压盘克服压盘弹簧的预紧力右移即可。转向离合器在转向时不一定要全部切离动力有时只要适当减轻压盘压力即可。

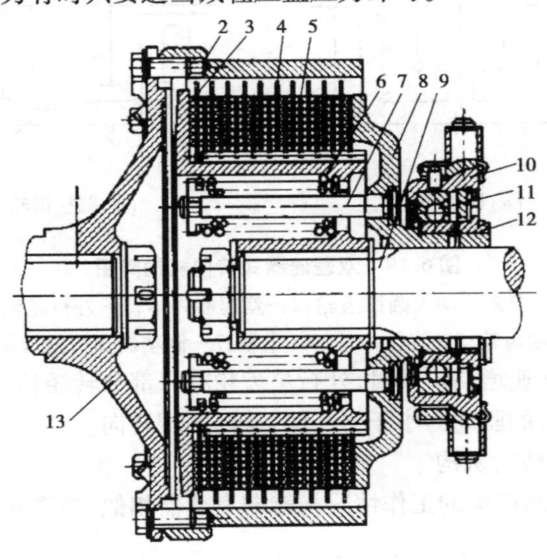

图 6.18　履带拖拉机转向离合器结构

1—半轴；2—从动鼓；3—主动鼓；4—从动片；5—主动片；6—压盘弹簧；7—压盘拉杆；8—压盘；9—后桥横轴；10—分离轴承座；11—分离轴承；12—螺母；13—从动鼓轮毂

拖拉机直行时，两侧转向离合器都处于接合状态。若要拖拉机转向，如向左转弯时，扳动左侧操纵杆，使左侧离合器分离，因为左侧履带失去或减小了驱动力，右侧履带的驱动力不变，拖拉机便开始向左侧转弯。如果是拖拉机直行中的跑偏纠偏，则可适当地使转向离合器半联动。如果使拖拉机向左转小弯或原地转弯，除需要彻底分离左边的转向离合器外，还要利用左侧制动器制动使左侧履带不但没有驱动力，而且产生了与前进方向相反的制动力，从而增大了拖拉机的转向力矩。

2）双差速器

有些履带车辆采用双差速器转向机构。双差速器转向机构有圆柱齿轮式和圆锥齿轮式两种。其结构与原理如图 6.19 所示。

如图 6.19(a)所示的圆锥齿轮式双差速器和如图 6.19(b)所示圆柱齿轮式双差速器均有内、外两套行星齿轮。内行星齿轮与半轴齿轮啮合，与普通单差速器相同。外行星齿轮与制动齿轮啮合，制动齿轮与制动器的制动鼓连在一起，内、外行星齿轮连成一体。

拖拉机直线行驶时，两边制动器都放松，外行星齿轮带动制动齿轮空转，动力经内行星齿轮和半轴齿轮传给驱动轮，这时双差速器只起单差速器的作用。

制动一侧制动轮时，就向该侧转向。这时，内、外行星齿轮除随差速器壳一起转动外，外行星齿轮还沿制动齿轮滚动而产生自转，并带着内行星齿轮一起自转，使该侧驱动轮的转速

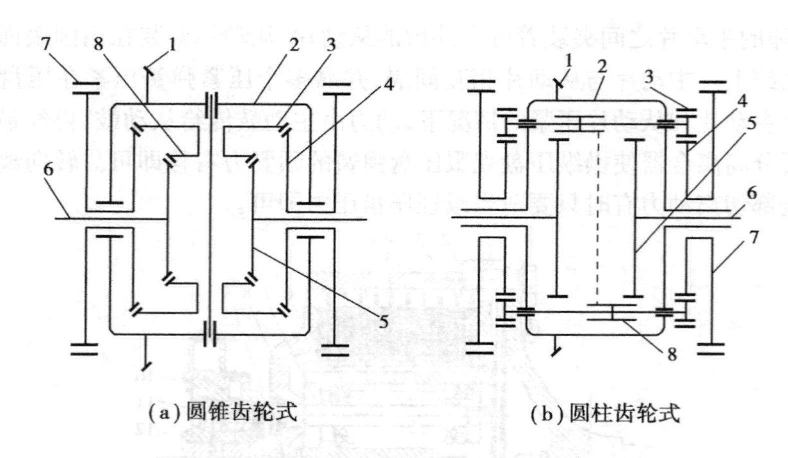

(a)圆锥齿轮式 (b)圆柱齿轮式

图6.19 双差速器式转向机构简图

1—中央传动大圆锥齿轮;2—差速器壳体;3—外行星轮;
4—制动齿轮;5—半轴齿轮;6—半轴;7—制动器;8—内行星齿轮

降低,另一侧驱动轮的转速增高。同时,外行星齿轮将一部分转矩传给制动齿轮而消耗在制动器上,这就使该侧履带的驱动力小于另一侧,从而实现转向。

3)单级行星齿轮式转向机构

单级行星齿轮式转向机构的工作情况与转向离合器相似,如图6.20所示。

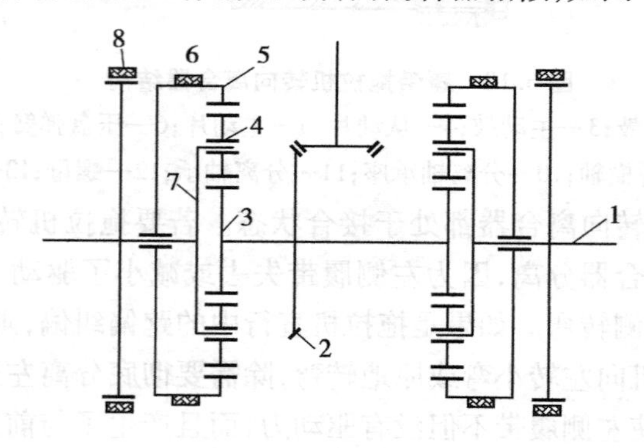

图6.20 单级行星齿轮机构简图

1—半轴;2—中央传动大锥齿轮;3—太阳轮;4—行星轮;
5—齿圈;6—行星机构制动器;7—行星架;8—半轴制动器

传给中央传动大齿轮的转矩,经左、右两套单级行星机构,分别传给左、右驱动轮。

直线行驶时,两侧行星机构制动器抱紧,而半轴制动器完全松开。这时,主动太阳轮带动行星轮沿着被制动的齿圈滚动,从而带动两侧行星架和半轴,以低于太阳轮的转速同向旋转。

转向时,应先将内侧的行星机构制动器逐渐放松,使该侧的齿圈渐渐转动,制动力矩渐渐减小。于是传到该侧驱动轮的转矩逐渐减小,内燃机大部分动力传至快速侧履带,形成转向力矩,实现转向。但这时,慢速侧履带的驱动力仍为正值。当慢速侧行星机构制动器完全松开时,使作用于行星架上的力矩为零,故慢速侧履带的驱动力也为零,该侧履带即成为被

动的,被机架推向前进。如将行星机构制动器完全放松,然后又将半轴制动器加以制动,则该侧履带被机架推向前进时,还要克服制动器的摩擦力矩,拖拉机将以更小的半径转向。如半轴制动器完全制动住,则拖拉机将原地转弯。

4)手扶拖拉机转向机构

手扶拖拉机具有质量轻、结构简单、灵活机动、配套方便的特点,广泛应用于果园、园林、菜园及山区等小规模农业生产。

手扶拖拉机分有尾轮和无尾轮两种类型。无尾轮手扶拖拉机的转向方式主要是通过改变两侧驱动轮驱动力来实现转向,在转向时驾驶员可通过对手扶架施加一定的转向力矩以协助转向。有尾轮的手扶拖拉机,通过两侧驱动轮的驱动力差,同时偏转尾轮来协助转向。手扶拖拉机的转向机构常采用牙嵌式离合器,如图6.21所示。

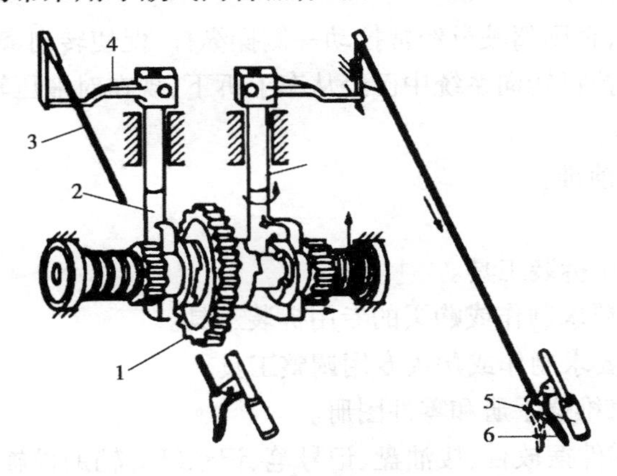

图6.21　手扶拖拉机牙嵌式转向离合器

1—中央传动从动齿轮;2—转向拨叉;3—转向拉杆;4—转向臂;5—把套转向把手

转向离合器一般设在变速箱内,由转向拨叉、转向齿轮、牙嵌式离合器转向轴,以及中央传动从动齿轮和操纵部分的转向把手、拉杆、转向臂等组成。转向轴中间装着中央传动从动齿轮,由弹性挡圈限位,该齿轮两端和左右两个转向齿轮的内端都有结合牙嵌,组成左右两个牙嵌式离合器。

拖拉机直行时,左右两个牙嵌式转向离合器接合,两转向齿轮与中央传动从动齿轮嵌合在一起,将动力传给最终传动,使两驱动轮得到相等的转矩而前进。当需要向左转向时,捏住左边转向把手,通过拉杆、转向臂拉动转向拨叉,使左侧的转向齿轮压缩弹簧向左移动,转向齿轮的结合爪与中央传动从动齿轮左侧结合爪脱离,左侧驱动轮的动力被切断而不产生驱动力,而右侧驱动轮仍照常转动,于是拖拉机向左转弯。转弯后,松开转向把手,恢复动力传递,拖拉机又开始直行。手扶拖拉机下坡时,由于内燃机起到拖动即制动作用,因此下坡转向时应反向操作,即左转时操纵右侧转向离合器,右转时拉紧左转向手把。

履带式拖拉机转向系统的拆装作业

(1)履带式拖拉机转向系统的正确使用

①纠正行驶方向时,拉操纵杆应和缓,放松时应迅速平稳;急转弯时,应首先迅速将操纵杆拉到底,使转向离合器彻底分离后再踩制动器,松放时则次序相反,动作敏捷,配合恰当。否则除增大功率消耗外,还会加速摩擦片的磨损和翘曲变形。

②尽量避免重负荷下转向,特别是急转弯,不但大大增加发动机的负荷甚至憋灭火,而且也会导致转向离合器打滑,加速磨损。

③严禁长期超负荷作业。

④避免偏牵引作业,否则驾驶员经常拉动一侧操纵杆,促使转向离合器摩擦片早期磨损转向系统部件在轮式拖拉机转向系统中已经从车上拆下,现在对液压转向器进行拆装。

(2)液压转向器拆卸

1)液压转向器拆卸前准备

①前期准备

a. 待修拖拉机及常用拆装工具。

b. 按厂家维修手册要求制作或购买的专用拆装工具。

c. 按厂家维修手册要求制作或购买专用调整工具。

d. 相关说明书、厂家维修手册和零件图册。

e. 专用支承台架、零件摆放台、接油盘、记号笔、记录纸等辅助设施。

f. 千分尺、百分表等测量工具。

g. 吊装设备及吊索。

②安全注意事项

a. 操作人员应按规定正确着装。

b. 采用合适吨位的吊装设备、吊钩及吊绳,钢丝吊绳应与设备间有隔离垫块,起吊过程重物下面严禁有人,起吊物上严禁有人。

c. 吊下的部件不能直接放在地面上,应垫枕木。

d. 箱体部件拆卸孔洞应进行封口。

e. 不得用铁棒直接敲击工件,避免伤害工件精度。一般要用铜、橡胶或塑料锤子。

f. 如果用力过大,可能导致部件损坏。

g. 采用合适吨位的吊装设备吊装和移动所有重型部件。吊装和移动时,应确保装置或零件有合适的吊索或挂钩支承。

h. 在安装齿轮、花键轴等带尖角的零部件时,要注意不要被尖角划伤。

i. 不得使用汽油或其他易燃液体清洗零部件。

j. 密封面或精密配合面不得用起子等硬金属撬开,以免划伤表面。

k. 拆装时要格外小心,避免弄丢或损伤小的物件。

l. 装配前应彻底清洗所有零件,装配时密封件应涂上润滑油。精密配合件可用手直接

推入,不得硬性敲击。

m. 装配时不得戴棉线等易落毛渣的手套,不得使用棉纱等抹布擦拭密封或精密配合表面,不得在灰尘密布的环境下装配。

2)相关作业内容

液压转向器的拆装见表6.2。

表6.2　液压转向器的拆装

操作内容	操作说明	图　示
取下压盖	拆下盖固定螺栓,将盖滑向一侧取下	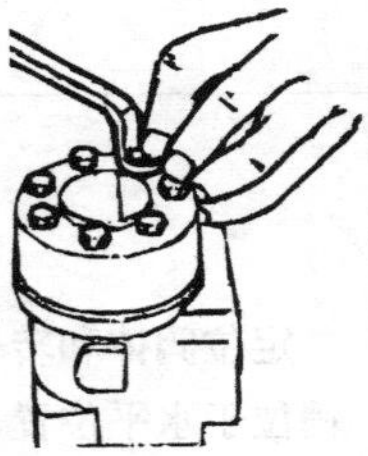 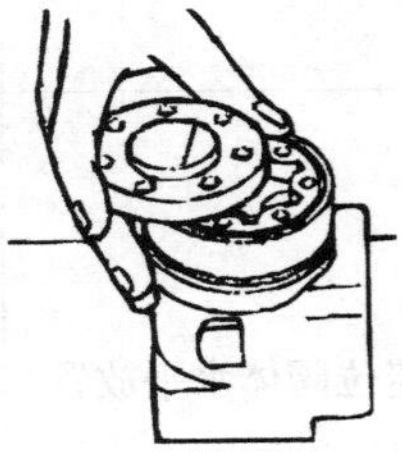
拆下定子、转子、内垫片、转子传动轴	拆下定子、转子和内垫片,拆下转子固定环上的两个O形密封圈拔出转子传动轴	 
取下配油盘	取下配油盘,用起子拆下单向阀座上的螺塞	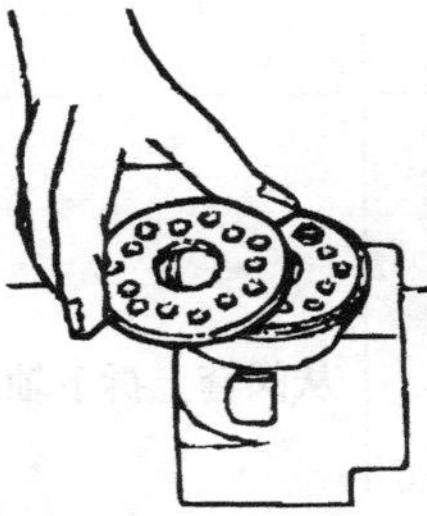 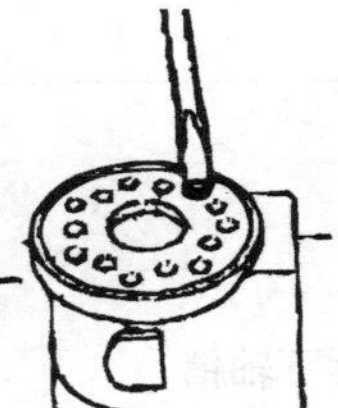
取下密封圈	从阀体上拔出O形密封圈,注意不要划伤密封圈	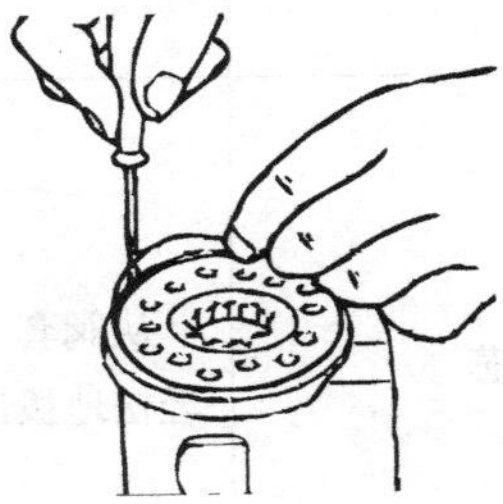

续表

操作内容	操作说明	图　示
取出单向阀钢球和回流阀	旋转控制阀体，并取出单向阀钢球和两个带有相应销、钢球、弹簧的回流阀	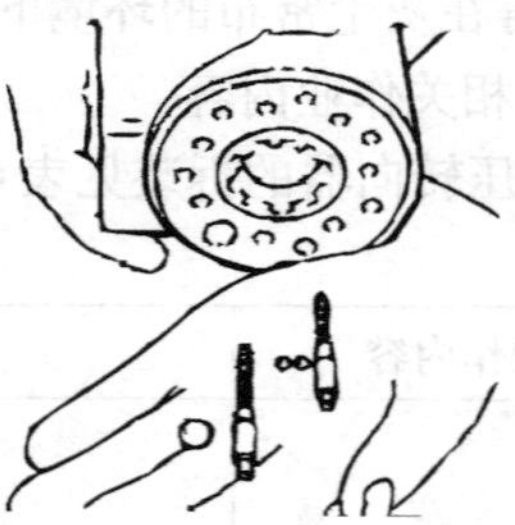
定位阀体水平放置	定位阀体和转子传动轴，以使阀套和轴销位于水平位置	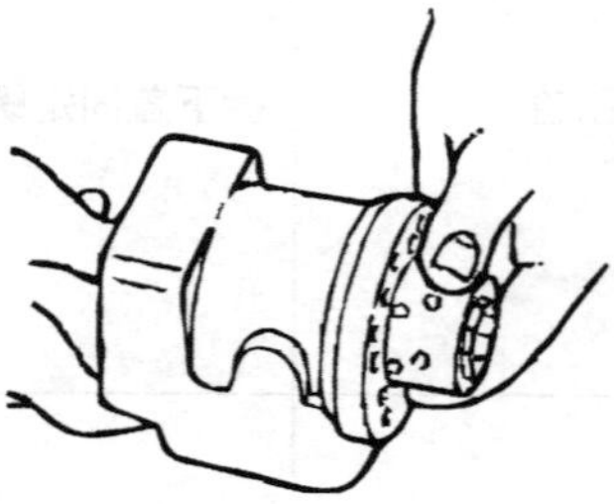
从转阀中拔出止推轴承连同两个外部环	向内推动转阀，以使阀芯、阀套和止推轴承可以从阀体中拔出。从转阀中拔出止推轴承连同两个外部环，从阀套上拆下钢片弹簧固定环	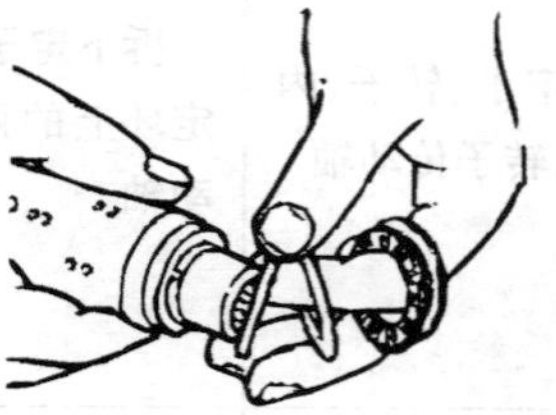
拆下轴销	从阀套上拆下轴销	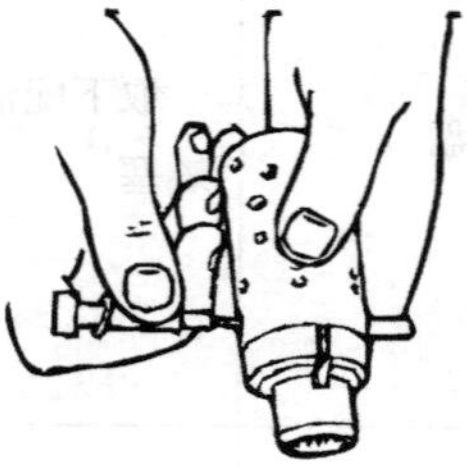
拔出阀芯	从阀套上拔出阀芯，注意不要硬拔，应轻松地拔出	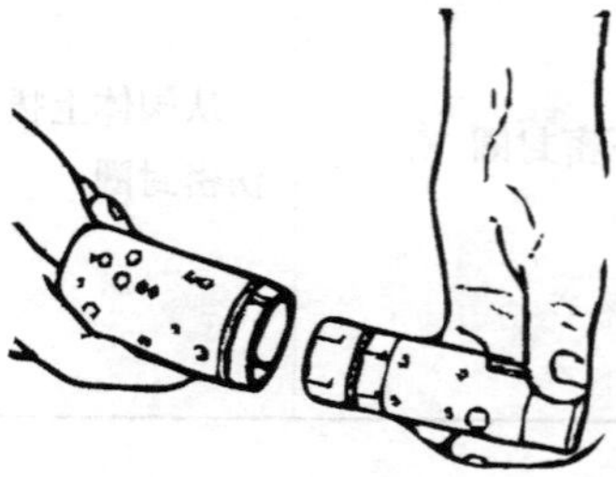

续表

操作内容	操作说明	图 示
拆下钢片弹簧	拆下弹簧,并从他们的底座上拔出	
拆下防尘密封圈和O形密封圈	在阀体的底座上拆下防尘密封圈和O形密封圈,注意不要划伤密封圈	
拆下安全阀上的螺塞	拆下安全阀上的螺塞,并拔出密封垫圈	
取出安全阀组件	拆下安全阀调节螺钉,取出安全阀组件	

学习情境6.3 转向系统的故障诊断与排除

[学习目标]

1. 了解拖拉机转向系统常见故障表现的现象。
2. 能分析拖拉机转向系统常见故障的产生的原因。
3. 能正确、有效地排除拖拉机转向系统常见故障。

[工作任务]

对拖拉机转向系统常见故障进行分析和排除。

[信息收集与处理]

转向系统是拖拉机操纵系统的一个重要组成部分。转向系统用来改变和纠正拖拉机的行驶方向,并保持拖拉机的行驶方向,因此,转向系统出现故障对于拖拉机来说也是相当危险的。目前,拖拉机转向系统常见的故障有轮式拖拉机行驶中摆头、自动跑偏和转向沉重等。

(1)拖拉机行驶中摆头

拖拉机摆头不但使转向机构、轮胎加速磨损,而且使操纵性恶化,严重时难以控制方向,影响拖拉机行驶安全。根据如图6.3所示的转向系统来分析其产生摆头的原因,从而找到减轻和消除摆头的方法。

1)故障现象

拖拉机在路面行驶时,两前轮左右摇摆,行驶速度越高摆动越大。

2)诊断方法

在测试路面上进行行驶,查看两前轮左右摇摆情况,对转向操纵机械进行零件检查,判断故障原因。

3)故障分析

①前轮轴两轴承磨损或调整不当,造成轴承间隙过大。

②前轮辋变形或螺栓松动。由于前轮辋变形,车轮质量分布不均匀,旋转起来往往不平衡。在行驶时,车轮旋转产生的离心力可分成水平分力和垂直分力,绕主销转动,引起前轮摆头。

③前轮前束调整不当。前轮前束不当,不但影响拖拉机行驶的稳定性,同时还引起拖拉

机摆头。若前束值过大或过小,都应予以调整,

④部件磨损或间隙过大。转向器中的推力轴承和球头销等磨损,推力轴承的间隙、滑动螺母和球头销之间的间隙过大,会使转向盘自由行程增大,不但影响操纵的可靠性,同时也会引起拖拉机摆头。

⑤转向拉杆的四角球头销和锥孔接头磨损。转向拉杆的四角球头销和锥孔接头磨损,会使转向节松动,使配合间隙过大。球头销磨损、关节松动时,应调整或修理。

⑥转向垂臂和扇形齿轮轴上互相啮合的花键损坏、松动。转向垂臂和扇形齿轮轴上互相啮合的花键磨损、松动,或者安装时,没有对正盲键,就硬性敲打,或者是锁紧螺母松动,不及时紧固,造成花键损坏。

⑦转向器里的传动副间隙过大。转向器里的传动副,如扇形齿轮副、螺杆、钢球、螺母等相互之间的间隙过大,集中反映在转向盘的自由行程上,引起拖拉机摆头。

⑧转向节主销及衬套磨损。

⑨摇摆轴及衬套磨损。

⑩摇摆轴套两端面垫片磨损。

(2)拖拉机行驶中自动跑偏

拖拉机行驶中产生自动跑偏,将降低拖拉机直线行驶的稳定性,并对行车的安全有直接影响,因此,应及时予以排除。

1)故障现象

当转向盘固定后行驶时,拖拉机自动、缓慢地向一边跑偏。拖拉机跑偏不仅会使轮胎磨损不均匀,还很容易使驾驶员感到疲劳。突然跑偏会使拖拉机方向失去控制,造成事故。

2)诊断方法

在测试路面上行驶,查看跑偏情况。

3)故障分析

①两侧轮胎气压相差很大,一侧轮胎气压过低,轮胎着地面积加大,滚动阻力增加,滚动直径变小,使两侧车轮滚动速度有快有慢,拖拉机向滚动阻力大的一侧跑偏。

②左右驱动轮轮胎磨损不一致。花纹高度不同,新旧轮胎搭配使用,或轮胎花纹一正一反,使其受力半径不相等,附着性能不同,使拖拉机跑偏。

③转向器有问题。例如,转向器传动副或轴承磨损,导致转向盘自由行程过大,极易使拖拉机跑偏。

④转向传动机件有故障。例如,球销圆头和球销头杆及球销座磨损过大;转向节主销与副套管衬套过度磨损;转向节主销上端安装转向臂的紧固螺栓松动,或是与它们配合的半圆键、键槽磨坏;转向摇臂与摇臂轴配合的三角形花键键齿损坏、扭曲及磨损;前轮轴承磨损。所有这些都会使转向盘自由行程加大,甚至转向不灵、自动跑偏。

⑤前轴弯曲变形、转向节轴变形;摇摆轴支架松动,前轴倾斜;转向器壳体与变速器壳体联接件松动等,使操纵转向盘时前轮反应迟钝,都会使拖拉机跑偏。

⑥拖拉机在路面行驶时,由于路面崎岖不平或石块等障碍,前轮自动转向,转动转向盘不能立刻控制方向,使拖拉机前轮自动跑偏。

⑦犁耕作业时，机具不配套，产生偏牵引。

⑧轮式拖拉机耕地时，右轮走在犁沟里，左轮走在未耕地上，两侧附着条件不同也会使拖拉机产生偏转。

(3)拖拉机行驶时转向沉重

拖拉机在使用中，由于转向机构各联接部位磨损松旷、机件变形和保养调整不当、缺少润滑等原因，会使拖拉机行驶时转向沉重，降低拖拉机转向的灵活性。

1)故障现象

两手交替转动转向盘感到很费力，驾驶操纵困难，拖拉机转向迟缓、转向困难或不灵活。拖拉机转向沉重、费力，不仅易使驾驶员疲劳，而且易发生农机作业事故。

2)诊断方法

在测试路面上行驶，两手交替转动转向盘，查看是否费力。

3)故障分析

①前轮轮胎气压不足。气压过低，轮胎着地面积加大，回转阻力增加，使转向沉重。

②前桥变形或转向节弯曲变形。使前轮定位参数不对，如使前轮外倾角变小，增大了阻止导向轮偏转的力矩，从而使拖拉机转向沉重。

③转向器零件磨损或轴承磨损后调整不及时，或者转向器调整不当，如转向器两个圆锥滚子轴承轴向间隙过小、蜗杆与蜗轮啮合间隙过小、蜗轮轴与调心衬套间隙过小，致使转向不灵活，导致拖拉机转向沉重。

④前轮转向节立轴推力轴承或转向节主销与铜套严重损伤，或者装配过紧，或者立轴衬套等无润滑脂、干摩擦，使转向节立轴转动不灵活，使拖拉机转向困难。

⑤转向直拉杆、横拉杆上球节销及球节销座装配过紧，或者各拉杆球形关节无润滑脂、干摩擦，运动不灵活，造成拖拉机转向沉重。

⑥轮式拖拉机跑偏也给拖拉机转向操纵带来困难。

(4)转向盘自由行程过大

转向盘自由行程过大又可称为转向不灵敏。

1)故障现象

拖拉机保持直线行驶位置静止不动时，转向盘左右转动的游动角度太大。具体表现为拖拉机转向时感觉转向盘松旷量很大，需用较大的幅度转动转向盘，方能控制拖拉机的行驶方向；而在拖拉机直线行驶时又感到行驶方向不稳定。

2)故障主要原因及处理方法

转向盘自由行程过大的根本原因是转向系统传动链中一处或多处的配合因装配不当、磨损等原因造成松旷。其具体原因主要如下：

①转向器主、从动啮合部位间隙过大或主、从动部位轴承松旷，应予调整或更换。

②转向盘与转向轴联接部位松旷，应予调整。

③转向垂臂与转向垂臂轴联接松旷，应予调整。

④纵、横拉杆球头联接部位松旷，应予调整或更换。

⑤纵、横拉杆臂与转向节联接松旷，应予调整或更换。

⑥转向节主销与衬套磨损后松旷,应予更换。

⑦车轮轮毂轴承间隙过大,应予更换等。

3)故障诊断方法

造成转向盘自由行程过大的根本原因是转向系统传动链中一处或多处联接的配合间隙过大,诊断时,可从转向盘开始检查转向系统各部件的联接情况,看是否有磨损、松动、调整不当等情况,找出故障部位。

(5)转向轮抖动

1)故障现象

汽车在某低速范围内或某高速范围内行驶时,出现转向轮各自围绕自身主销进行角振动的现象,尤其是高速时,转向轮摆振严重,握转向盘的手有麻木感,甚至在驾驶室可看到汽车车头晃动。

2)故障主要原因及处理方法

转向轮抖动的根本原因是转向轮定位不准,转向系统联接部件之间出现松旷,旋转部件动不平衡。其具体原因主要如下:

①转向轮旋转质量不平衡或转向轮轮毂轴承松旷,应予校正动平衡或更换轴承。

②转向轮使用翻新轮胎,应予更换。

③两转向轮的定位不正确,应予调整或更换部件。

④转向系统与悬挂的运动发生干涉,应予更换部件。

⑤转向器主、从动部分啮合间隙或轴承间隙太大,应予调整或更换轴承。

⑥转向器垂臂与其轴配合松旷或纵、横拉杆球头联接松旷,应予调整或更换。

⑦转向器在车架上的联接松动,应予紧固。

⑧转向轮所在车轴的悬挂减振器失效或左右两边减振器效能不一,应予更换。

⑨转向轮所在车轴的钢板弹簧U形螺栓松动或钢板销与衬套配合松旷,应予紧固或调整。

⑩转向轮所在车轴的左右两悬挂的高度或刚度不一,应予更换等。

实施转向系统故障诊断与排除作业

(1)转向系统常见故障的诊断与排除

转向系统是拖拉机操纵系统的一个重要组成子系统。转向系统用来改变和纠正拖拉机的行驶方向,并保持拖拉机的行驶方向,因此,转向系统出现故障对于拖拉机来说也是相当危险的。目前,拖拉机转向系统常见的故障处理有轮式拖拉机行驶中摆头的诊断与排除、自动跑偏的诊断与排除和转向沉重的诊断与排除等。

(2)故障诊断与排除事前准备

1)前期准备

①待修拖拉机及常用拆装工具。

②按厂家维修手册要求制作或购买的专用拆装工具。

③按厂家维修手册要求制作或购买专用调整工具。

④相关说明书、厂家维修手册和零件图册。

⑤专用支承台架、零件摆放台、接油盘、记号笔、记录纸等辅助设施。

⑥千分尺、百分表等测量工具。

⑦吊装设备及吊索。

2)安全注意事项

①操作人员应按规定正确着装。

②采用合适吨位的吊装设备、吊钩及吊绳,钢丝吊绳应与设备间有隔离垫块,起吊过程重物下面严禁有人,起吊物上严禁有人。

③吊下的部件不能直接放在地面上,应垫枕木。

④箱体部件拆卸孔洞应进行封口。

⑤不得用铁棒直接敲击工件,避免伤害工件精度。一般要用铜、橡胶或塑料锤子。

⑥如果用力过大,可能导致部件损坏。

⑦采用合适吨位的吊装设备吊装和移动所有重型部件。吊装和移动时,应确保装置或零件有合适的吊索或挂钩支承。

⑧在安装齿轮、花键轴等带尖角的零部件时,要注意不要被尖角划伤。

⑨不得使用汽油或其他易燃液体清洗零部件。

⑩密封面或精密配合面不得用起子等硬金属撬开,以免划伤表面。

⑪拆装时要格外小心,避免弄丢或损伤小的物件。

⑫装配前应彻底清洗所有零件,装配时密封件应涂上润滑油。精密配合件可用手直接推入,不得硬性敲击。

⑬装配时不得戴棉线等易落毛渣的手套,不得使用棉纱等抹布擦拭密封或精密配合表面,不得在灰尘密布的环境下装配。

(3)相关作业内容

1)拖拉机行驶中摆头故障诊断与排除

拖拉机行驶中摆头故障诊断与排除见表6.3。

表6.3 拖拉机行驶中摆头故障诊断与排除

故障原因	故障检查	故障排除
前轮轴两轴承磨损或调整不当	检查轴承轴向间隙,应为0.1~0.2 mm,当轴向间隙大于0.4 mm时,进行调整	调整时,拧出前轮毂盖,取出开口销,用千斤顶顶起前轮,然后一面拧动螺母,一面转动前轮,直至转动前轮阻力开始增加时为止。再将螺母拧退回1/8~1/16圈后,用手轻轻推动前轮能均匀地转动,沿轴向推动前轮时,应无轴向晃动的感觉。然后锁紧开口销,拧紧前轮罩盖

续表

故障原因	故障检查	故障排除
前轮辋变形或螺栓松动	检查变形情况及螺栓是否松动	对轮辋的变形程度要定期检查，严重时应及时修理、校正或更换。前轮钢圈螺栓、螺母松动，应及时紧固；若螺钉已滑扣，要更换新件
前轮前束调整不当	检查前束情况	把拖拉机停放在平地上，用千斤顶将两前轮顶起离开地面，操纵转向盘使两前轮位于正中位置，分别调节左右转向拉杆长度，调整到符合要求的前束值，将拉杆调整螺母拧紧即可
部件磨损或间隙过大	检查推力轴承间隙及球头销与滑动螺母之间间隙	推力轴承间隙的调整：拧出转向盘螺母，取下转向盘，撬开保险垫片，拧松锁紧螺母，然后用扳手拧动推力轴承上座。在此同时，不断地转动转向螺杆，直至转向螺杆有明显阻力并消除轴向间隙时，停止拧紧推力轴承上座，把零件按原来装复 球头销与滑动螺母之间间隙的调整：通过增减调整垫片来达到要求，当间隙过大，则减少两边球头销的调整垫片，使球头销与滑动螺母之间既无间隙，又能转动。调整后的转向盘自由行程应为 15° ~ 25°，或者弧长为 60 mm左右
转向拉杆的四角球头销和锥孔接头磨损转向拉杆的四角球头销和锥孔接头磨损花键损坏、松动	检查相关零件磨损情况	球头销磨损、关节松动时，应调整或修理。若4个接头上的球头销锥孔座磨损成椭圆、球头销磨损严重，调整也无济于事时，应予更换新件
转向器里的传动副间隙过大	检查相关间隙	调整齿轮副、螺杆、钢球、螺母等相互之间的间隙
转向节主销及衬套磨损	检查转向节主销及衬套磨损情况	修理转向节主销及衬套，或更换主销及衬套

续表

故障原因	故障检查	故障排除
摇摆轴及衬套磨损	检查摇摆轴及衬套磨损情况	更换摇摆轴和摇摆轴座及衬套
摇摆轴套两端面垫片磨损	检查摇摆轴套两端面垫片磨损情况	及时调整

2）拖拉机行驶中自动跑偏故障诊断与排除

拖拉机行驶中自动跑偏故障诊断与排除见表6.4。

表6.4 拖拉机行驶中自动跑偏故障诊断与排除

故障原因	故障检查	故障排除
两侧轮胎气压相差很大	首先检查两前轮轮胎的规格、气压是否基本相同	定期用轮胎气压表检查两侧轮胎气压，尽量使两侧轮胎气压足够及相等。在更换两个驱动轮时，应同时换新，并注意轮胎的安装方向
左、右驱动轮轮胎磨损不一致	检查驱动轮轮胎磨损情况	为了使轮胎磨损均匀，以延长使用寿命，应分别定期将拖拉机左右两前轮和两后轮换位使用
转向器有问题	两手抓住转向摇臂并转动转向盘，若感觉自由行程过大，转向器传动副或轴承磨损，检查转向器壳体与变速器壳体联接处紧固螺钉是否松动	要定期检查转向器及有关部位的磨损情况。若间隙过大，应检修或更换磨损零件
转向传动机件有故障	检查传动机构是否松动、变形或损坏	经常保持转向传动机构正常技术状态，发现松动、变形或损坏的零部件，及时修理或更换
相关件变形及松动	不抓住转向摇臂，来回转动转向盘观察各传动机构的联接点是否松动，如球销圆头和球销头杆及球销座是否磨损过大等，必要时进行更换与调整；若上述检查均正常，可用千斤顶顶起前桥，检查前轮轴承是否磨损间隙过大，检查转向节主销与副套管衬套是否过度磨损；检查转向节主销上端安装转向臂的紧固螺栓是否松动等 检查前轮轮胎是否偏磨。若有异常磨损，则应检查前轮前束是否正确，检查前轴是否弯曲变形、转向节轴是否变形、摇摆轴支架是否松动等	结合保养，检查螺栓、螺钉的紧固情况

续表

故障原因	故障检查	故障排除
路面崎岖不平或石块等障碍	检查路面	正确操纵拖拉机，避免产生突然跑偏现象
机具不配套	检查机具是否与拖拉机配套	正确挂接配套农具，避免产生偏牵引
两侧附着条件不同	检查两侧附着条件	采用低压或超低压轮胎，也可将松软土壤一边的轮胎放掉一点气，以减小滑移

3）拖拉机行驶中转向沉重故障诊断与排除

拖拉机行驶中转向沉重故障诊断与排除见表6.5。

表6.5　拖拉机行驶中转向沉重故障诊断与排除

故障原因	故障检查	故障排除
前轮轮胎气压不足	检查轮胎气压情况	当轮胎气压过低或左右轮胎气压不等时，应予以充气，并经常保持轮胎有充足的气压
前桥变形或转向节弯曲变形	检查前轮转向节是否弯曲变形，前轴是否变形等	转向盘转动时发生阻滞，应检查蜗杆或转向轴是否弯曲变形，若弯曲应校正
转向器磨损或轴承磨损	若顶起前桥后仍感到转向沉重，则故障在转向器和转向传动机构，检查滚轮两边的间隙	检查转向节垂臂轴上的滚轮轴和轴承的配合情况。更换时，应检查滚轮两边的间隙，使其保持为0.02 ~ 0.04 mm
前立轴推力轴承或转向节主销与铜套严重损伤	检查配合情况及磨损情况	检查转向器的配合情况，两个圆锥滚子轴承轴向间隙及蜗杆与蜗轮啮合间隙的调整情况。若配合过紧或间隙过小，应及时检修与调整；若过紧，可在蜗杆箱底板处增加垫片来调整，如圆锥滚子轴承损坏，必须更换
装配过紧，或者各拉杆球形关节无润滑脂	检查配合是否过紧，润滑是否良好	检查摇臂轴及衬套的配合情况，如磨损过甚或配合不当，应更换新件或重新检修；若直拉杆、横拉杆上球节销及球节销座装配过紧，应重新调整。若转向节立轴轴承或铜套严重损坏，或者装配过紧，应更换新件后，正确铰削与装配

学习情境7

行驶系统的拆装与维护

●学习目标

1. 能描述行驶系统的用途及工作原理。
2. 能选择适当的工具拆装拖拉机行驶系统。
3. 能有效地对行驶系统零部件进行检修。
4. 会诊断和排除拖拉机行驶系统的故障。

●工作任务

对拖拉机行驶系统进行部件拆装与维护；能排除行驶系统常见故障。

●信息收集与处理

行驶系统主要作用是拖拉机的行驶操纵、拖拉机的全重支承和产生牵引力。拖拉机的常见行驶装置有轮式与履带两种。通过对轮式及履带式拖拉机行驶系的拆装与维护作业，掌握行驶系的组成和类型，能够熟练地选择适当的工具拆装行驶系，正确检查和调整前轮前束、前轮轴承间隙等，基本会诊断和排除跑偏等常见故障。

学习情境7.1　轮式拖拉机行驶系统的拆装与维护

[学习目标]

1. 了解轮式拖拉机行驶系统的基本功用、类型、组成及工作原理。
2. 了解典型轮式拖拉机行驶系统的结构。
3. 能选用适当工具对轮式拖拉机行驶系统进行拆装及维护。

[工作任务]

对轮式拖拉机行驶系统进行拆卸、组装及维护保养。

[信息收集与处理]

行驶系统主要作用是拖拉机的行驶操纵、拖拉机的全重支承和产生牵引力(挂接农具或车厢)。行驶系统把发动机产生的扭矩传给驱动轮所需的驱动扭矩,驱动扭矩带动轮胎旋转变为拖拉机所需的工作牵引力,同时辅助转向系统辅助转向部件运动;其行驶装置负责支承拖拉机的全重并保证拖拉机的正常行驶。拖拉机的常见行驶装置有轮式和履带两种。因此,拖拉机可按行驶系统分为轮式拖拉机和履带式拖拉机。

(1)拖拉机行驶系统的功用

行驶系统相当于拖拉机的骨架,其具体功能体现在以下4个方面:

1)驱动力的传递与转换

将发动机产生的转矩传递到行驶装置上,带动行驶装置(轮或履带);行驶装置旋转时与地面产生的各向摩擦力反作用到拖拉机上使其移动。

2)减振

尽可能缓和不平路面对车身造成的冲击和振动,保证拖拉机行驶平顺性。

3)执行转向

执行转向系统传递过来的转向信号,执行转向动作,正确控制拖拉机的行驶方向,可以保证拖拉机行驶过程中的稳定性。

4)联接与支承

将拖拉机各部分联接成一整体,为其他设备提供支架,并支承整个拖拉机的全部质量。

(2)轮式拖拉机的组成

轮式拖拉机的行走系统一般由车架、车桥、车轮及悬架等组成。轮式拖拉机一般是装在后面的两个后半轴上车轮起驱动作用，这两个轮称为驱动轮，用以传递发动机的转矩并驱动拖拉机行驶。装在前轴上的两个车轮称为导向轮，导向轮只负责转向不传递动力，工作中可在转向系统的驱动下偏转一定角度，完成转向。

拖拉机一般都由后轮驱动，这类拖拉机前后轮直径差较大，但有的拖拉机为了增大驱动力，采用四轮驱动，即前轮也可由发动机经传动系统而驱动，也就是常说的四轮驱动拖拉机，此时前轴常称为前桥。

(3)轮式拖拉机行驶系统的特点

①轮式拖拉机驱动轮不仅直径大而且轮胎面上有较高凸起的花纹，且轮胎多为低压轮胎。

②相对较小的导向轮，其轮胎面大多具有条或多条环状花纹，可提供较大的侧向阻力，便于转向。另外，导向轮较轻，有时在导向轮轮辐上增挂配重块以调节车体重心。

③不同的拖拉机可以有不同的地隙且前后轮的轮距可调节。

④拖拉机后桥与机体刚性联接，一般未安装减振器和弹性悬架，前轴与机体为铰链联接。为了改善驾驶员的劳动条件，有些拖拉机在前轴安装了弹性悬架。

(4)拖拉机车架

车架介于轮式车桥或履带行走装置与拖拉机机体之间，是支承着机体和安装联接拖拉机发动机、传动系统和行走系统，使拖拉机各个部分形成一个整体。整体式车架有全梁架式、半梁架式和无架式3种。

1)全梁架式车架

全梁架式车架又称全架式车架，它是一个完整的框架，拖拉机的所有部件都安装在这个框架上。部件的拆装较为方便，但金属消耗量多。车架在工作中一旦变形，使各部件间的相对位置发生变动，影响零件的正常工作，零件容易损坏。

现在只有少数履带式拖拉机使用，轮式拖拉机一般不采用，但在汽车、农用三轮运输车这类轻载车辆上使用较多。履带式东方红-802型拖拉机的车架就是由两根槽钢做成的纵梁和前梁、后轴、横梁等组成，如图7.1所示。

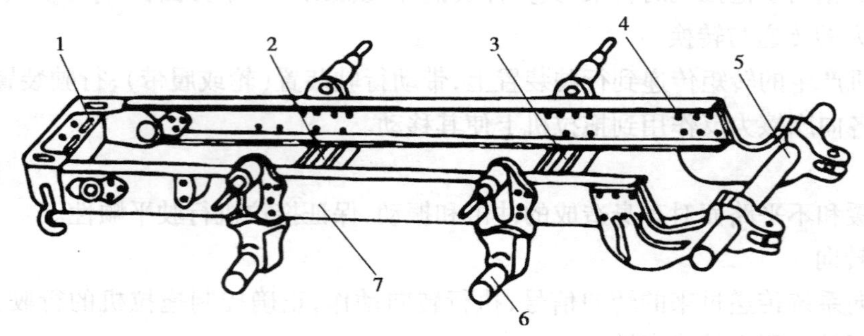

图7.1 东方红-802型拖拉机车架

1—前架；2—前横梁；3—后横梁；4,7—纵梁；5—后轴；6—台车轴

2)半梁架式车架

半梁架式车架又称半架式车架，其一部分是梁架而另一部分则是利用传动系统的箱体组。半梁架式车架前半部分由一根横梁和两根纵梁组成，用来安装发动机和前轴等，后半部

分由传动系统的壳体组成。这种结构安装、拆卸、维修发动机方便，不必拆开整台拖拉机，具有较好的结构刚度。一般应用在一些履带拖拉机和小型轮式拖拉机上。

泰山-12 型四轮拖拉机、东风-12 型手扶拖拉机、东方红-1002/1202. 铁牛-554/654 等拖拉机均采用半梁架式车架。其结构如图 7.2 所示。

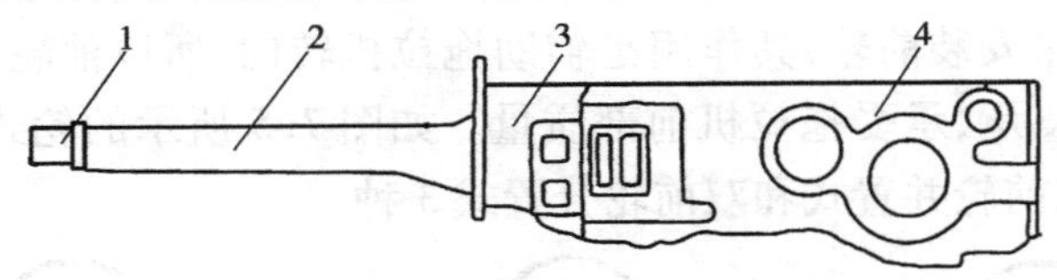

图 7.2　半梁架式车架

1—前梁;2—纵梁;3—离合器壳;4—变速箱和后桥壳

3)无梁架式车架

无梁架式车架又称为无架式车架，无架式车架没有梁架，车架由拖拉机的发动机、变速器壳体后后桥壳体连成。采用这种车架的拖拉机质量轻，结构简化，省材，车架高刚度，不易变形。

无架式车架对装配技术要求较高，拆装某一部件时需要将拖拉机从离合器与变速器联接处断腰。现国产大部分拖拉机都采用这种无架式车架，如图 7.3 所示。

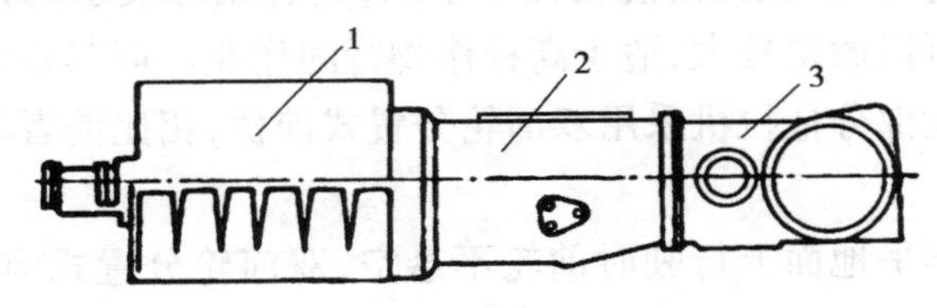

图 7.3　无梁架式车架

1—发动机壳;2—变速箱壳;3—后桥壳

另外，铰接式车架在部分拖拉机上也有使用，其前后两个车架由铰链机构连成一体。其结构如图 7.4 所示。

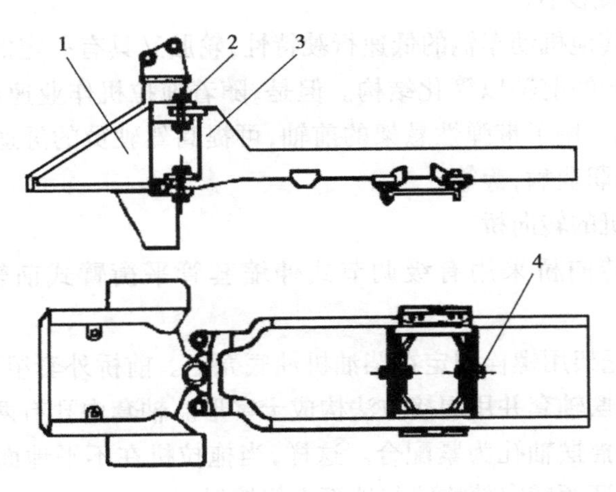

图 7.4　铰接式车架

1—后车架;2—铰接机构;3—前车架;4—前桥支承销轴

(5)转向桥与定位

拖拉机车桥按功能可分为驱动桥、转向桥、支持桥及转向驱动桥4种。一般桥即是转向桥,后桥是驱动桥。有些拖拉机前桥既作为转向桥又作为驱动桥,故称为转向驱动桥。支持桥除不能用于转向外,其他功能和结构与转向桥相同。

拖拉机前桥是用来安装前轮,其作用是辅助拖拉机转向,所以前轮一般又称转向轮,它也是拖拉机机体的前支承,承受拖拉机前部质量。如图7.5所示的轮式拖拉机前桥。其结构形式有单前轮式、双前轮并置式和双前轮分置式3种。

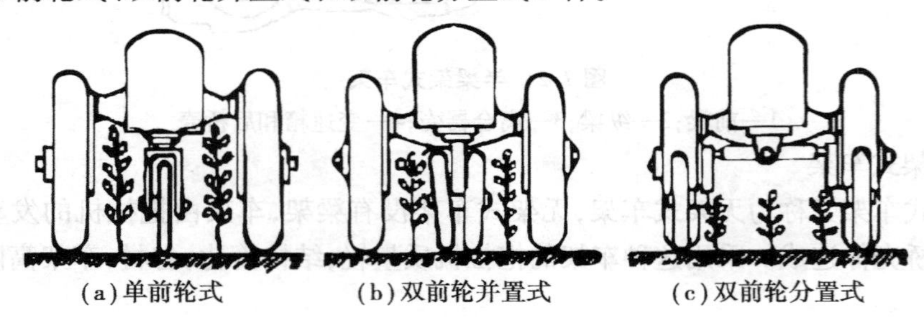

图7.5　轮式拖拉机前桥形式

单前轮式和双前轮并置式前桥,前轮位于中间,具有相对较小的转弯半径,离地间隙仅受后桥高度影响所以可以做得较大,适于高秆作物行间作业。但其稳定性较差,仅采用于少数中耕型拖拉机上。大部分拖拉机采用双前轮分置式前桥,相比前者其行驶稳定性更好,而且轮距可调。

为保证拖拉机在不平地面上行驶时前轮不悬空,双前轮分置式前桥与发动机机体通过摇摆轴铰链联接,从而保证拖拉机的行驶稳定性。但前轴摆动角度一般为10°~14°。

双前轮分置式前桥的轮距可调,是由于这种前桥都被做成可伸缩式,有以下两种常用结构形式:一种是伸缩板梁式,如丰收-35等拖拉机;另一种是伸缩套管式,其套管断面类型主要有矩形、梯形和圆形3种。采用前两种形式可防止伸缩套管在前轴套管内转动,对前轮定位参数的变化影响比圆形小。

由于拖拉机相较其他机动车辆的低速行驶特性,轮胎又具有一定的减振和缓冲作用,拖拉机普遍采用刚性结构的前轴以简化结构。但是,随着拖拉机作业速度的提高和运输作业量的增加,一些拖拉机采用了带弹性悬架的前轴,可提高驾驶员的舒适性,降低因为振动和噪声产生的疲劳,预防职业病,等等。

1)JS-750型拖拉机的转向桥

JS-750型拖拉机转向桥采用有级调节式伸缩套管平衡臂式前轴。其构造如图7.6所示。

该拖拉机转向桥托架用螺栓固定在柴油机油底壳上。前桥外套组件中的梯形外套管为异形管,其中间孔有摇摆轴套并用焊接方法构成十字形。轴套内孔有两个摇摆轴衬套,与摇摆轴相配合,摇摆轴与摇摆轴孔为紧配合。这样,当拖拉机在不平地面上行驶时,前轴可相对于机体作摆动,以保证两转向轮均能与地面良好接触。

左右导向轮支架内套管焊接组件的内套管可在外套管组件的外套管孔内作伸缩,在调

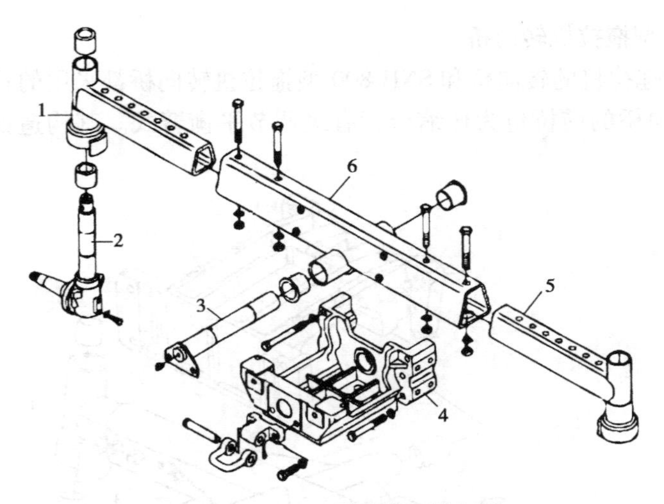

图 7.6　JS-750 型拖拉机转向桥

1—右梯形副套管焊接总成;2—右转向节总成;3—摆销焊接总成;
4—托架;5—左梯形副套管焊接总成;6—梯形套管焊接总成

节轮距时,可任意选择左右两段内套管上对称的 7 个孔与外套管上的两个孔对齐,然后用两个螺栓插入孔内拧紧固定,从内到外,从窄到宽,从而获得不同的轮距,实现有级调节。

2) SH500 型拖拉机转向桥

SH500 型拖拉机转向桥与 JS-750 前桥结构相似。其转向轮支架内套管焊接组件的管内装有转向节带主销组件,主销与转向轮支架衬套和止推轴承配合,主销下端与转向节压配合后再焊接成一体,主销上端通过半月键和转向节臂相联接。转向轮安装在前轮轮毂上,转向节上装有油封和圆锥滚子轴承,转向节轴端装有开槽螺母,用来调整轴承间隙,同时可防止前轮轮毂松脱(见图 7.7)。

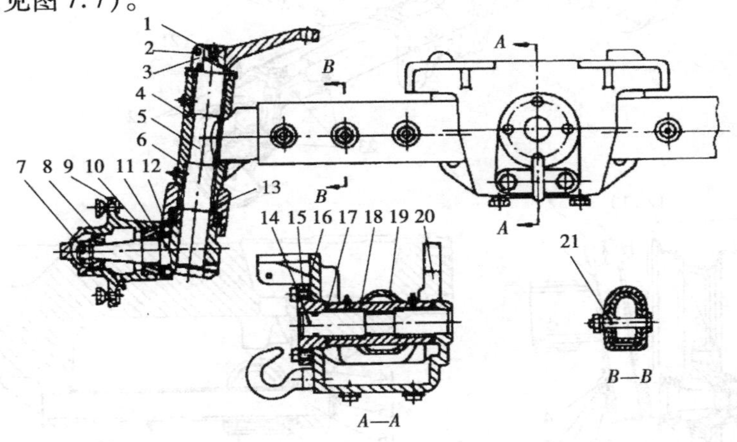

图 7.7　SH500 型拖拉机转向桥

1—半圆键;2—螺栓;3—转向节壁;4—转向轮支架内套管焊接组件;5—转向节主销;
6—转向节支架衬套;7—开槽螺母;8—轴承;9—前轮轮毂;10—轴承;11—转向节;12—油封;
13—止推轴承;14—摇摆轴;15—摇摆轴座;16—摇摆轴座调整垫片;17—前轴支架片;
18—摇摆轴衬套;19—外套管组件;20—前轴支架;21—螺栓

3)东方红-550型拖拉机转向桥

东方红-550型拖拉机的转向桥和SNH-800型拖拉机转向桥都采用的是一个系列类型拖拉机转向技术,转向桥的前桥也为伸缩套管有级调节平衡臂式。其构造如图7.8和图7.9所示。

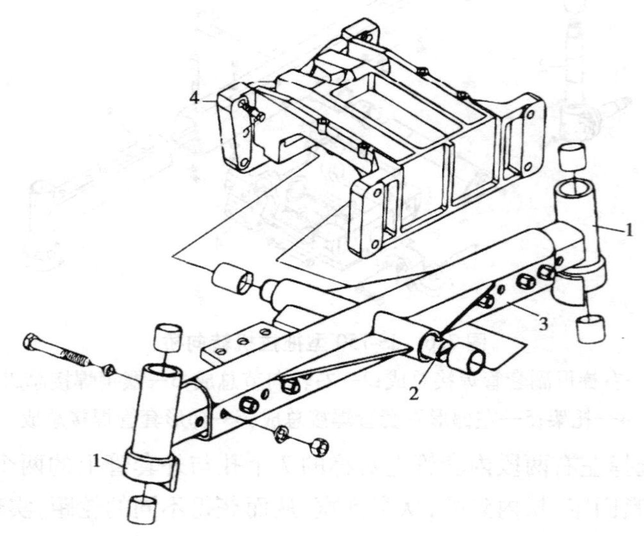

图7.8　东方红-550型拖拉机转向桥

1—副套管总成;2—摇摆轴;3—套管焊合件;4—前托架

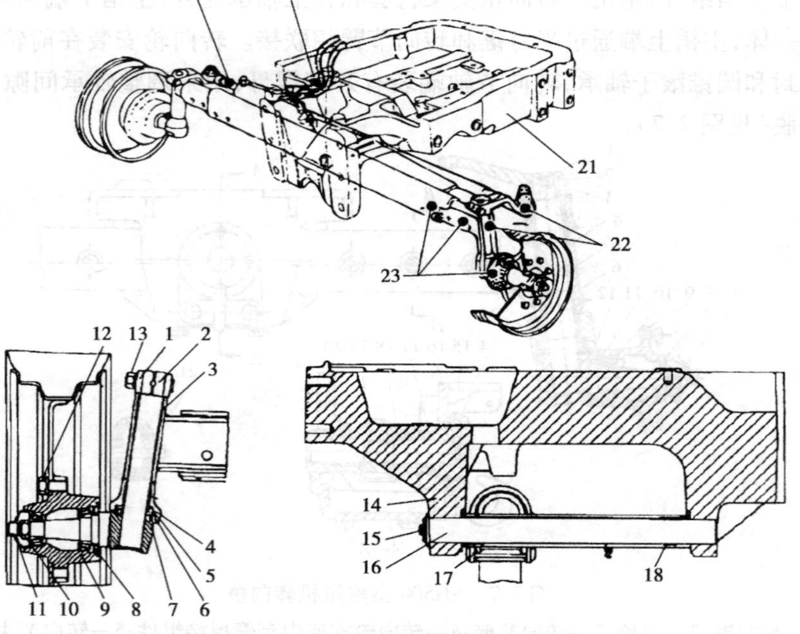

图7.9　SNH800型拖拉机转向桥

1—转向节臂;2—转向节主销;3—转向主销衬套;4—平头螺钉;5—垫圈;6—止推垫圈;7—防护套;8—油封;9—轮毂;10—前桥支架;11—调整螺母;12—联接螺栓;13—转向节臂螺母;14,21—前桥支架;15—螺栓;16—摇摆轴;17,18—衬套;19—液压转向油缸;20—管路;22—转向节摇臂主销;23—前轴转向节轮毂罩

在前桥支架的上方安装有发动机冷却水箱和蓄电池，其前方联接前配重托架，靠两排螺栓紧固；后方联接发动机前支架，分别靠螺栓和定位销紧固与定位。摇摆轴安装在前支架下方的摇摆轴座空内，穿过摇摆轴座孔的摇摆轴联接到前轴上的摇摆轴套管。摇摆轴一端通过锁片固定在前桥支架上。当前轴摆动时，摇摆轴与摇摆套管两端的摇摆轴衬套相配合形成转动摩擦副。

该型拖拉机的伸缩套管与SH500型拖拉机结构相同，只是在调整轮距时，需要同时调整转向横拉杆的长度及转向油缸安装位置（注：SH 500型拖拉机采用双侧纵拉杆转向方式，无转向横拉杆）。

4）转向驱动桥

转向驱动桥一般应用在四轮驱动车辆上的前桥，除转向功能外还具备驱动功能。因此，转向驱动桥除具备转向桥的转向节和主销结构外，还具备驱动桥的中央传动、差速器、最终传动和半轴等结构，如图7.10所示。

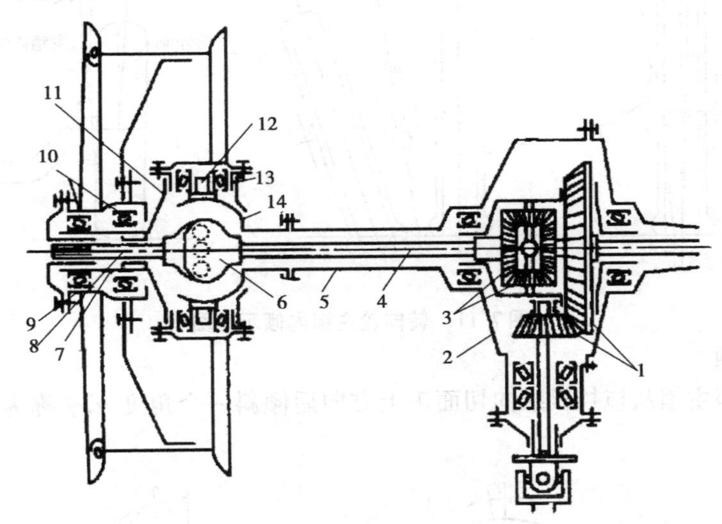

图7.10　转向驱动桥

1—中央传动；2—中央传动壳体；3—差速器；4—内半轴；5—半轴套管；6—万向节；7—转向节轴；8—外半轴；9—轮毂；10—轮毂轴承；11—转向节壳体；12—主销；13—主销轴承；14—球形支座

转向驱动桥与单独的驱动桥、转向桥相比，每一侧的半轴分成两段制造，称为内半轴和外半轴。两者用等角速万向节相联接，保证转向功能。转向节由转向节外壳和转向节轴组合而成，外半轴从制成空心转向节中间穿过。分成上下两段的主销分别固定在万向节的球形支座上。

等角速万向节的内外端有止推垫片，防止轴向窜动；为保证主销轴线通过节心，防止运动干涉，转向节壳体与上下盖之间有调整垫片，用来调整主销轴承的预紧度并保证两半轴的轴线重合。

5）转向轮定位

对于偏转前轮转向拖拉机，为了保证其直线行驶的稳定性、转向轻便以及减少行驶中轮胎的磨损，由拖拉机设计制造及装配来保证的转向轮、主销相对于前轴倾斜一定的角度。这种具有一定位置关系的安装，称为转向轮定位。它包括主销内倾、主销后倾、前轮外倾和前轮前束，俗称三倾一束。

①主销内倾

主销内倾即主销在拖拉机横向平面内并不垂直于地面，而是其上端向内倾斜一个角度 β，称为主销内倾角，如图 7.11 所示。其功用如下：

a. 转向轻便，减小转向盘的转向阻力。

b. 减小转向盘上的冲击力。

c. 使转向轮在行驶中偏转后能够自动回正，确保直线行驶稳定。

通常情况下，拖拉机主销内倾角 $\beta \leqslant 8°$。

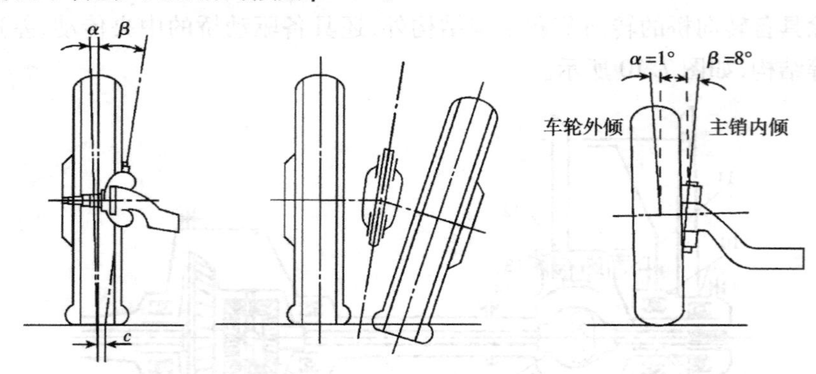

图 7.11　转向轮主销内倾示意图

②主销后倾

主销后倾即主销从拖拉机纵向切面正上方向后倾斜一个角度 γ，γ 称为主销后倾角，如图 7.12 所示。

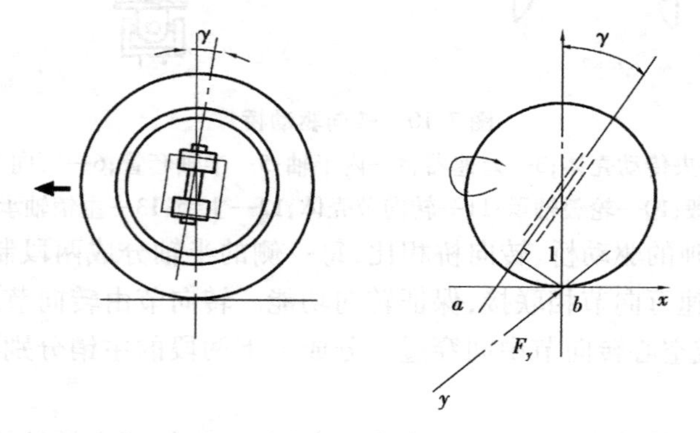

图 7.12　转向轮主销后倾示意图

主销有一定的后倾角后，使主销延长线与地面的交点向前偏移了一段距离，转向后地面作用在车轮上的侧向力对主销形成一个转矩，该转矩使前轮自动回正。

因此，其功用是：增加拖拉机直线行驶的稳定性，并使转向后的车轮自动恢复到直线行驶状态，即拖拉机的自动回正功能。

一般情况下，拖拉机主销后倾角为0°~5°。

③转向轮外倾

转向轮外倾是指转向轮向外倾与拖拉机纵向垂直平面形成一个角度 α，α 称为转向轮外倾角，如图7.11所示。转向轮外倾的主要作用是使转向轮工作时更安全可靠，操纵更轻便。

具体表现在以下3个方面：

a. 减少轮毂外侧小轴承的受力，防止轮胎向外滑脱。

b. 便于与拱形路面接触。

c. 防止车轮出现内倾。

转向轮外倾是靠转向轮轴向下倾斜而形成的。转向外倾使力臂减小，从而使转向轻便。此外，转向外倾后，地面对转向轮的垂直反力的轴向分力指向轴承的根部，使车重和载荷作用在转向轮内端大轴承上，还可抵消转向或横坡作业时所受向外的部分轴向力，以减轻轴端负荷，从而使转向节不易折断，转向轮不易产生松动或脱落的危险。拖拉机转向轮外倾角一般为1.5°~4°。

④转向轮前束

转向轮前束是指从俯视角度看转向轮的前端在水平面上向内收缩一段距离或角度，如图7.13所示。两侧前轮最前端的距离 B 小于后端的距离 A，故 A，B 之差称为前轮前束值。其大小可通过调整转向横拉杆的长度来调整，通常前束值为0~12 mm，前束调整也是转向轮定位中唯一可自由调整的项目。

转向轮前束的功用是：减少轮胎的磨损，保证转向轮相互平行地直线行驶，消除由于转向轮外倾所带来的不良影响，可防止车轮在地面上出现半滑动、半滚动的现象。

转向轮外倾后，在行驶过程中就有使车轮向外滚动的趋势。但由于转向横拉杆的约束，车轮不能向外滚动，而使车轮在地面上出现边滚边滑现象，从而加速轮胎的磨损。有了前束后，就使转向轮在每一瞬间，与地面形成纯滚动状态，从而能减轻轮毂外轴承压力和轮胎磨损。

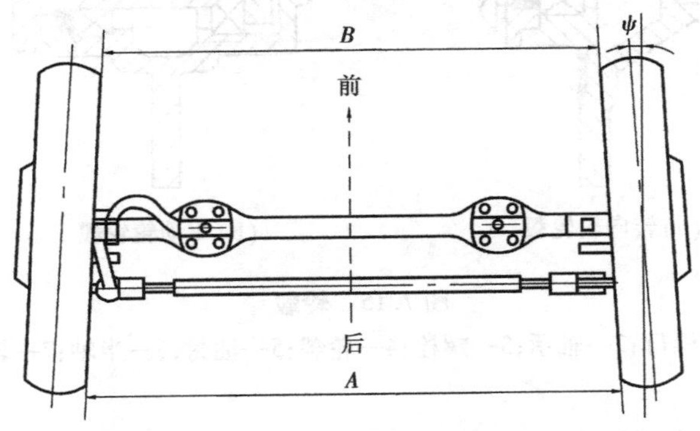

图7.13　拖拉机前轮前束（俯视图）

(6) 轮式拖拉机行走装置

1) 车轮

车轮用来承受拖拉机机体的全部质量，传递由轮胎与地面的摩擦力产生的驱动力矩和制动力矩，保证拖拉机与路面间有良好的附着性，确定拖拉机的行驶方向，以及和悬架共同缓和路面的冲击、减少振动，保证拖拉机在地面上能够可靠地行驶。车轮一般由轮毂、轮辋、轮盘及轮胎等组成。拖拉机的车轮可分为转向前轮和驱动后轮(见图7.14)。它们都采用低压充气橡胶轮胎。

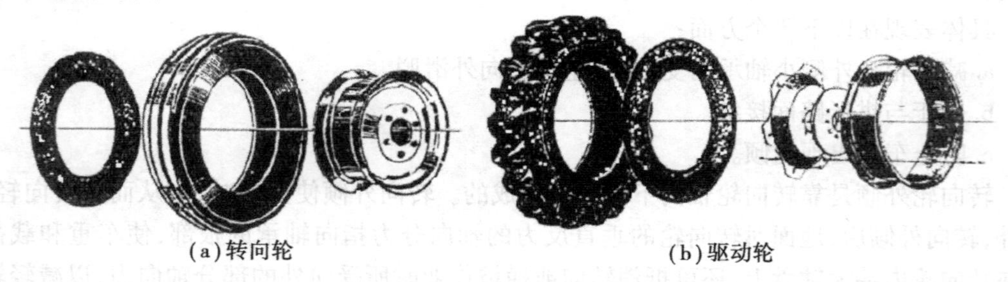
(a)转向轮　　(b)驱动轮

图7.14　拖拉机前后轮

①轮毂

轮毂是车轮的中心，通过内外轴承安装在车桥端部或转向节上。如图7.15所示为转向轮和驱动轮的轮毂结构。

轮毂内的轴承一般采用一对圆锥滚子轴承，轴承间隙通过调整螺母进行调整，然后用锁紧螺母锁定，以防松动而使车轮脱出。轴承用润滑脂润滑，通过油封防止漏油。轮毂上制有凸缘，便于固定轮盘或制动鼓。

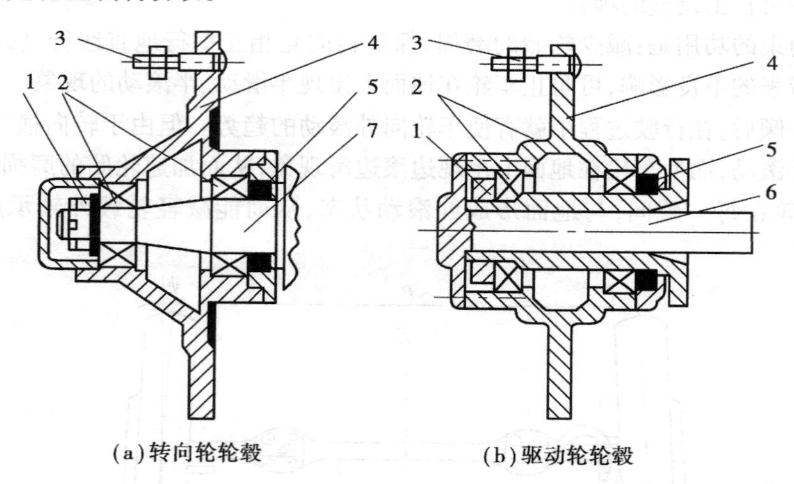

(a)转向轮轮毂　　(b)驱动轮轮毂

图7.15　轮毂

1—调整螺母；2—轴承；3—螺栓；4—轮毂；5—油封；6—半轴；7—转向节

②轮辋

轮辋俗称轮圈，由薄钢板滚轧成型焊接后而成用于安装轮胎，是车轮周边安装轮胎的部件。轮辋的常见形式主要有深槽轮辋、平底式轮辋和可拆平底式轮辋，如图7.16所示。此外，还有对开式轮辋、半深槽轮辋、深槽宽轮辋、平底宽轮辋以及全斜底轮辋等。

A.深式轮辋

深式轮辋是整体式的，其上带有凸台，用以安放轮胎的胎圈。凸台部通常略有倾斜，中

部的凹槽是为了便于安装外胎。深式轮辋结构简单,刚度大,质量小,承载能力强。缺点是尺寸较大,较硬的轮胎较难拆装。目前,大多数拖拉机和一些工程机械采用此种轮辋。

B. 平底式轮辋

平底式轮辋一侧安装有整体式挡圈,并用一个开口锁圈来限制挡圈脱出。在安装轮胎时,先将轮胎套在轮辋上,然后套上挡圈,并将它向内推,直到越过轮辋上的环形挡圈,再将开口的弹性锁圈嵌入环形槽中。平底式轮辋多用在汽车和工程机械上,虽然拆装方便,但轮胎容易从轮辋上脱落,不适合于高速或大载荷量的机车上使用。

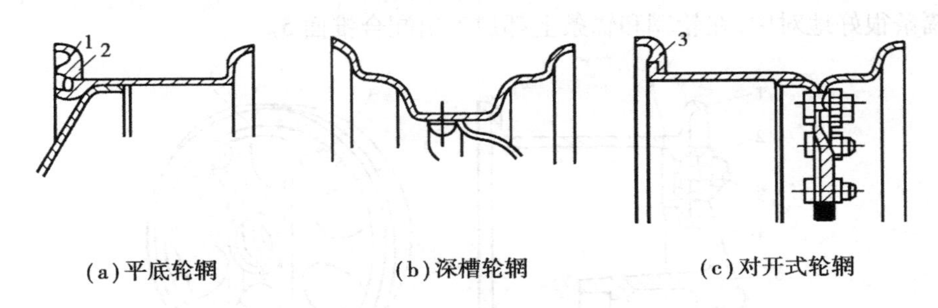

图7.16　轮辋断面示意图

1,3—挡圈;2—锁圈

C. 可拆平底式轮辋

可拆平底式轮辋由两部分通过螺栓联接而成。轮辋可制作得比平底轮辋略深一些,因为可拆分,所以并不影响轮胎的拆装。可拆平底式轮辋主要与宽基或超宽基轮胎配套。

2)轮盘

轮盘用于联接轮辋和轮毂。一般有两种结构形式,即盘式和辐条式。

A. 盘式轮盘

盘式轮盘如图7.17所示。一般是经冲压制成的钢质圆盘,与轮辋焊接或铆接成一体,

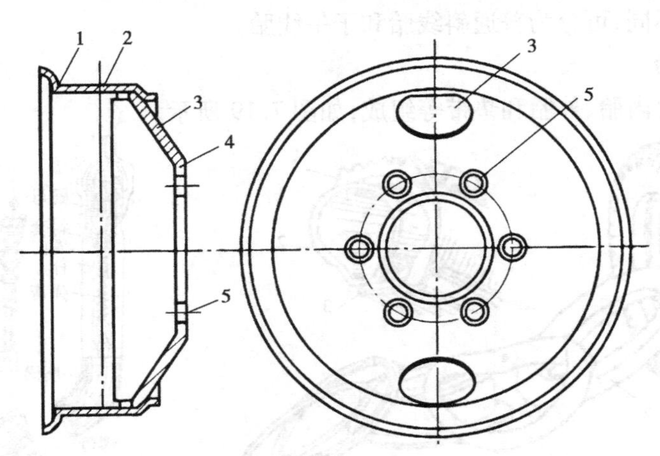

图7.17　盘式车轮

1—轮辋;2—气门嘴伸出孔;3—辐盘孔;4—辐盘;5—螺栓孔

少数是和轮辋直接铸造成一体的。有些盘式轮盘上开有较大的孔,目的是减轻轮盘的质量并有利于制动鼓散热,对轮胎充气时也便于接近气门芯。盘式轮盘强度大,刚度好,多用于载荷大的车轮上。

B. 辐条式轮盘

辐条式车轮的轮盘是和轮毂铸成一体的铸造辐条。辐条式车轮一般用于赛车和某些高级轿车上。用于装载质量较大的重型汽车上铸造辐条式车轮的结构如图 7.18 所示。

在这种结构的车轮上,轮辋 1 用螺栓 3 和特殊形状的衬块 2 固定在辐条 4 上。为了使轮辋与辐条很好地对中,在轮辋和辐条上都加工出配合锥面 5。

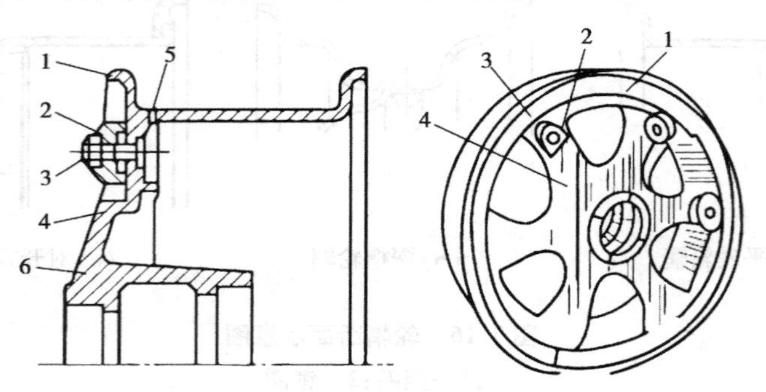

图 7.18　辐条式车轮结构示意图

1—轮辋;2—衬块;3—螺栓;4—辐条;5—配合锥面;6—轮毂

3) 轮胎

轮胎主要用于支承拖拉机的自重和负荷,吸收路面冲击,传递驱动力和制动力,与地面接触产生附着力驱动拖拉机行驶。

轮胎按胎体结构不同,可分为充气轮胎和实心轮胎。充气轮胎按组成结构不同,可分为有内胎轮胎和无内胎轮胎两种。拖拉机几乎都采用带内胎的充气轮胎。充气轮胎按胎体中帘线排列的方向不同,可分为普通斜线胎和子午线胎。

①有内胎轮胎

有内胎轮胎由内胎、外胎和垫带等组成,如图 7.19 所示。

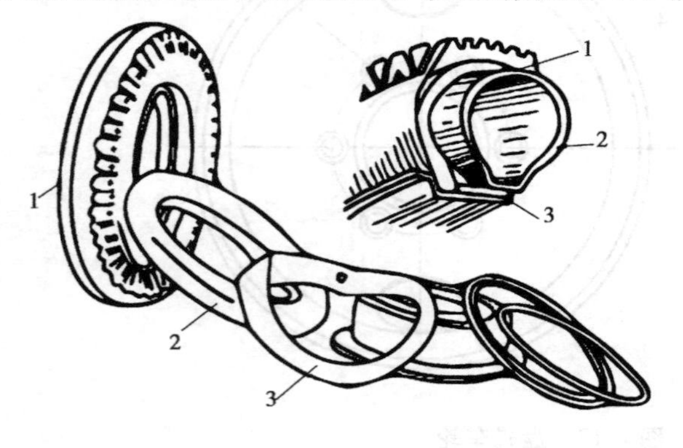

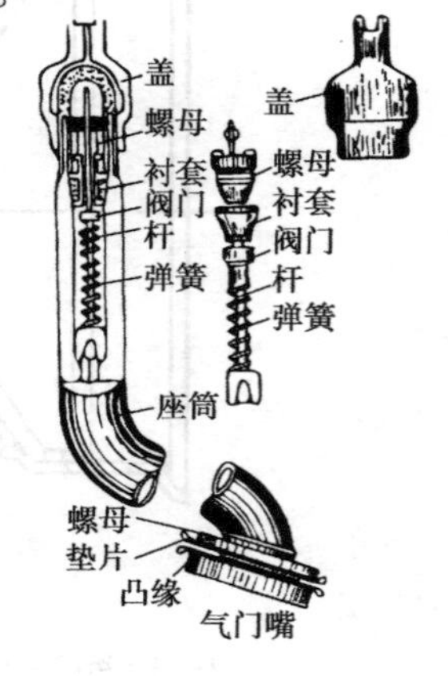

图 7.19　有内胎轮胎的组成

1—外胎;2—内胎;3—垫带

内胎是一个环形粗橡胶管，弹性良好，能耐热和不漏气，其尺寸稍小于外胎内壁尺寸，在环内侧装有气门嘴。气门嘴主要有气门芯杆、气门芯盖和座筒等结构，用于充入或排出空气。其构造如图7.19所示。

在内胎与轮辋之间，有时还安装一个的环形橡胶带（即垫带），可保护内胎，防止内胎在轮辋和外胎之间因产生相互运动而擦伤和磨损。

外胎直接与地面接触是保护内胎不受外来损害且有一定弹性的外壳。普通斜线轮胎由帘布层、胎面、胎圈及缓冲层等组成，如图7.20所示。帘布层是外胎的骨架，也称胎体，其主要作用是在内胎气压的支承下承受负荷，保持外胎的基本形状和尺寸，通常由多层挂胶帘线用橡胶黏合而成。帘布层的帘线按一定角度交叉排列。

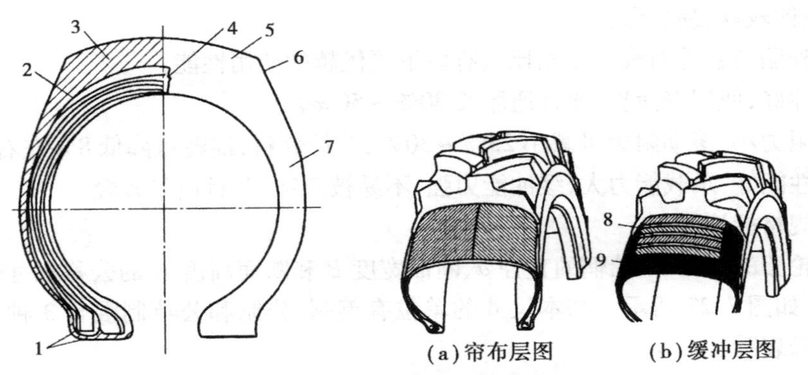

图7.20　普通斜线外胎结构图

1—胎圈；3—缓冲层；4—帘布层；5—胎冠；6—胎肩；7—胎侧

缓冲层位于胎面和帘布层之间，其作用是加强胎面和帘布层的结合，防止紧急制动时胎面从帘布层上脱离，缓和汽车行驶时路面对轮胎的冲击和振动。缓冲层一般由稀疏的帘线和富有弹性的橡胶制成。

胎面是外胎的外表面，包括胎冠、胎肩和胎侧。胎冠与路面接触，直接承受冲击和磨损，保护帘布层和内胎免受机械损伤。为使轮胎与路面之间有良好的附着性能，胎面上制有各种凹凸花纹，一般分为纵向、横向和混合3种类型，如图7.21所示。安装时，花纹“八”字和“人”字尖端的指向要与拖拉机前进时车轮旋转方向一致，以提高排泥性能。

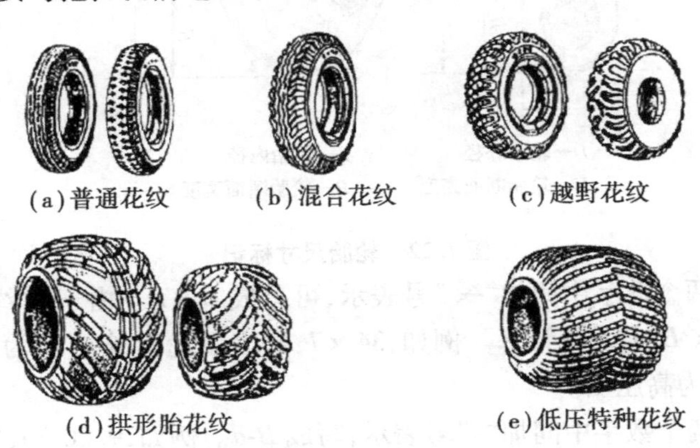

图7.21　轮胎花纹

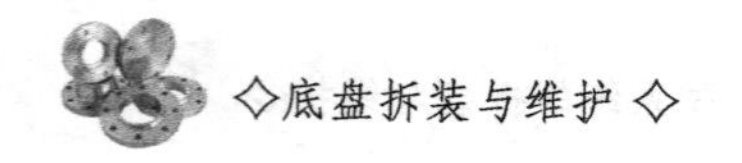

②子午线轮胎

子午线胎帘布层帘线排列方向与轮胎子午断面一致，即与胎面中心线成90°，各层帘线彼此不相交，如图7.20(b)所示。帘线这种排列使其强度被充分利用，故它的帘布层数比普通轮胎可减少近一半。

类似缓冲层的带束层通常用强度较高，拉伸变形很小的织物或钢丝作为帘线。帘线与子午断面交角达70°~75°。

因为子午线外胎帘线排列方式使其在圆周方向上只靠橡胶联系，行驶时由于切向力的作用，周向变形势必较大。有的带束层，带束层帘线与帘布层帘线成三向交叉，且层数较多，就形成一条刚性环带束在胎体上，使胎面的刚度和强度大为提高。因此，子午线外胎切向变形较小，但胎侧较软，易变形。

子午线外胎与普通斜线外胎相比具有以下更优越的使用性能：

a. 耐磨性好，使用寿命长，比普通胎长30%~50%。

b. 滚动阻力小，滚动阻力可减小25%~30%，节约燃料，油耗可降低8%左右。

c. 附着性能好，承载能力大，缓冲能力强，不易被刺穿，并且质量较轻。

③轮胎规格标记方法

一般用轮胎的外径 D、轮辋的直径 d、断面宽度 B 和断面高度 H 的公称尺寸来表示轮胎的基本尺寸，如图7.22所示。基本尺寸的单位有英制、公制和公英制混合3种。轮胎的其他性能用字母表示。

目前，常用的表示方法如下：

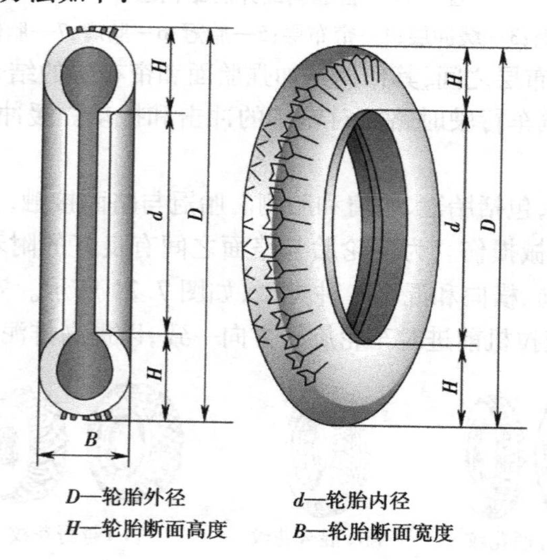

图7.22 轮胎尺寸标记

高压胎一般用两个数字中间加"×"号表示，可写成 $D \times B$。由于 B 约等于 H，故选取轮辋直径 d 时可按 $d = D - 2B$ 来计算。例如，34×7，即表示轮胎外径 D 为34 in，断面尺寸为7 in，中间"×"表示为高压胎。

低压胎也是用两个数字中间加"-"号表示，写成 B-d。例如，9.00-20，第1个数字表示轮胎断面宽为 9 in;第 2 个数字表示轮辆直径为 20 in;中间的“-”表示低压胎。而公制可写为 228-508,混合制则为 228-20。

轮胎的层级用“PR”表示。它不代表实际的层数,而是表示可承受的载荷。一般标在轮辆直径后,用“-”相连。例如,9.00-20-12PR,表示可承受相当 12 层棉帘线的负荷。有的在层级后面又标明帘线材料类型,我国的代号为:M 表示棉线;R 表示人造丝;N 表示尼龙。

(7)提高轮式拖拉机牵引附着性的措施

轮式行走系统相对于履带行走系统其结构简单,节约金属,操纵、维修方便,耐磨性,机械性能好使用寿命长,能从事较高速度的运输作业,部分田间作业,便于综合利用。但是,其地面附着性相对较差,在松软或潮湿的土壤上驱动轮容易出现滑转现象,使拖拉机的驱动力急剧减小,甚至无法工作。因此,常用以下 3 种方法增加驱动轮附着力:

1)驱动轮胎充水

轮式拖拉机驱动轮内胎的容积大,故采用向轮胎内充水的办法可增加拖拉机的附着质量。向驱动轮内胎中充水时,应把拖拉机顶起来使驱动轮离地,并使轮胎的气门嘴处于最高处。向驱动轮内胎充水时,应先将处于最高处气门嘴上的压紧螺母及气门芯拧掉,拧上充水阀。充水阀有充水和放气两个作用。当胎内水与充水阀平齐时就应停止充水,再换上气门芯向胎内充气至规定的气压,使轮胎行驶中保持有弹性。

2)驱动轮加配重

如图 7.23 所示,将铸铁制成的配重块用螺钉紧固在驱动轮上以增加拖拉机的附着质量。一般情况下将配重做成多块,这样可根据需要很方便地拆装与增减质量。

以加配重的方法来提高拖拉机的附着性能方便简单,一般轮式拖拉机出厂时都带有配重块。这种方法的缺点是要用大量金属,其扳动、拆装比较费力。

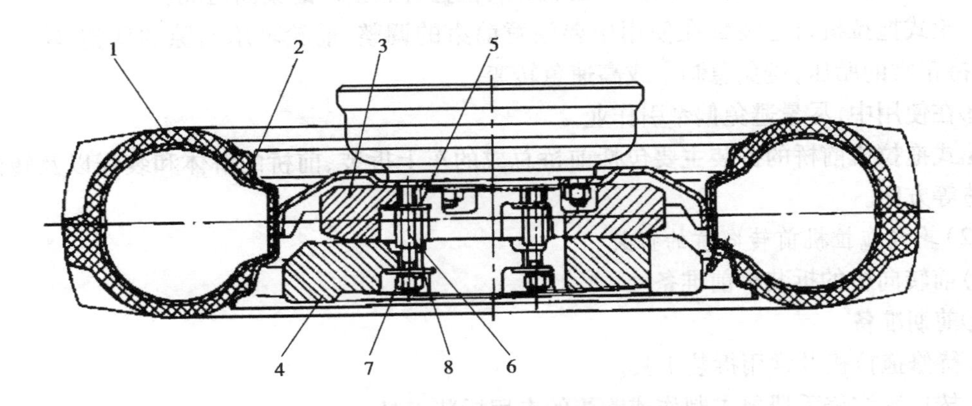

图 7.23　轮式 150 系列拖拉机后轮

1—后轮胎;2—后轮辋总成;3—内配重;4—外配重;5—垫圈;6—配重螺栓;7—垫圈;8—螺母

3)专用水田轮

水田土壤系多层结构,有较高的机械强度并能承压的是下层的硬底层,但普通轮胎行进时一般不能到达;中层为流质层,机械强度低,承压能力差,普通轮胎一般陷于此层;上层是稻根、杂草和稀泥,只具备浮力。装有水田轮的拖拉机在水田中作业,其轮齿或轮胎花纹抓着硬底层,才能发挥一定的驱动力。

一般旱地用的轮式拖拉机下水田时，下陷深度较大，滚动阻力大，附着力不足，轮胎压沟严重，影响作业质量。

采用水田轮在一定程度上克服了上述缺点，改善了牵引性能。目前，我国使用的水田轮主要有高花纹轮胎和塑料镶齿铁轮。可根据水田的中层厚度选择适当的水田轮，如图 7.24 所示。

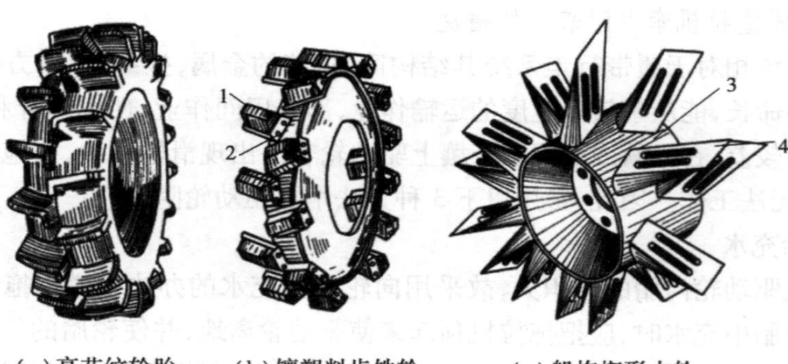

(a)高花纹轮胎　(b)镶塑料齿铁轮　(c)船拖楔形水轮

图 7.24　水田轮

1—塑料齿；2—轮齿座；3—轮毂；4—叶片

实施轮式拖拉机前桥的拆装作业

(1)轮式拖拉机行驶系统的使用与保养

①及时清除行走系统各部位的泥土、杂草，检查各联接件的紧固情况。

②轮式拖拉机行走装置在使用中要注意前束的调整、前轮轴承间隙的调整、轮距的调整，保持正常的胎压，避免急刹车或高速急转弯。

③在使用中，尽量避免偏牵引作业。

轮式拖拉机前桥的拆装主要包括前桥总成的车上拆装、前桥的解体和装配以及转向桥的调整等方面。

(2)轮式拖拉机前转向桥的拆装

1)前转向桥的拆装事前准备

①前期准备

a. 待修拖拉机及常用拆装工具。

b. 按厂家维修手册要求制作或购买的专用拆装工具。

c. 按厂家维修手册要求制作或购买专用调整工具。

d. 相关说明书、厂家维修手册和零件图册。

e. 专用支承台架、零件摆放台、接油盘、记号笔、记录纸等辅助设施。

f. 千分尺、百分表等测量工具。

g. 吊装设备及吊索。

②安全注意事项

a. 操作人员应按规定正确着装。

b. 采用合适吨位的吊装设备、吊钩及吊绳，钢丝吊绳应与设备间有隔离垫块，起吊过程重物下面严禁有人，起吊物上严禁有人。

c. 吊下的部件不能直接放在地面上，应垫枕木。

d. 箱体部件拆卸孔洞应进行封口。

e. 不得用铁棒直接敲击工件，避免伤害工件精度。一般要用铜、橡胶或塑料锤子。

f. 如果用力过大，可能导致部件损坏。

g. 采用合适吨位的吊装设备吊装和移动所有重型部件。吊装和移动时，应确保装置或零件有合适的吊索或挂钩支承。

h. 在安装齿轮、花键轴等带尖角的零部件时，要注意不要被尖角划伤。

i. 不得使用汽油或其他易燃液体清洗零部件。

j. 密封面或精密配合面不得用起子等硬金属撬开，以免划伤表面。

k. 拆装时要格外小心，避免弄丢或损伤小的物件。

l. 装配前应彻底清洗所有零件，装配时密封件应涂上润滑油。精密配合件可用手直接推入，不得硬性敲击。

m. 装配时不得戴棉线等易落毛渣的手套，不得使用棉纱等抹布擦拭密封或精密配合表面，不得在灰尘密布的环境下装配。

2）相关作业内容

轮式拖拉机前转向桥拆卸见表7.1。

表7.1　前转向桥拆卸

操作内容	操作说明	图　示
吊起拖拉机前桥	使用楔块牢固楔住后轮 拆下前轮配重和配重支架 用吊装工具升起拖拉机前桥	
在发动机油底壳下安装固定支架	将固定支架置于发动机油底壳下，并在发动机油底壳和支架间插入一块木块	1—固定支架

续表

操作内容	操作说明	图　示
拆下前轮	拧下前轮固定螺栓并卸下两前轮	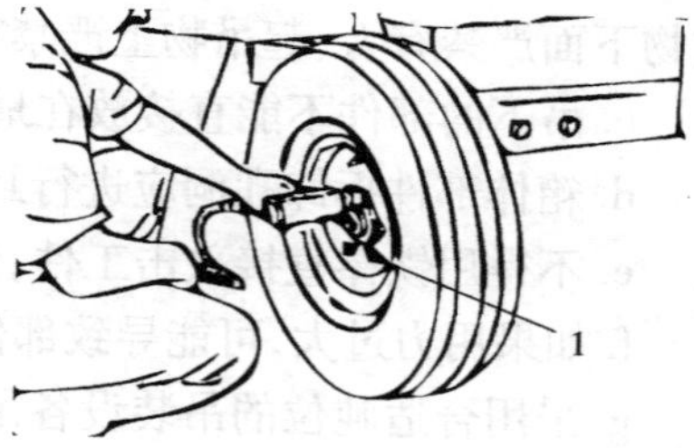 1—固定螺母
拆下转向油缸活塞杆球铰接头	拧下油缸活塞杆球铰接头固定螺母，取出卡环，拆下油缸活塞杆球铰接头	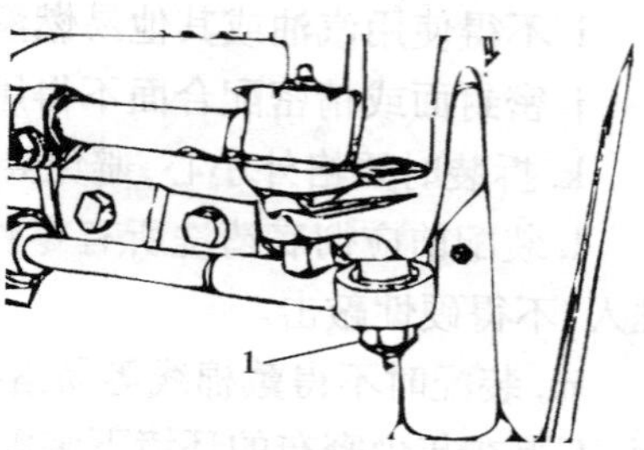 1—固定螺母
拆下转向油缸	断开油管的连接，拆下开口销，并拧下锁紧螺母，取出转向油缸	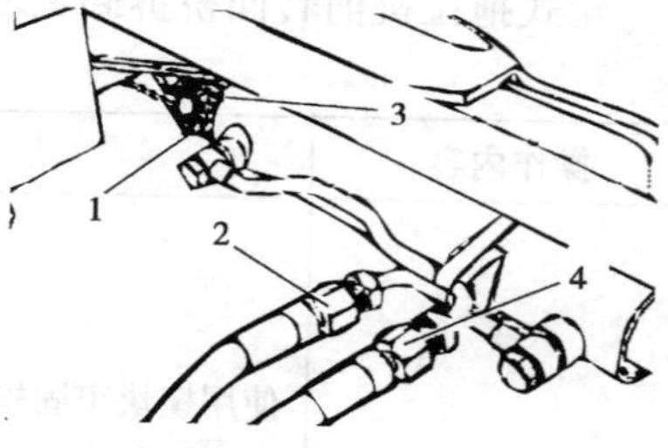 1—开口销；2，4—油管接头；3—锁紧螺母
拧下前桥摇摆轴固定螺母	可靠固定车桥。拧下前桥摇摆轴固定螺母	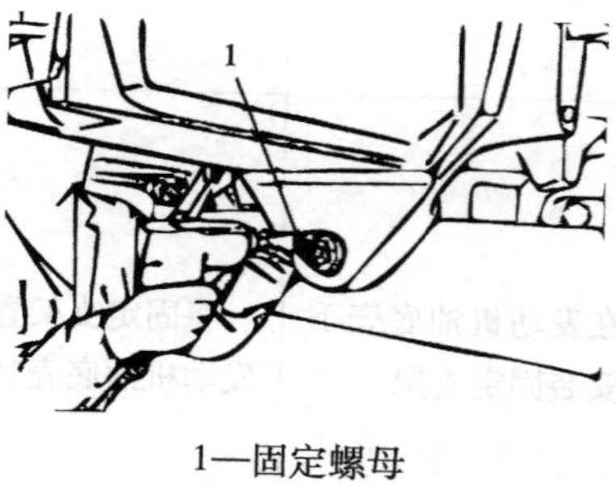 1—固定螺母

续表

操作内容	操作说明	图　示
拔出前桥摇摆轴	使用一个拔出器工具拔出前桥摇摆轴	1—拉拔器；2—摇摆轴
卸下前桥	用吊装工具卸下前桥	
拧松转向节臂与转向主销固定螺栓	将转向桥固定，拧松转向节臂固定到转向主销上的螺栓	1—固定螺栓；2—转向节臂
拔出转向节臂	从转向主销中拔出转向臂	1—转向节臂；2—转向主销

续表

操作内容	操作说明	图　示
拔出转向节	从前桥上拆下带轮毂的转向节	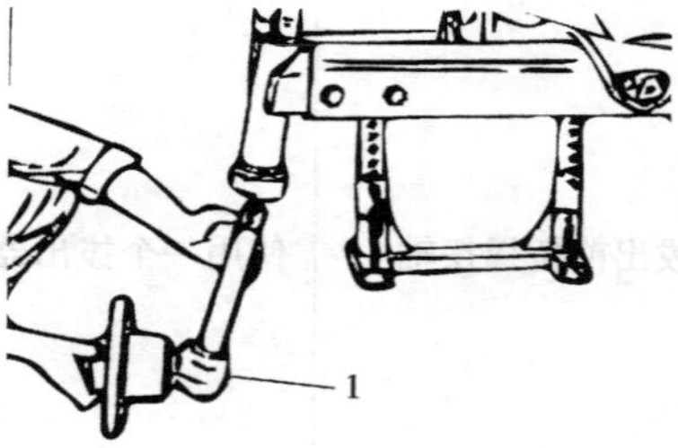 1—转向节
拧下固定螺栓	拧下转向节支架与前轴套管的固定螺栓	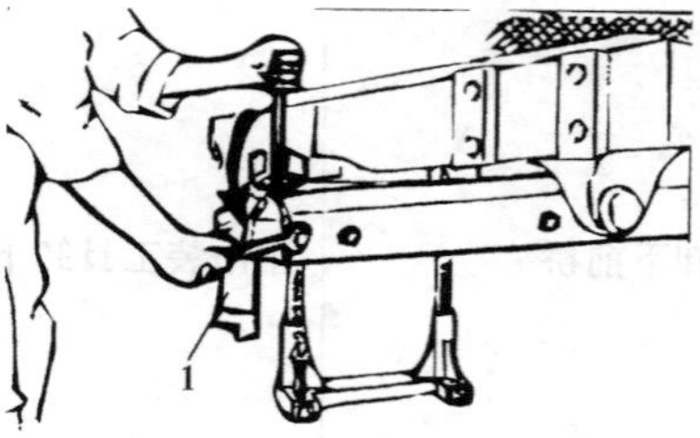 1—转向节支架
取出转向节支架	取出带内伸缩臂的转向节支架	 1—转向节支架
拔出转向节主销衬套	用台虎钳夹住转向节支架，使用一个拔出器拔出转向节主销衬套	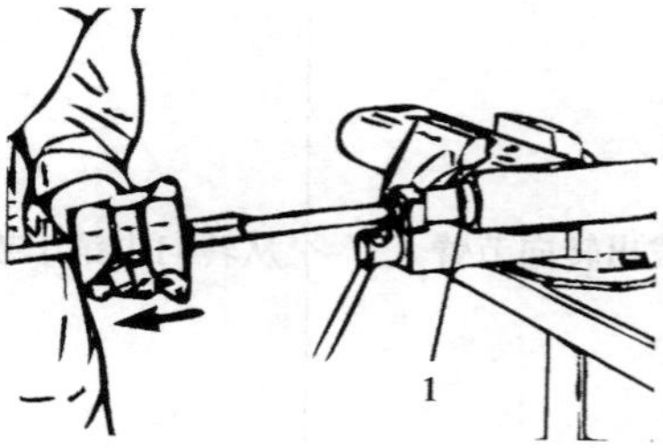 1—主销衬套

学习情境7.2　履带式拖拉机行驶系统的拆装与维护

[学习目标]

1. 了解履带式拖拉机行驶系统的基本功用、类型、组成及工作原理。
2. 了解典型履带式拖拉机行驶系统的结构。
3. 能选用适当工具对履带式拖拉机行驶系统进行拆装及维护。

[工作任务]

对履带式拖拉机行驶系统进行拆卸、组装及维护保养。

[信息收集与处理]

(1)履带式拖拉机行驶系统的特点

履带行走系统的功能与轮式行走系统根本功能都是支承拖拉机的车架并使其驱动轮的回转运动转变为拖拉机的直线行驶运动,但在驱动结构和转向方式上有较大不同。其特点主要有:整体结构相对复杂,牵引力大,地形适应性强,能耗更高,地隙较小,轨距不可调,且行驶速度较低,质量重,对地面损害,公路运输需要其他车辆,等等。

①履带的接地支承面积大,对地面的压强小,一般只有轮式拖拉机的1/10~1/4,因此,在松软的土地上下陷深度小。拖拉机的滚动阻力小。此外,由于履带支承面上同时与土壤作用的履刺较多,所以它具有较大的牵引力,能适应在恶劣条件下工作。

②履带拖拉机的驱动轮不与地面接触,它在旋转时带动履带滚动,履带与地面接触,拖拉机的全部质量都通过履带作用在地面上,使拖拉机前进、后退和转向。

③履带拖拉机行走系统的质量很大,因而运动的惯性也很大,再加之履带行走装置均为刚性元件,没有轮式拖拉机轮胎那样的缓冲作用。为了缓冲与减振,支重轮与拖拉机机体的联接不能完全采用刚性联接,而设置有适当的弹性元件,以缓和地面对机体的冲击。

④拖拉机工作一段时间后各履带板上的履带销会磨损,使履带的张紧程度发生变化,需要调整,因此,拖拉机行走系统中设置了张紧装置。张紧装置不仅可调整履带的松紧,还能起到一定的缓冲作用。导向轮是张紧装置中的一个组成部分,起引导履带正确地卷绕作用,但它不能相对于机体发生偏转,因此不能起引导履带拖拉机转向的作用。

⑤履带拖拉机行走系统结构复杂,消耗金属材料多,磨损较快,维修量大,且对维护人员技术要求较高。由于本身结构所限,其轨距不可调,行驶速度也较慢。

综上所述,履带式拖拉机主要用于恶劣地形且需要大牵引力的作业。

(2)履带式拖拉机的基本组成

履带拖拉机的行走系统主要有悬架、履带行走装置和车架等部分组成。悬架的功用是把履带行走装置和机体联接起来,并将拖拉机质量传给支重轮。履带行走装置的功用是支承机体,张紧并引导履带的运动方向,以及保证拖拉机行驶。它由驱动轮、导向轮、支重轮、托链轮和履带以及张紧机构组成,如图 7.25 所示。车架是拖拉机的骨架,它将拖拉机行走系统联成一体,因它和行走系统关系较密切,故有时也把车架列入行走系统的一部分。

履带拖拉机上的驱动轮、导向轮、支重轮、托链轮及履带俗称四轮一带。

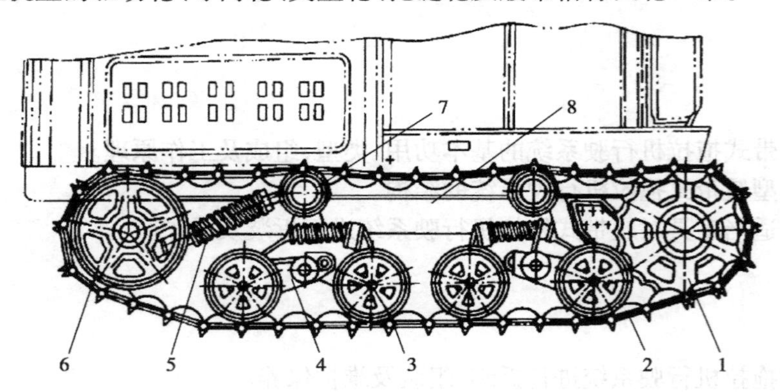

图 7.25 履带拖拉机行走系统

1—驱动轮;2—履带;3—支重轮;4—台车;5—张紧装置;6—导向轮;7—托链轮;8—车架

履带拖拉机的行走原理是通过一条卷绕的履带支承在地面上,履带上的履刺插入土壤,而驱动轮不直接接地。驱动轮在驱动扭矩作用下不断把履带从后方卷起,接地的那部分履带就给土壤一个向后的作用力,而土壤也就相应地给履带一个向前的反作用力,这个力就是推动履带拖拉机前进的驱动力,它通过卷绕在驱动轮上的履带传给驱动轮轮轴,再由轮轴通过机体传到支重轮上的。当此力足以克服滚动阻力和拖拉机所带农具的阻力时,支重轮就在履带上向前滚动,使履带式拖拉机向前行驶。

(3)*履带拖拉机的悬架*

履带拖拉机的悬架是用来联接支重轮和机体的部件。机体的质量通过悬架作用在支重轮上,履带和支重轮在行驶过程中所受的冲击也经悬架传给机体。

悬架分为弹性悬架、半刚性悬架和刚性悬架 3 种类型,如图 7.26 所示。弹性悬架是指

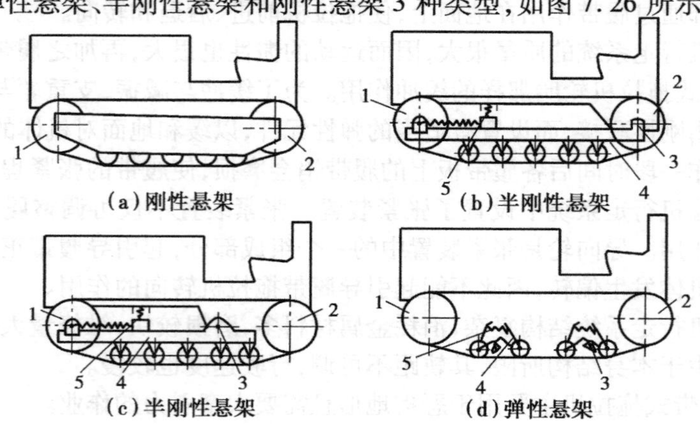

图 7.26 履带式拖拉机悬架示意图

1—张紧轮(导向轮);2—驱动轮;3—台车架摆轴;4—台车架;5—弹性元件

机体质量全部经弹性元件传递给支重轮;半刚性悬架是指质量分别经弹性元件和刚性元件同时传递给支重轮;刚性悬架就是支重轮与机体完全刚性联接。而目前农用履带拖拉机中没有采用刚性悬架。

1)弹性悬架

东方红-75型拖拉机采用弹性悬架。如图7.27所示,8个支重轮安装在4套台车架上。台车架分别与车架的前横梁和后横梁联接。台车架由一对互相铰接的空心平衡臂组成。内、外平衡臂的长度不等,短臂安装在靠近履带行走装置的中部,长臂则在履带行走装置的前或后方。内、外平衡臂用轴3铰接。摆动轴3凹槽内的销用来防止轴滑出。在长臂镗孔内装有滑动轴承,通过它将整个台车架安装到车架前、后横梁两端伸出的台车轴上,并允许其绕台车轴摆动。悬架弹簧13是螺旋弹簧,压缩在内、外平衡臂之间,它由两层螺旋方向相反的弹簧组成,用来承受拖拉机的质量和缓和地面对机体的冲击。螺旋弹簧具有较好的柔性,在吸收相同的能量时,其质量和结构尺寸都比钢板弹簧小,但它只能承受轴向力而不能承受横向力。

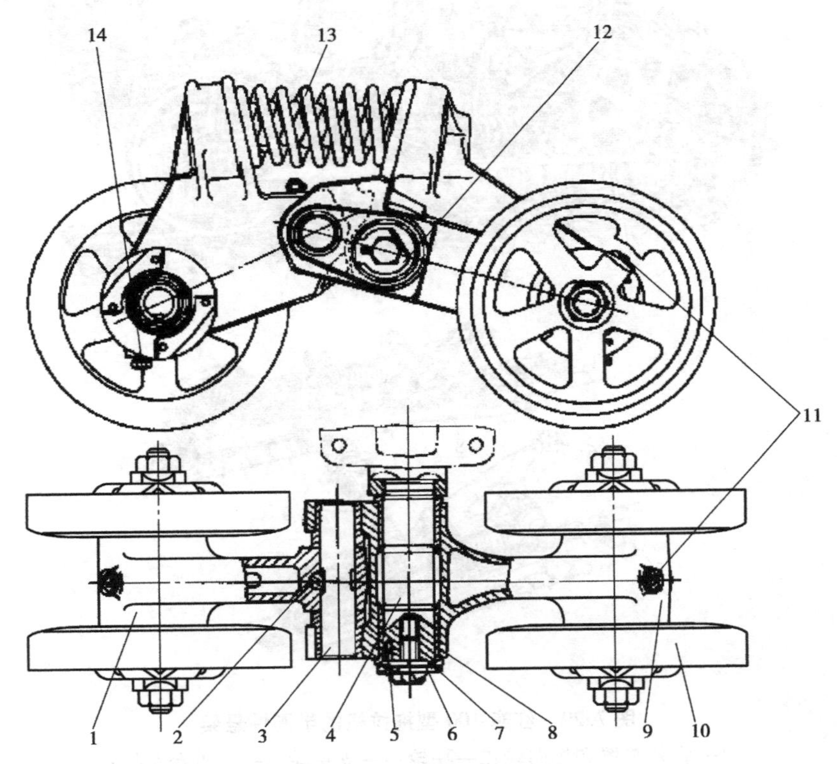

图7.27　东方红-75型拖拉机的弹性悬挂

1—内平衡臂;2—销;3—摆动轴;4—轴;5—定位销;6—挡圈;7—调整垫片;8—轴套;9—外平衡臂;10—支重轮;11—注油螺塞;12—锁紧片;13—悬架弹簧;14—放油螺塞

如图7.28所示,当拖拉机遇到障碍物,将一个臂上的支重轮抬高时,减振弹簧被压缩,台车轴离地高度则不变;越过障碍后它又在弹簧力的作用下恢复原来的位置。这种悬架能较好地起缓冲作用,并能很好地适应地面不平的情况,适用于较高速度的拖拉机。但是,这

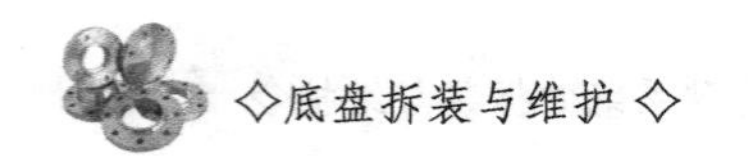

种悬架使拖拉机的接地压力很不均匀,因而在松软土地上行驶时滚动阻力较大。

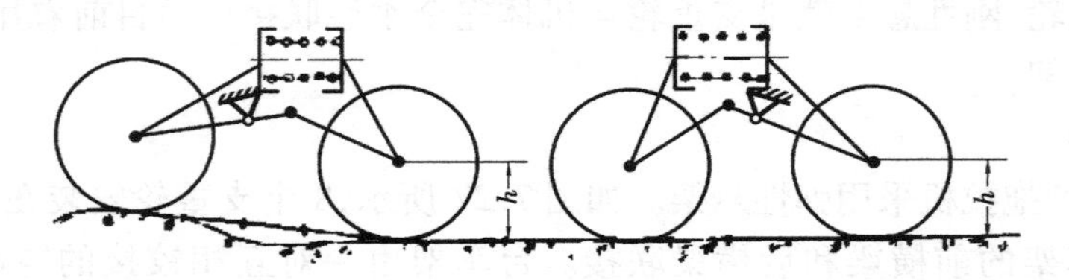

图 7.28 东方红-75 型拖拉机台车架缓冲作用简图

2)半刚性悬架

半刚性悬架在农业和工业用拖拉机中得到广泛的应用。红旗-100 型拖拉机的悬架就是半刚性悬架,如图 7.29 所示。它的台车摆动轴与驱动轮轴相重合。

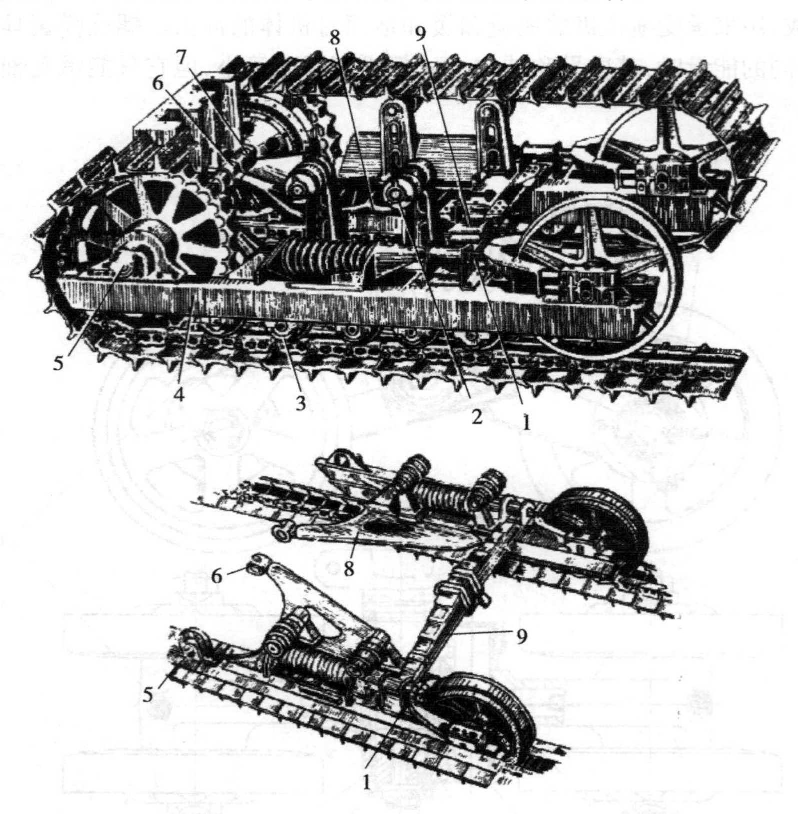

图 7.29 红旗-100 型拖拉机的半刚性悬架

1—张紧装置和导向轮;2—托轮;3—支重轮;4—支重台车架;

5,6—轴承;7—后轴;8—后托架;9—悬架弹簧

由两根槽钢焊成的台车架的下部刚性的固定着支重轮轴,在其上部借助支承架安装着张紧装置和导向轮,以及托轮等。

当拖拉机转向时,在台车上除承受着拖拉机的质量外,还承受着因土壤的横向移动而产生的企图使台车横移的力。为消除所产生于台车架的末端轴承上的侧向力,在台车架的后部内侧安装着后托架,台车架以其后轴承和后托架尾端轴承安装在机架后轴上。因此,台车

架后端与机架是刚性地铰链联接。悬架弹簧的两端放置在两边的台车上,其中央固定在拖拉机机体上。因此,台车架前端与机体是弹性联接,两个台车架各自可绕后轴上、下摆动。

悬架弹簧由大弹簧和两副小弹簧组成,如图7.30所示。大弹簧由4根U形螺栓紧固在支座中,在支座两边的凸耳中放置着两副小弹簧。小弹簧两端卷成耳状,用销轴联接于拉杆,拉杆再经小轴与固定在机体上的上盖联接。这样,大弹簧就不是直接地而是通过小弹簧与机体联接。小弹簧在安装后呈压缩状态。大、小弹簧都是钢板弹簧,起缓冲减振作用。当大弹簧相对于机体倾斜时,小弹簧将进一步变形,其力将促使大弹簧回复原来位置,以保持拖拉机的平稳。由于钢板弹簧在变形时中部承受弯矩最大,越向两端,弯矩越小,因此用长度不等的钢板叠加成为等强度梁,中间厚而两端薄。就钢板的横断面而论,其厚度也不相等,是中间薄而两边厚,因为钢板弯曲变形时两边的应力最大。钢板弹簧除能承受压力外,还能承受横向力和纵向力。

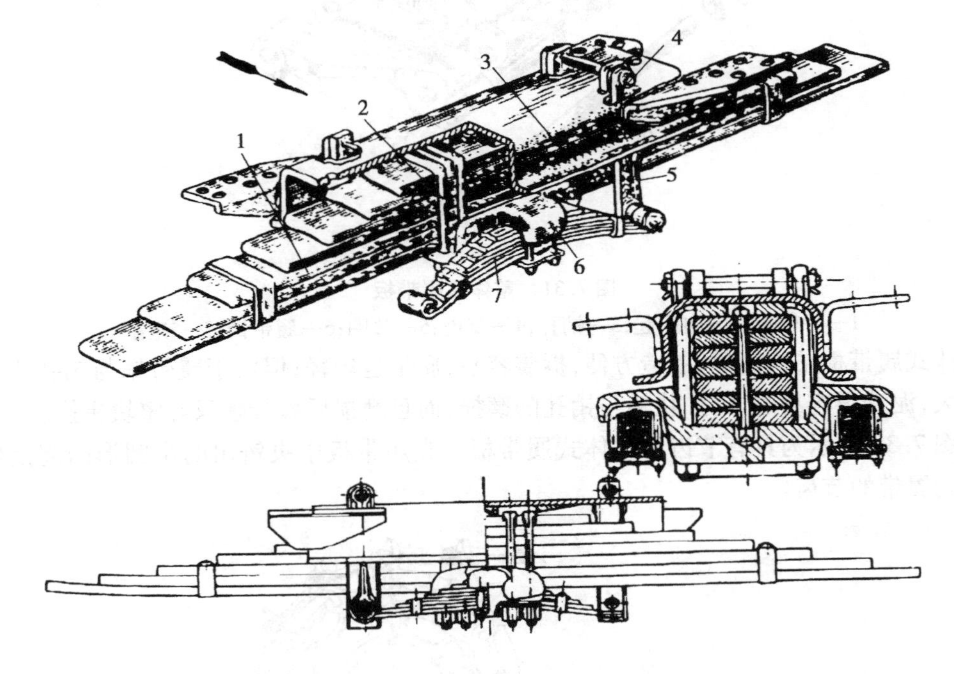

图7.30　红旗-100型拖拉机的悬架弹簧

1—大弹簧;2—U形螺栓;3—上盖;4—小轴;5—拉杆;6—支座;7—小弹簧

半刚性悬架中的台车架是一个极重要的骨架。它本身的刚度和它与机体间的联接刚度对履带行走装置使用可靠性和寿命影响很大。因此,为了加强台车架的刚度,在两根槽钢间焊有加强筋和支承板等。后托架是一个很大的铸钢件,焊接在台车架的内侧,以加强台车架与机体间的铰接刚度,承受横向力,防止台车架外撇。

3)履带

履带的功用是保证其与土壤的附着,并把拖拉机的质量传递给大的接地表面。履带的工作条件恶劣,故除要求它有良好的附着性能外,还要有足够的强度和耐磨性。

每条履带都由几十块履带板串接而成。履带板根据其结构不同,可分为整体式和组成式两种。

①整体式履带板

东方红-75型拖拉机上采用整体式履带板(见图7.31),由高锰钢整块铸成。前面一块履带板的销孔对着后面一块履带板的销孔,以履带销将各履带板联接成一整条履带。为防止履带销从销孔中滑出,在履带销的两端安装了垫圈和锁销。支重轮在履带的导轨1上滚动,导向凸起卡在支重轮的两个轮缘之间,防止履带横向滑脱。在履带接地的两端都铸有履爪,履带板的中央是空的,仅留一凸起作为与驱动轮啮合的节销。

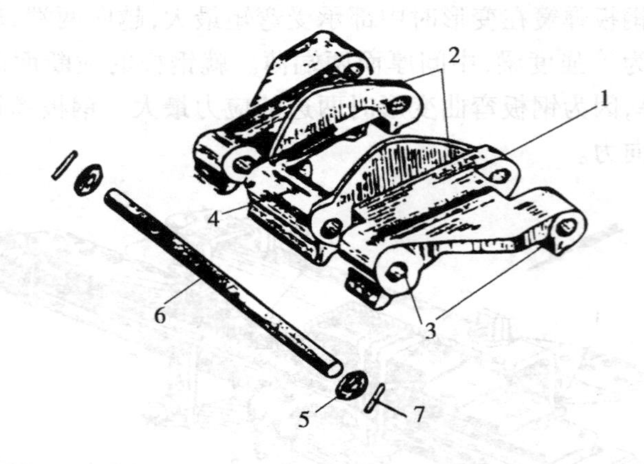

图7.31 整体式履带板

1—导轨;2—导向凸起;3—销孔;4—节销;5—垫圈;6—履带销;7—锁销

整体式履带板结构简单,制造方便,拆装容易,质量也较轻;但由于履带销与销孔之间的间隙较大,泥沙很容易进入,加快销与销孔的磨损,而且磨损后履带板只好整块更换。

如图7.32所示为具有节齿的整体式履带板。在履带板中央铸出的半圆形凸起是供驱动轮驱动履带的节齿。

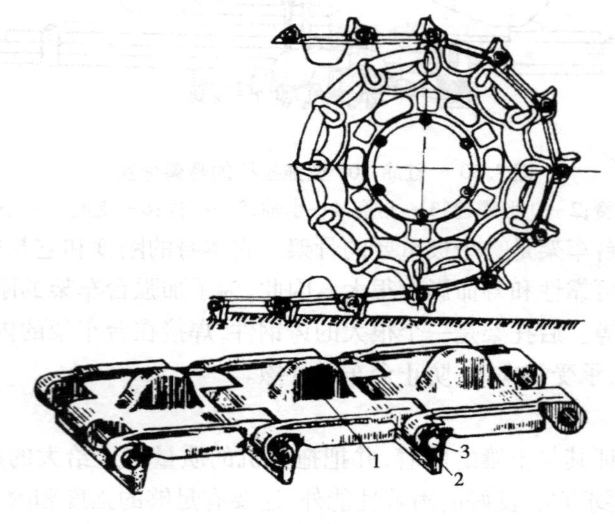

图7.32 具有节齿的整体式履带板

1—节齿;2—锁销;3—履带销

②组成式履带板

红旗-100型拖拉机上采用组成式履带板，如图7.33所示。履带板由具有履爪的支承板和两块导轨组成。导轨是支重轮滚动的轨道，每根导轨用两个螺栓联接到支承板上，履带板相互联接的铰链孔做在导轨的两端。在后一块履带板的前铰链孔内压入一个销套，然后再使其与前一块履带板的后铰链孔用履带销铰接，销也是压入的。销和销套具有径向间隙，两者能相对转动。销套的两端伸入前一块履带板导轨凹槽内，使泥沙不易进入履带销和销套的间隙内。销套同时又是驱动轮驱动履带运转的销节。

这种履带的拆装都需要在专用设备上进行。为了轻易解开履带，每条履带中有一个履带销是可拆的。图7.33中销的两端有锥形孔并开有轴向缺口。安装时，在销的两端打入锥形塞，使其胀大并紧固于销孔内；拆卸时，只需利用锥形塞内的螺纹拔出塞子，即可抽出销钉，把履带解开。

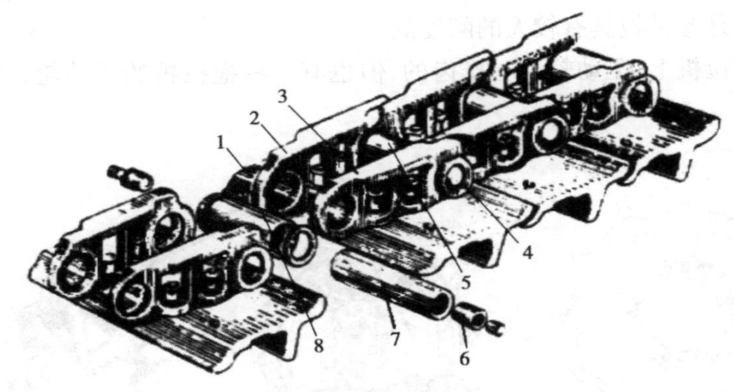

图7.33　组成式履带板

1—支承板；2,3—导轨；4—履带销；5—销套；6—锥形塞；7—可拆销；8—销套

另一种方法是把导轨分解为两半，如图7.34所示。锯齿形的分别与前后履带板联接着的两片导轨用螺钉固紧在一起。拆卸履带时，只拧开紧固两片导轨的螺钉即可，可大大节省履带拆卸时间。

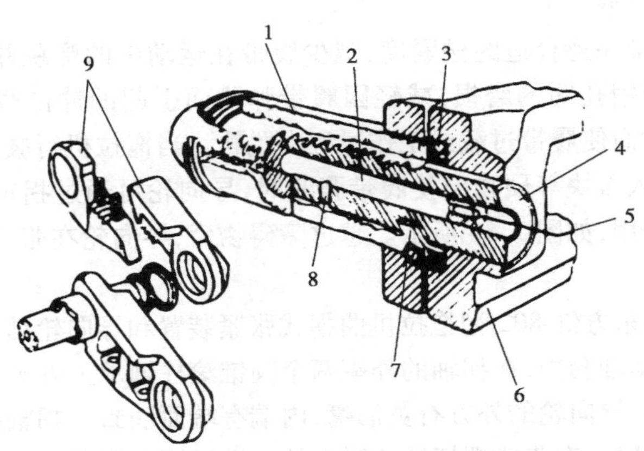

图7.34　组成式履带的拆卸和润滑

1—销套；2—油池；3—密封圈；4—销子；5—油堵；6—导轨；7—推力环；8—油道；9—组成式导轨

组成式履带板的优点在于导轨和支承板可分别用不同的材料制造;磨损后可单独更换,不必更换整块履带板。其缺点是质量大,拆装不便,联接螺栓易折断。

4)驱动轮

驱动轮的功用是卷绕履带并与它一起形成拖拉机行走及牵引农机具所必需的驱动力。驱动轮安装在最终传动的从动轴或从动轮毂上,驱动轮一般用中碳钢铸成,经热处理后齿面不再加工。驱动轮与履带的啮合方式两种,即节销式和节齿式。东方红-75 和红旗-100 型拖拉机的驱动轮轮齿与履带板的节销相啮合,称为节销式啮合。这种啮合方式的履带销所在圆周与驱动轮的节圆近似。驱动轮啮合作用在节销上的压力通过履带销中心。驱动轮轮齿可以是依次逐个与履带板节销啮合,也可以是隔一个齿与履带节销相啮合。

节齿式啮合就是驱动轮轮齿与履带板上的节齿相啮合。履带销所在圆周要比驱动轮的节圆大。轮齿给节齿的作用力不通过履带销中心,使履带销上作用有一个附加扭矩,但这种啮合方式的优点是履带板具有较大的刚度。

在大多数拖拉机上,驱动轮为一排齿的,但也有一些拖拉机的驱动轮采用双排齿,如图 7.35 所示。

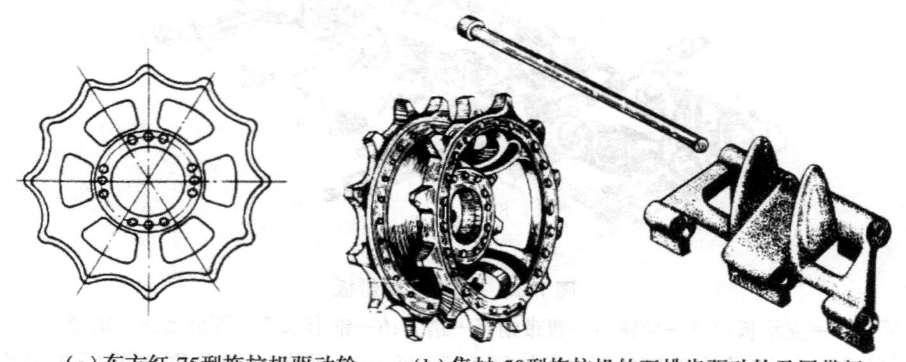

(a)东方红-75型拖拉机驱动轮　(b)集材-50型拖拉机的双排齿驱动轮及履带板

图 7.35　驱动轮

5)张紧装置与导向轮

张紧装置可使履带保持合适的松紧度,减少履带在运动中的弹跳并缓和对导向轮的冲击,从而减轻履带销与销孔间的磨损,减轻因履带弹跳而引起的冲击载荷和额外的功率消耗;防止遇到障碍物时而使履带过载或工作过程中脱轨。当拖拉机行驶中,遇到障碍物或在履带与驱动轮之间卡入石块等硬物而使履带张紧时,导向轮可通过拐轴迫使张紧弹簧压缩而后移,从而起缓冲作用,如图 7.36 所示。越过障碍物后,导向轮在张紧弹簧的作用下又回到原位。

如图 7.37 所示为东方红-802 型拖拉机曲拐式张紧装置和导向轮结构图,拐轴安装在车架前方的支座 3 的滑动轴套内,在拐轴的外端两个圆锥滚柱轴承上安装着导向轮,其轴承间隙由轴端螺母来调整。导向轮的外方有黄油嘴,内端有端面油封。拐轴固有连接耳,它用销子与张紧臂联接,张紧臂内有张紧螺杆缓冲弹簧的一端抵压在张紧臂的弹簧座上,另一端则抵压在用螺母限位的弹簧座上。张紧螺杆的后端用螺母和球形垫圈抵压在支座内。履带松

紧度的调整方法是:在平坦的硬地面上,将木条置于两托带轮间履带丘,测量履带下垂度最大处和木条间的距离。若履带下垂度不符合要求,应首先检查缓冲弹簧的长度,不符合时转动调整螺母,使张紧螺杆前后移动,使履带松紧度达到上述要求。

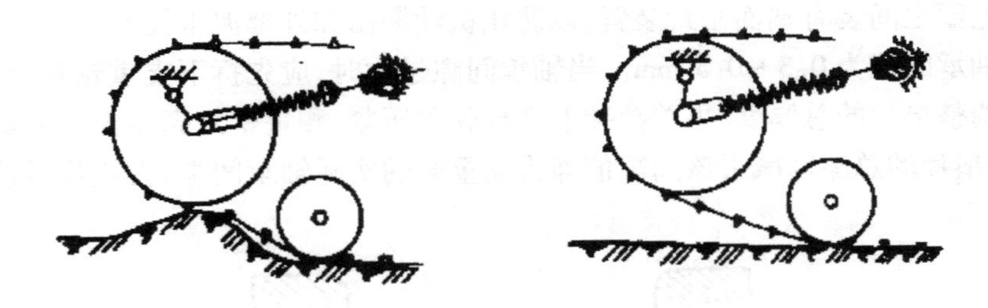

图 7.36 东方红-802 型拖拉机张紧装置缓冲原理

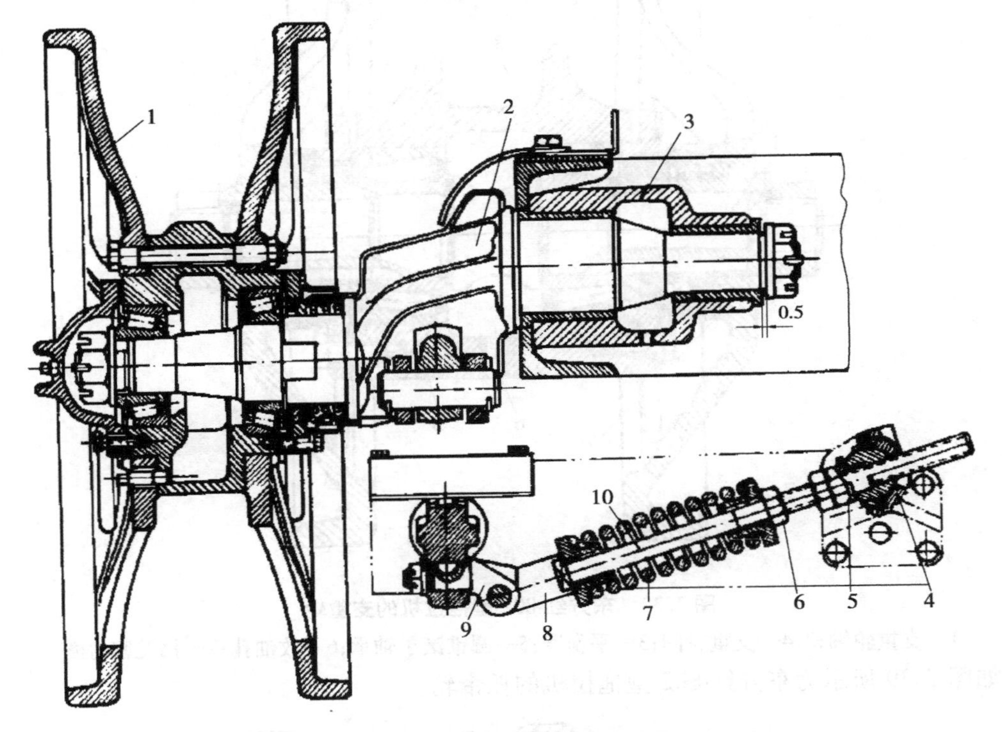

图 7.37 东方红-802 型拖拉机的张紧装置与导向轮

1—导向轮;2—拐轴;3,4—支座;5,6—螺母

7—缓冲弹簧;8—张紧臂;9—连接耳;10—张紧螺杆

6)支重轮与托带轮

支重轮的作用是支承拖拉机的质量,并通过履带把它传给地面。支重轮在履带导轨面上滚动,还起夹持履带防止横向滑脱的作用。在转向时,迫使履带在地面上滑移。支重轮常在灰尘和泥水中工作,又承受强烈冲击,工作条件很恶劣,因此要求它密封可靠、轮缘耐磨。农用拖拉机常用直径较小、个数较多的支重轮,以使履带支承面的接地压力均匀,减小拖拉机在松软土壤工作时的下陷深度。

如图7.38所示为东方红-802型拖拉机支重轮结构的剖面图。每边履带有4个双轮圈的支重轮，其支重轮轴由两个圆锥滚柱轴承支承在平衡臂的轴孔中，轴的两端通过平键和螺母装有含锰中碳钢制成的轮缘，轴承用机油润滑，平衡臂上设有加油孔，也是放油孔。在轴承的外面和轮圈之间装有端面密封装置，以防止机油漏出和外部泥水侵入。

支重轮轴承间隙为0.3～0.5 mm。当轴承间隙过大时，应先拆下支重轮和密封壳，取出并测量全部调整垫片的总厚度，再单独装上密封壳并压紧，测量密封壳端面与平衡臂凸缘间的间隙，调整垫片的总厚度减去该间隙值即为支重轮的实际轴承间隙，去垫片可使轴承间隙减小。

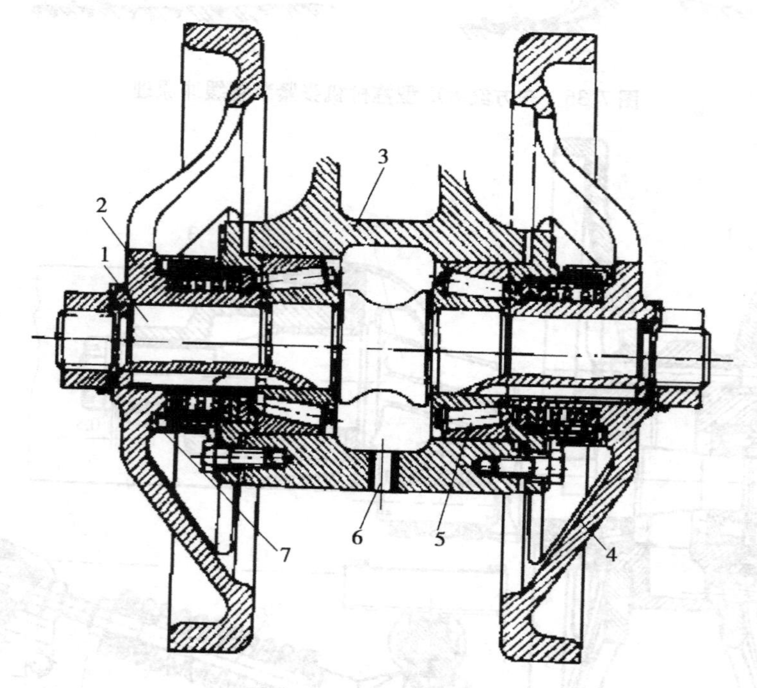

图7.38　东方红-802型拖拉机的支重轮

1—支重轮轴；2,4—支重轮圈；3—平衡臂；5—圆锥滚子轴承；6—放油孔；7—挡泥密封圈

如图7.39所示为东方红-802型拖拉机的托带轮。

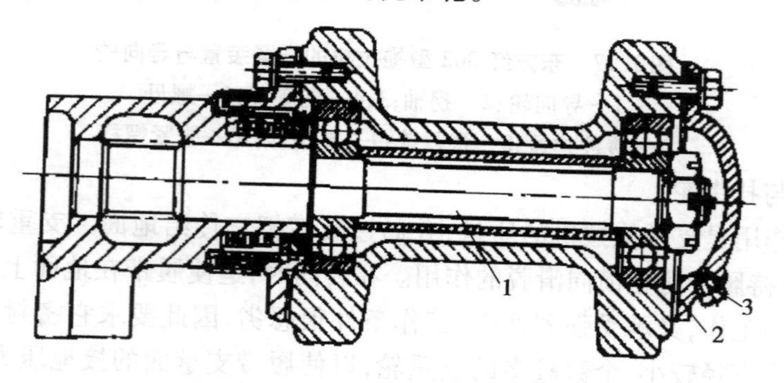

图7.39　东方红-802型拖拉机的托带轮

1—托轮轴；2—盖；3—注油塞

托带轮用来托住履带上方区段，防止履带下垂度过大，以减小履带运动的振跳，并防止履带侧向滑脱。托带轮个数一般每边1～2个，也有的拖拉机上不装托带轮。托带轮受力较小，工作条件较好，因此，它通过两个向心球轴承安装在托带轮轴上。托带轮结构简单，一般用不经加工的铸钢或铸铁件制成。其内端装有端面油封，外端用盖封住，盖上用同一个注油塞，同时也是放油塞。当轴承间隙超过2 mm时，需更换全套轴承。

实施履带式拖拉机行走装置的维护保养作业

(1)履带式拖拉机行走装置的使用与保养

①及时清除行走系统各部位的泥土、杂草，检查各联接件的紧固情况。

②检查履带销的联接情况，及时补装脱落的锁销和垫圈，以防履带销窜出造成事故。

③检查各部位轴承的润滑油面，不足时及时添加导向轮拐轴注黄油，直到旧油从衬套缝隙处挤出为止。其他各部位注机油，导向轮应将螺塞口转到上方，添加到中央检查塞油口处流油为止；支重轮应加到加油口流油为止；托轮应将检查塞转至上方与水平成45°，加油至溢油为止。

按时或根据情况更换导向轮、支重轮、托轮内的机油。其方法是趁热放出旧油，加入柴油，开动拖拉机前后行驶3～5 min放出洗油，加入新机油到规定油位。

④台车轴、摆动轴、台车挡圈以及拐轴大、小轴套和平衡臂大小轴套等，若磨损量大于1.5～2 mm时，须使之翻转180°，让未磨损的一面调转到对称的一边继续使用。行走系统具有对称配置的零件，如履带、拐轴、驱动轮、支重轮、托轮及导向轮等。在发现有偏磨时，也应拆下，调换到另一边继续使用。这样做不但可以延长零件的寿命，还可避免行走系统其他零件早期磨损。正确检查调整履带拖拉机的行走装置。

⑤在使用中尽量避免偏牵引作业。

(2)履带拖拉机行走装置的检查与调整

1)履带拖拉机行走装置的检查与调整事前准备

①前期准备

a.待修拖拉机及常用拆装工具。

b.按厂家维修手册要求制作或购买的专用拆装工具。

c.按厂家维修手册要求制作或购买专用调整工具。

d.相关说明书、厂家维修手册和零件图册。

e.专用支承台架、零件摆放台、接油盘、记号笔、记录纸等辅助设施。

f.千分尺、百分表等测量工具。

g.吊装设备及吊索。

②安全注意事项

a.操作人员应按规定正确着装。

b.采用合适吨位的吊装设备、吊钩及吊绳，钢丝吊绳应与设备间有隔离垫块，起吊过程重物下面严禁有人，起吊物上严禁有人。

c. 吊下的部件不能直接放在地面上，应垫枕木。

d. 箱体部件拆卸孔洞应进行封口。

e. 不得用铁棒直接敲击工件，避免伤害工件精度。一般要用铜、橡胶或塑料锤子。

f. 如果用力过大，可能导致部件损坏。

g. 采用合适吨位的吊装设备吊装和移动所有重型部件。吊装和移动时，应确保装置或零件有合适的吊索或挂钩支承。

h. 在安装齿轮、花键轴等带尖角的零部件时，要注意不要被尖角划伤。

i. 不得使用汽油或其他易燃液体清洗零部件。

j. 密封面或精密配合面不得用起子等硬金属撬开，以免划伤表面。

k. 拆装时要格外小心，避免弄丢或损伤小的物件。

l. 装配前应彻底清洗所有零件，装配时密封件应涂上润滑油。精密配合件可用手直接推入，不得硬性敲击。

m. 装配时不得戴棉线等易落毛渣的手套，不得使用棉纱等抹布擦拭密封或精密配合表面，不得在灰尘密布的环境下装配。

2）相关作业内容

①导向轮轴承间隙的检查调整

导向轮轴承间隙限值为 0.3 mm。当超过 0.5 mm 时，或者在四号技术保养时应予以调整。为此，将拐轴端的调整螺母拧到底以消除轴承间隙，然后将螺母退回 1/5 ~ 1/3 圈即可。

②支重台车轴向间隙的检查调整

台车的轴向间隙限值为 0.3 ~ 0.5 mm。当超过 0.5 mm 时，应予以调整。检查时，顶起拖拉机，使一台车离开履带轨道，沿轴向推拉台车或用量具测量止推垫圈与外平衡臂端面的间隙，取下相应数量的调整垫片，并按规定扭矩紧固台车轴螺钉，再重新检查轴向间隙，只到合适为止，然后再先后检查其他 3 个台车。

③支重轮轴承间隙的检查调整

支重轮轴承间隙为 0.3 ~ 0.5 mm。检查时，使支重轮离开履带轨道，沿轴向晃动支重轮并测量其间隙。若间隙过大，可抽出相应的调整垫片来保证间隙在允许的范围内。

④托轮轴承间隙的检查

用撬杠将履带抬起，使履带离开托链轮，然后用手沿轴向晃动托链轮，其间隙不得超过 2 mm，否则，应更换轴承。

⑤履带松紧度的检查调整

将拖拉机停放在平坦的硬地面上，将直木条置于两托链轮间履带上，测量履带下垂度最大处和木条间的垂直距离，此距离也称履带的下垂度，应为 30 ~ 50 mm。不符合时，应予以调整。

调整前，首先检查履带张紧装置螺杆上的张紧弹簧的长度应为 260 + 5 mm。不符合时，可通过拧动弹簧螺母来调整。然后调整支座端调整螺母，使张紧螺杆前后移动，进而改变导向轮的前后位置，使履带松紧度达到要求为止。

⑥东方红-802 型拖拉机最终传动轴承间隙的检查与调整

该车轴承间隙为 0 ~0.1 mm。拆下驱动轮盖，拧下轴承挡盘的任意固定螺钉，检查其余两个螺钉的拧紧力矩是否在规定值内。不足时，按规定扭矩拧紧。然后将驱动轮轴承间隙检查压罩用专用螺栓固定于取出的那个螺钉孔中，使压罩端面和轴承的内环外端面贴紧并拧紧螺钉，在拧紧过程中，应用榔头敲打压罩外端，以免因压罩只用一个螺钉布被压扁，以致在 3 个缺口处测量得的间隙值相差过多而不准确。拧紧螺钉后，轴承间隙即被消除。这时，用手应该不能转动驱动轮，用厚薄规依次插入压罩上的 3 个缺口内，测量轴承挡盘与轴承内圈端面的间隙是否在规定的范围内。若间隙超过规定值的上限，应予以调整。

这时，应拆下压罩和轴承挡盘，减去相应数量的垫片，装复后再重新进行检查。如果因为轴承磨损过多，垫片被抽完后而间隙仍然不符合要求时，可在内轴承的内圈与支承凸缘之间加装一片厚 2 mm 的垫圈，然后通过垫片再重新进行调整。

当最终传动主动齿轮齿厚磨损量达到 1.5 mm 或者从动齿轮齿厚的磨损量达到 1.27 mm时，可将左右两侧的最终传动齿轮连同轴承、轮毂成套的换边使用，以延长使用寿命。当主动齿轮齿厚磨损量达到 3.1 mm，从动齿轮齿厚磨损量达到 2.37 mm 时，应更换新齿轮副。

学习情境8

工作装置的拆装与维护

●学习目标

1. 能描述液压悬挂动力输出装置的用途及工作原理。
2. 能选择适当的工具拆装拖拉机液压悬挂动力输出装置。
3. 能有效地对液压悬挂动力输出装置零部件进行检修。
4. 会诊断和排除拖拉机液压悬挂动力输出装置的故障。

●工作任务

对拖拉机液压悬挂动力输出装置进行部件拆装与维护；能排除液压悬挂动力输出装置常见故障。

●信息收集与处理

拖拉机是一种可移动的动力机械，依靠拖拉机上的工作装置去完成各项农业生产作业。液压悬挂装置是拖拉机的主要工作装置。本章通过对拖拉机工作装置的拆装与维护作业，掌握拖拉机液压悬挂机构有组成及类型，掌握液压操纵机构的维护方法，能够有效地排除工作装置中常见的液压系统堵塞、卡死、漏油、失调、液压系统零部件磨损等故障。

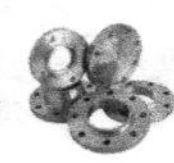

学习情境8.1 工作装置的拆装与维护

[学习目标]

1. 了解液压悬挂及动力输出装置的基本功用、类型、组成及工作原理。
2. 了解拖拉机液压悬挂及动力输出装置的结构。
3. 能选用适当工具对拖拉机液压悬挂及动力输出装置进行拆装及维护。

[工作任务]

对拖拉机液压悬挂及动力输出装置等工作装置进行拆卸、组装及维护保养。

[信息收集与处理]

拖拉机是一种可移动的动力机械,依靠拖拉机上的工作装置去联接各种农机具才能完成各项作业。液压悬挂装置是利用液体压力提升并维持农机具处于各种不同位置的悬挂装置。

(1)悬挂装置的功用

悬挂装置是在拖拉机上用来悬吊悬挂式农机具的,一般没有独立的行走机构。在大功率拖拉机上,由于要使用宽幅或重型农机具来工作,拖拉机组的稳定性会变坏,因此一般采用半悬挂式联接,也就是有部分结构质量仍由农机具的地轮承受。液压悬挂装置除使农机具质量向拖拉机驱动轮转移外,还用于升降农机具的工作机构。

因此,悬挂装置的功用如下:

①联接和牵引农机具。

②控制农机具的耕作深度或提升高度。

③操纵农机具的升降。

④使拖拉机驱动轮增重,改善拖拉机的附着性能。

⑤将液压能输送到农业作业机械上进行其他操作。

悬挂装置有以下4个方面的特点:

①简化了农具的结构,因而减轻了农具的质量,节省材料,降低了农机具的工作阻力。

②农机具的部分质量通过悬挂系统转移到拖拉机上,由拖拉机驱动轮承受,从而增加了拖拉机驱动轮上的附着质量,改善了拖拉机的牵引附着性能。

③根据不同的工作情况,悬挂在拖拉机上的农机具可以随意升降。机组运转灵活,转弯

半径大为减小,从而可提高机组的劳动生产率。

④悬挂式农机具操纵轻便,节省机手劳力。

(2)悬挂装置的组成

一个完善的液压悬挂装置由液压系统和悬挂机构构成。根据悬挂机构在拖拉机上布置位置的不同,悬挂方式可分为前悬挂、中间悬挂、后悬挂及侧悬挂4种,如图8.1所示。

后悬挂方式能满足大多数农业作业的要求,拖拉机上广泛采用的前悬挂适用于推土、收获等作业,中间悬挂常见于自动底盘式拖拉机上,侧悬柱常用在割草和收获等作业方面。

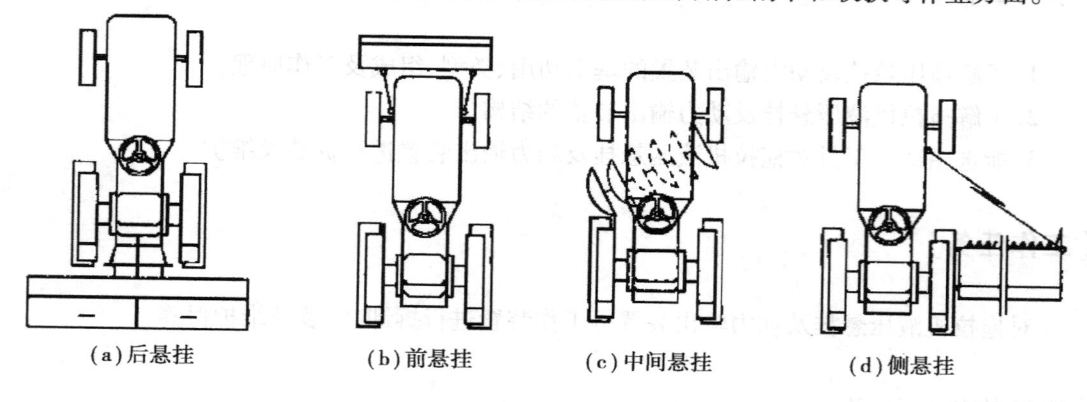

图8.1　悬挂机构的配置方式

(3)悬挂机构

根据悬挂机构与拖拉机机体的联接点数可分为三点悬挂机构和两点悬挂机构。

1)三点悬挂机构

如图8.2(a)所示,三点悬挂的悬挂机构以3个铰接点与拖拉机机体联结。

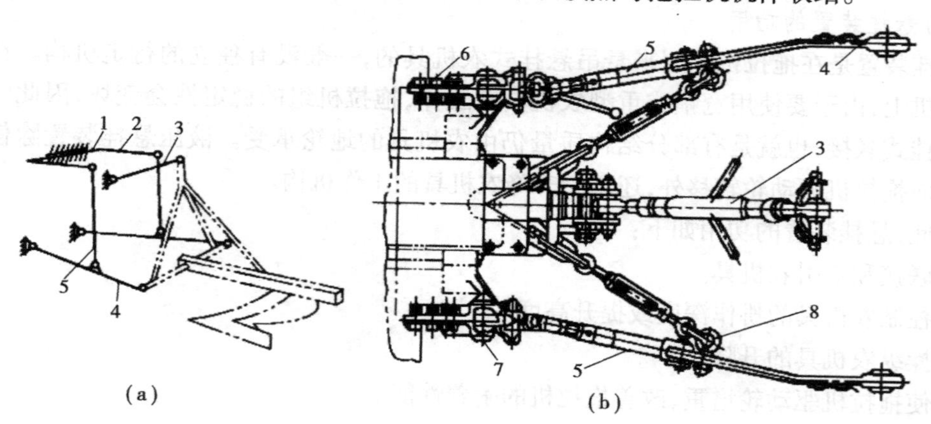

图8.2　三点悬挂机构

1—提升轴;2—提升臂;3—上拉杆;4—下拉杆;
5—提升杆;6—下拉杆连接板;7—限位链;8—下拉杆连接销

农机具在工作过程中,采用三点悬挂时,相对于拖拉机不可能有太大的偏摆。因此,农机具随拖拉机直线行驶的稳定性较好。但当拖拉机一旦走偏方向,而农机具已入土工作,要

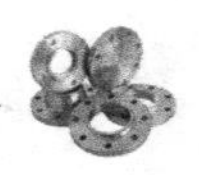

矫正拖拉机机组的行驶方向就比较困难。因此,三点悬挂的悬挂装置仅应用于中、小功率的拖拉机上。

如图8.2(b)所示为东风-50型拖拉机三点式悬挂机构的结构图。它由提升轴,提升臂,上、下拉杆等零部件构成。上、下拉杆用以联接农机具。提升轴是由液压系统驱动的主动轴。提升轴的转动通过提升臂、提升杆带动下拉杆上下运动,从而升降农机具。

2)两点悬挂机构

两点悬挂机构如图8.3(a)所示。悬挂机构仅由两个铰接点与拖拉机机体联接,农机具相对于拖拉机可以作较大的偏摆。在大功率拖拉机上,常备有两点悬挂的悬挂装置,以便配备宽幅、重型农机具进行作业。

如图8.3(b)所示为东方红-75型拖拉机悬挂机构安装成两点式悬挂时的情形。两点悬挂时,将左、右下拉杆的前端,固定在悬挂机构下轴的一个共同铰链点上。安装成三点悬挂的,上拉杆被安装在中间位置,下拉杆分左、右安装在两侧铰链上。

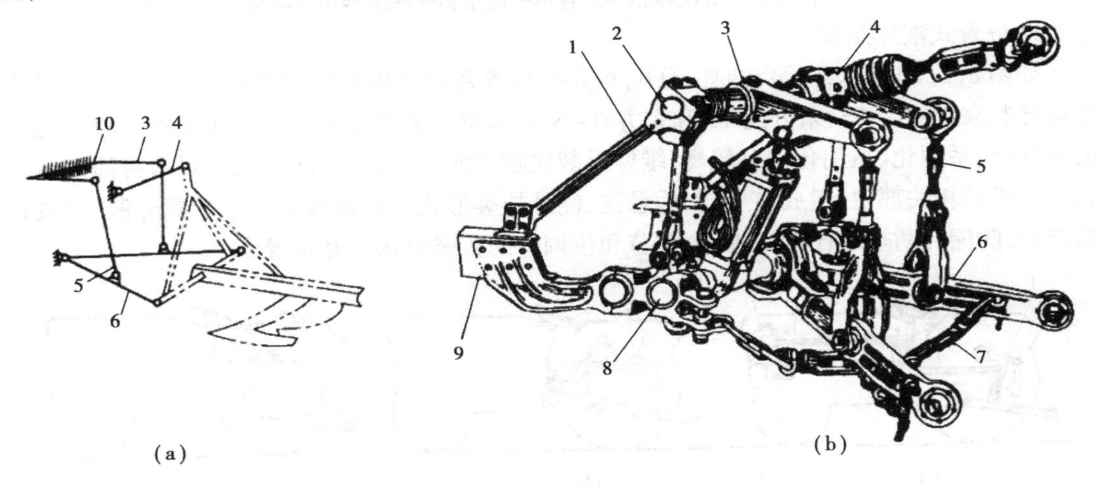

图8.3　两点悬挂机构

1—支架;2—上轴;3—提升臂;4—上拉杆;5—提升杆;

6—下拉杆;7—限位链;8—下轴;9—支架座;10—提升器

(4)液压系统的组成

液压系统是一套机械能与液压能的转换机构,是液压悬挂装置的动力和控制部分。为了产生并传递液压能,以提升或维持农机具处于某工作状悉。液压系统一般由油缸、分配器和辅助装置油箱、油管、滤清器等组成一个循环的液压油路,如图8.4所示。它由操纵机构控制液压系统处于各种不同的状态,以满足各种动作要求。

为了提高劳动生产率和适应农业生产要求,液压系统应该具有足够的提升能力、提升行程和提升速度;能有效地实现驱动轮加载和方便地输出液压功率;并具有必需的耕作深度调节方法和良好的调节效果。

按照油泵、油缸、分配器等主要组成元件在拖拉机上的安装位置不同,拖拉机液压系统可分为分置式、半分置式和整体式3种。

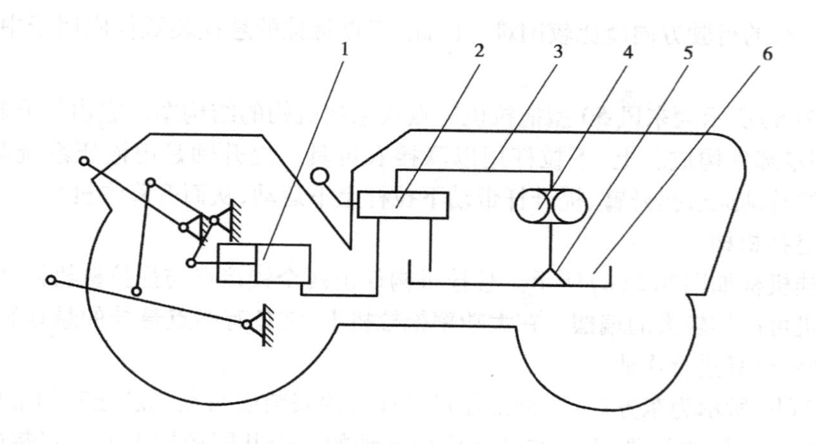

图 8.4　液压系统的组成

1—油缸;2—分配器;3—油管;4—油泵;5—滤清器;6—油箱

1)分置式液压系统

如图 8.5(a)所示,油泵、油缸、分配器分别布置在拖拉机不同的部位上,相互之间用油管连接起来。铁牛-55、东方红-75 和东方红-28 型等拖拉机都采用这种结构形式。液压元件的标准化、系列化、通用化程度较高;维修拆装比较方便,可根据不同情况和要求将油缸布置在拖拉机的相关部位,组成前悬挂、后悬挂、侧悬挂等形式。其缺点是由于布置分散,导致管路较长,防漏和防尘等比较困难,力调节和位调节的传感机构不好布置。

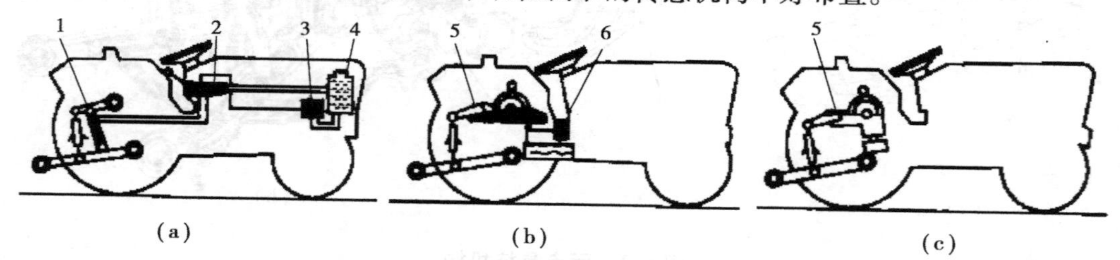

图 8.5　液压系统的类型

1—油缸;2—分配器;3,6—油泵;4—油箱;5—提升器

2)半分置式液压系统

如图 8.5(b)所示为半分置式液压系统。半分置式液压系统的元件,除油泵单独安装在拖拉机的适当部位处,其余油缸、分配器和操纵机构等元件都布置在一个称为提升器的总成内。提升器总成固定在传动箱上部,提升器总成壳体即构成传动箱上盖。

采用半分置式液压系统的有东风-50、东方红-20 等拖拉机。半分置式液压系统的油缸、分配器、位调节及力调节的传感机构等都布置得集中、紧凑,油泵可做到三化,并实现独立驱动。其缺点是总体布置上,通常受到拖拉机结构的限制。

3)整体式液压系统

如图 8.5(c)所示为整体式液压系统。其全部元件及其操纵机构都布置在一个结构紧凑的提升器总成壳体内。其优点是结构紧凑,油路集中,密封性好,力、位调节的传感机构比较好布置。其缺点是元件不易做到三化,拆装时不够方便。

(5)工作深度的调节

悬挂机组工作时应满足耕深均匀的要求，其次应保证发动机负荷波动不大，不影响机组的生产率。因此，必须有合适的调节装置，以适应土壤和地面形状的变化。国产拖拉机上采用高度调节、力调节和位调节3种工作深度控制方法。

1)高度调节

如图8.6所示，农机具靠地轮对地面的仿形作用来维持一定的耕深，通过改变地轮与农机具工作部件底平面之间的相对位置来改变耕深。

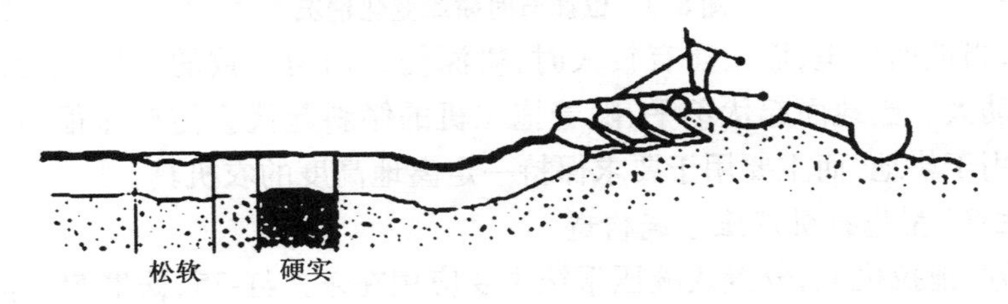

图8.6　高度调节时耕深变化情况

当土壤比阻变化不大时，用高度调节法可得到比较理想的耕深。如果土质不均匀，地轮将下陷较深，会使耕深增加。高度调节时，油缸处于浮动状态，不受液压的作用，悬挂机构各杆件可以在机组纵向垂直平面内自由摆动。

2)力调节

如图8.7所示，力调节时农机具靠液压维持在某一工作状态，并有相应的牵引阻力。阻力的变化可通过力调节传感机构迅速反应到液压系统并适时升、降农机具，以使牵引阻力基本上保持一定，因而发动机负荷波动不大。当主要由地面起伏引起阻力变化时，力调节法可使耕深比较均匀，发动机负荷平稳、均匀。当主要由土壤比阻变化而引起阻力变化时，采用力调节法仅仅使发动机负荷波动不大，耕深会不均匀。

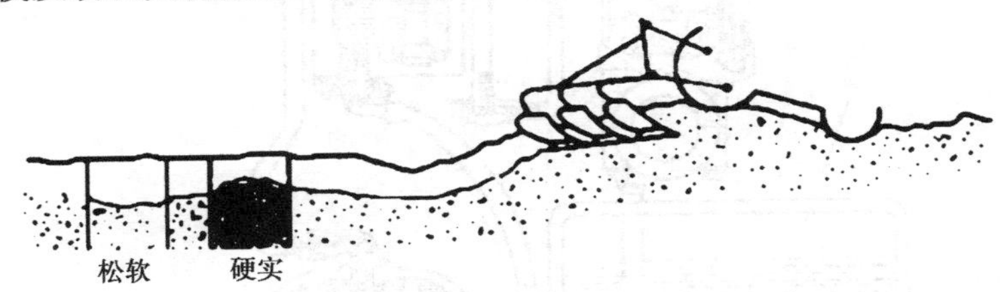

图8.7　力调节时耕深变化情况

力调节时，农机具不用地轮，对拖拉机驱动轮有增重作用，提高了拖拉机的牵引附着性能。

3)位调节

如图8.8所示，位调节时农机具靠液压作用悬吊在一定位置，这个位置靠移动操纵手柄任意选定。在工作过程中，农机具相对于拖拉机的位置是固定不变的，当农机具位置发生变动，通过提升轴的转动，凸轮上升程的变化反应到液压系统中，使农机具自动提升恢复到原来位置。也就是说，位调节是以提升轴转角为传感信号，使农机具与拖拉机的相对位置保持不变，而力调节是以农机具的牵引阻力变化为传感信号使牵引阻力保持不变。

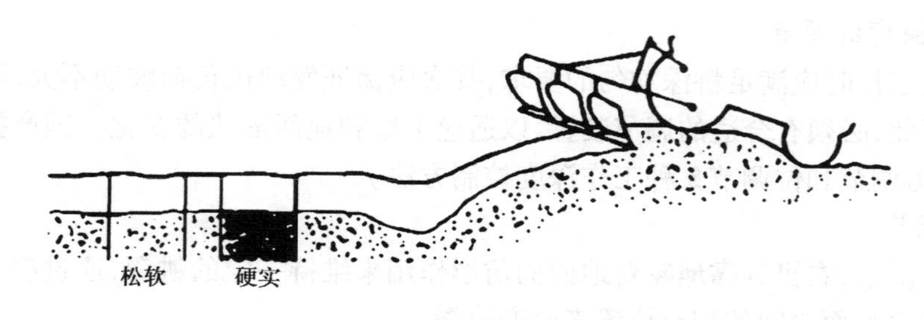

图 8.8 位调节时耕深变化情况

位调节时，当地面平坦，而土质有较大时，耕深仍是均匀一致的，只是牵引阻力变化大，发动机负荷波动大。当地面起伏不平，随着拖拉机的倾斜起伏会使耕深很不均匀。位调节一般不太适宜用于耕地，而主要用于要求保持一定离地高度的农机具。

(6)东方红-75 型拖拉机液压系统构造

目前，在国产拖拉机上，分置式液压系统主要应用在东方红-75、铁牛-55、东方红-28 型等拖拉机上。如图 8.9 所示为东方红-75 型拖拉机采用的是分置式液压系统。

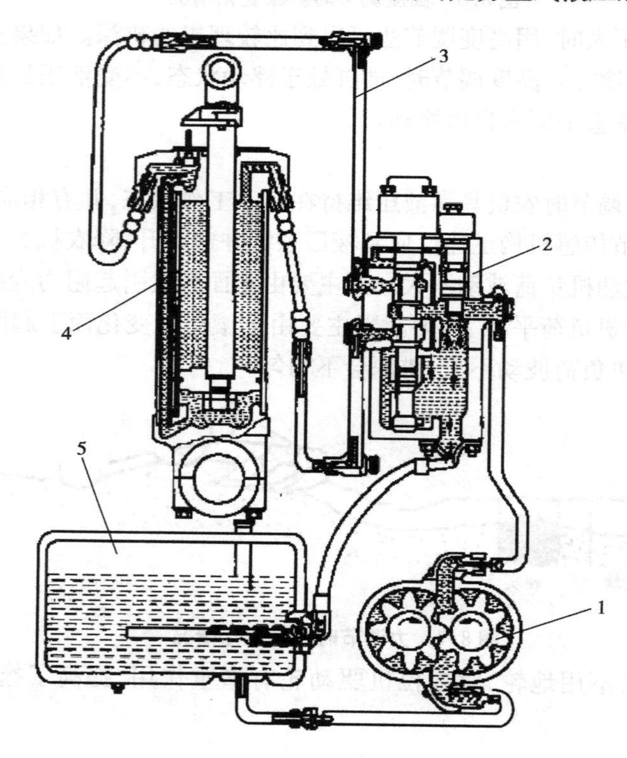

图 8.9 东方红-75 型拖拉机的液压系统

1—油泵油箱；2—分配器；3—油管；4—油缸；5—油箱

该液压系统由油泵、油缸、分配器、油箱，以及高、低压油管等组成压油调节容积封闭式油路。液压系统的各组成元件，分别布置在拖拉机前、后各部位。相互间用高、低压油管连接。操作者用手直接操纵分配器中的主控制阀，分别获得提升农具、用高度法控制耕深、强制农机具入土和保持拖拉机与农机具处在某一相对位置不变 4 种工作情况。

1)油泵

东方红-75 型拖拉机采用的油泵是 CB-46 型容积式齿轮泵,如图 8.10 所示。它由壳体、主动齿轮、被动齿轮、前后浮动轴套、端盖,以及后油封、大密封圈和小密封圈等组成。油泵装在拖拉机发动机的左侧,风扇驱动齿轮之后,通过牙嵌离合器由发动机直接驱动。

2)油缸

东方红-75 型拖拉机采用的是 YG-110 型双作用油缸,如图 8.11 所示。油缸体由上盖、下盖和缸套 3 部分组成。双作用活塞将缸筒分为上、下两腔 A、B,分别接分配器的两个压力油道。油缸下盖 11 与拖拉机铰接,活塞杆 8 上端与提升杆铰接。当油缸上腔 A 充入压力油后,便推动活塞向下移动,即强制农机具下降;当油缸下腔 B 充入压力油后,便推动活塞向上移动,即推举农机具上升。上盖上还设有缓降阀和定位阀。

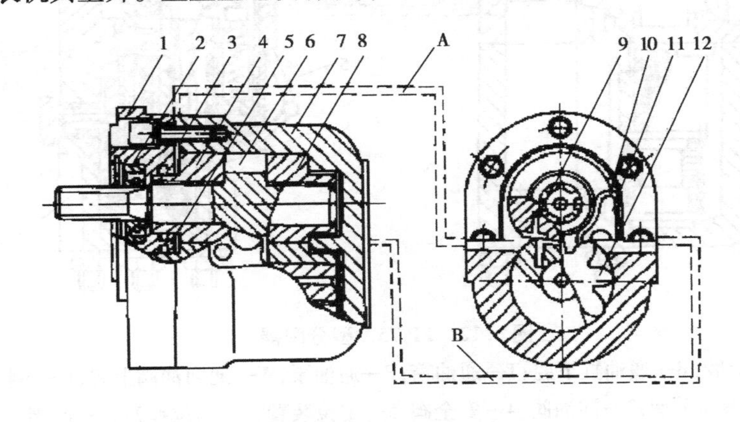

图 8.10　CB-46 型油泵

1—端盖;2—后油封;3—大密封圈;4—前轴套;5—小密封圈;6—主动齿轮;
7—壳体;8—后轴套;9—导向钢丝;10—卸荷密封圈;11—卸荷片;12—被动齿轮

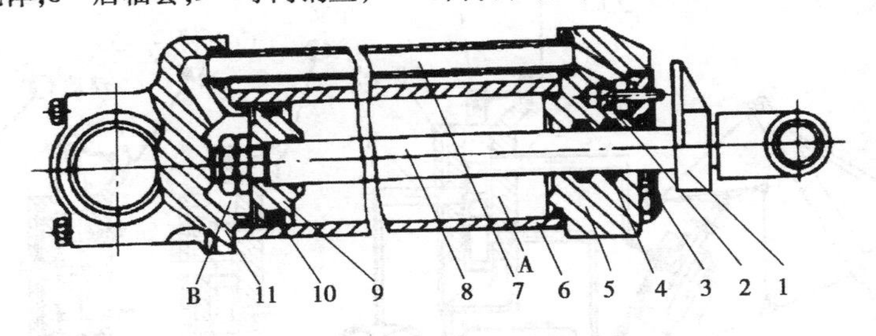

图 8.11　YG-110 型油缸

1—定位挡块;2—定位阀;3—除尘片;4—油封;5—上盖;
6—缸套;7—油管;8—活塞杆;9—活塞;10—牛皮-橡胶圈;11—下盖

3)分配器

FP-75A 型分配器构造如图 8.12 所示。它由主控制阀、回油阀、安全阀,以及操纵手柄、定位装置和回位弹簧等组成。主控制阀是一个四位五通滑阀,由阀杆上的 6 道密封带与阀体上的 5 道油槽配合。其工作作用可按阀杆结构分为的上、中、下 3 段。上段控制回油阀的开关;中段担负控制液压系统内部油流方向的任务,使农具分别形成提升、中立、强降及浮动

4 种工作状况，其状态如图 8.13 所示；下段装有阀杆的定位与自动回位机构。

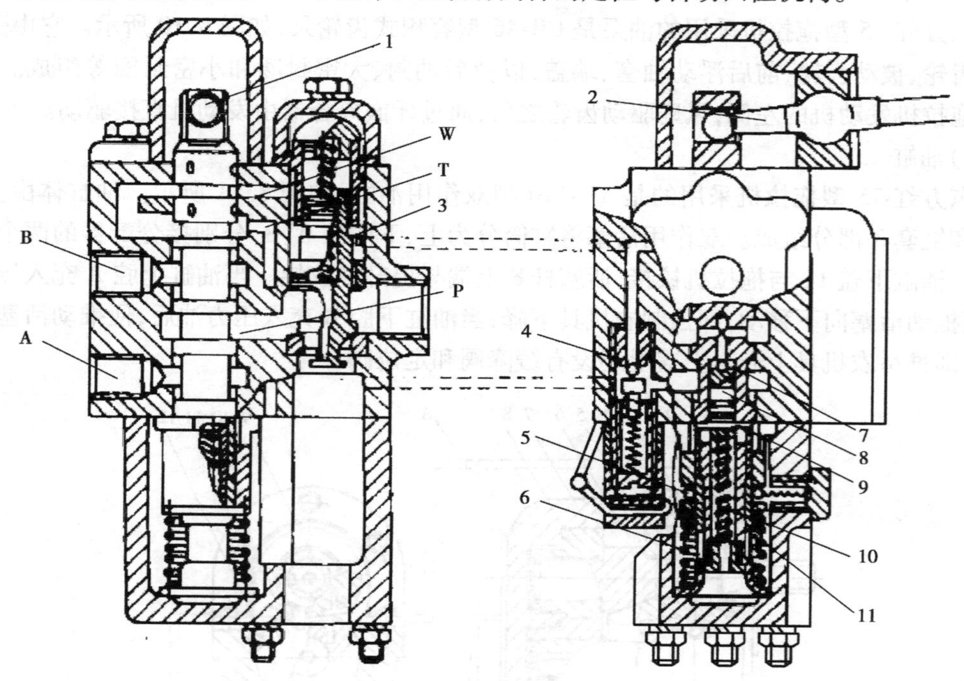

图 8.12　FP-75A 型分配器

A—通油缸上腔；B—通油缸下腔；T—通油箱；P—通油泵；W—通回油阀上腔；1—主控制阀；2—操纵手柄；3—同油阀；4—安全阀；5—定位装置；6—回位弹簧；7—球阀；8—增力阀；9—分离套筒；10—增力阀弹簧；11—支承套筒

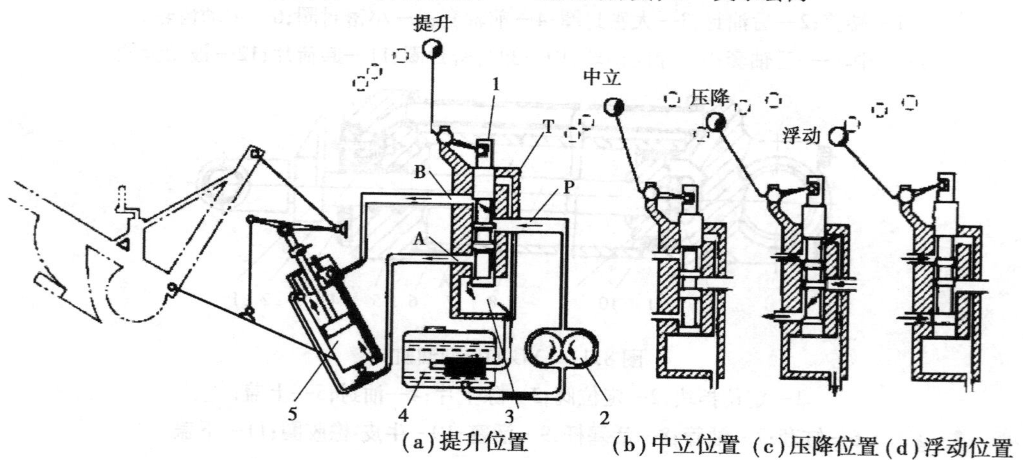

图 8.13　液压系统内部油流方向的控制过程

A—提升；B—中立；P—压降；T—浮动；

1—主控制阀；2—油泵；3—分配器；4—油箱；5—双作用油缸

在使用东方红-75 型拖拉机的液压系统中，应注意以下 3 点：

①油泵的接合和分离应在发动机启动前进行。不需液压系统时，应将牙嵌离合器分离，

使油泵不转动,以免功率损耗和不小心引起的安全事故。

②浮动是分置式液压系统的主要工作情况。压降只有在推土、开沟、破土或土壤很坚硬不能靠农机具自重入上等情况下才使用。农具压降入土后,应立即将手柄扳到浮动位置。

③机组转移时,将农机具提升到运输状态,再用手按下定位阀即可。这样,油缸中的油液由定位阀与主控制阀封闭,农机具不会自行下落。

(7)动力输出装置

动力输出装置是将拖拉机发动机功率的一部分以至全部以旋转机械能的方式传递到需要动力的农机具上去的一种工作装置。

动力输出装置包括动力输出轴和动力输出皮带轮。由于拖拉机功率的增大,为了优化其功率利用,液压动力输出也随之增多。

动力输出轴多数都布置在拖拉机的后面,但也有布置在拖拉机前面或侧面的,根据动力输出轴的转速数,可分为标准转速式动力输出轴和同步转速式动力输出轴。

1)标准转速式动力输出轴

动力输出轴转速有1~2种固定的标准值,(540±10)r/min或(1 000±25)r/min。标准转速式动力输出轴的动力传动齿轮都位于变速箱第2轴前面,如图8.14所示。也就是说标准转速式动力输出轴,其输出转速只取决于拖拉机发动机的转速,与拖拉机的行驶速度无关。

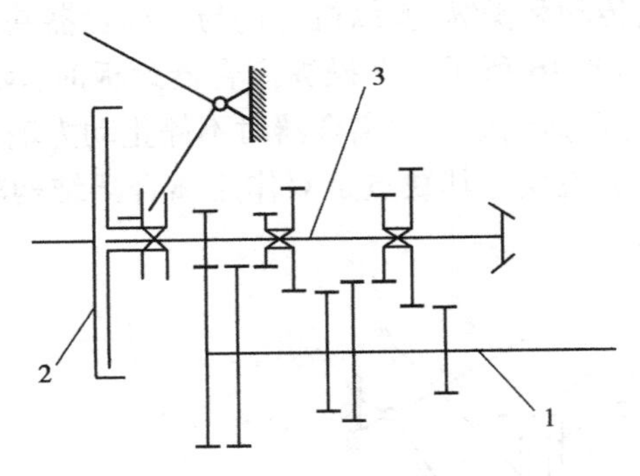

图8.14　标准转速式动力输出轴

1—动力输出轴;2—主离合器;3—变速箱第2轴

2)同步式动力输出轴

同步式动力输出轴的动力传动齿轮都位于变速箱第2轴之后,如图8.15所示。无论变速箱换入哪一个速挡,动力输出轴的转速总是与驱动轮的转速同步。例如,上海-50型等拖拉机,设有同步式动力输出轴。同步式动力输出轴用来驱动播种机和施肥机等,以保证播量均匀。当拖拉机滑转严重时,会影响所配置的农机具的工作质量。

由于同步式动力输出轴都由变速箱第2轴后引出动力,因此,当主离合器结合变速箱以任何挡位工作时,同步式动力输出轴便随之工作。也就是说同步动力输出轴的操纵,仅由主离合器控制。而标准转速式动力输出轴都由变速箱第2轴以前引出动力。其操纵方式则可由主离合器控制,也可以另外设置单独的操纵机构控制。

根据标准转速式动力输出轴操纵方式的不同,又可将其分为独立式动力输出轴、半独立

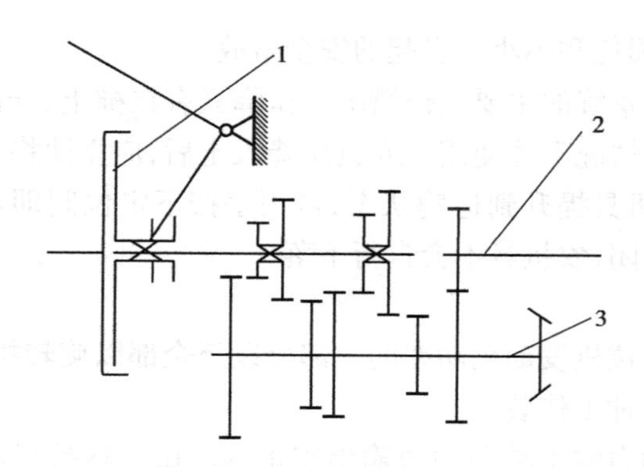

图 8.15　同步式动力输出轴

1—主离合器;2—动力输出轴;3—变速箱第 2 轴

式动力输出轴和非独立式动力输出轴 3 种。

如图 8.14 所示,非独立式动力输出轴没有单独的操纵机构,它的传动和操纵都是通过主离合器来控制的。当主离合器接合时,动力输出轴同时旋转;主离合器分离时,动力输出轴也停止转动。这种形式的动力输出轴结构简单,但缺点是在拖拉机起步时,必须同时克服拖拉机起步和农机具开始工作这两个方面的工作阻力,发动机负荷较大,拖拉机停车换挡时,农机具也会随之停止工作。

半独立式动力输出轴的传动和操纵,操纵机构仍与主离合器共用,由双作用离合器中的动力输出轴离合器控制,如图 8.16 所示。在操纵离合器踏板时,动力输出轴离合器比主离合器后分离先接合。这样,即可达到分离主离合器时不停止动力输出轴的要求,又改善了拖拉机起步时发动机负荷过大的现象。其缺点是双作用离合器结构较复杂,工作过程中不能单独停止动力输出轴的工作。

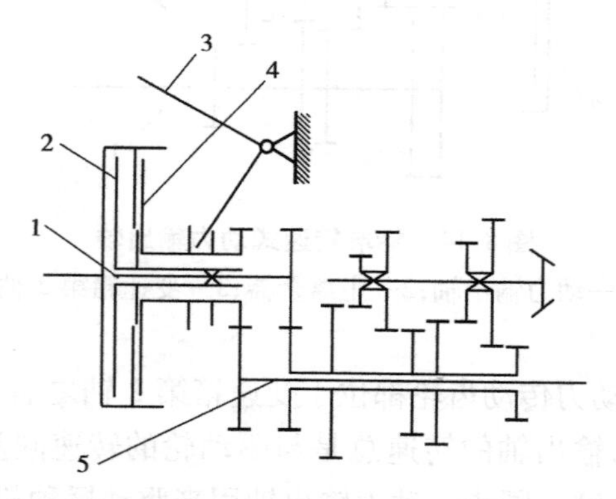

图 8.16　半独立式动力输出轴

1—变速箱第 1 轴;2—变速箱第 1 轴摩擦片;

3—离合器踏板;4—输出轴摩擦片;5—动力输出轴

独立式动力输出轴的传动和操纵与主离合器的工作不发生关系,如图 8.17 所示。它们都由单独的机构来完成。在采用独立式动力输出轴的拖拉机上装有一个主离合器和副离合器布置在一起的双联离合器,双联离合器用两套操纵机构分别操纵主、副离合器。副离合器

是动力输出轴离合器。这种形式的动力输出轴，使用方便，既可改善拖拉机发动机因起步而导致的过大负荷，又能广泛满足不同农机具作业的要求。其缺点是双联离合器的结构较为复杂。

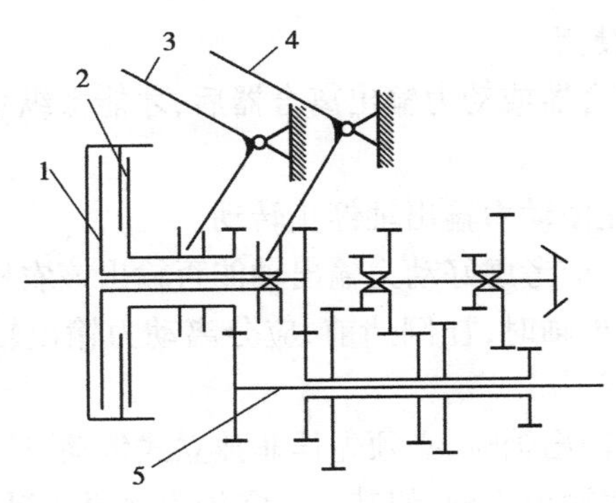

图 8.17　独立式动力输出轴

1—主离合器摩擦片；2—副离合器摩擦片；3—副离合器踏板；
4—主离合器踏板；5—动力输出轴

有些拖拉机上只设有标准转速式动力输出轴或同步式动力输出轴。有些拖拉机上的动力输出轴则既可输出标准转速的动力，也可输出同步式转速的动力，如图 8.18 所示。

只需要转换传动齿轮啮合情况即可实现标准输出或同步输出。当滑动齿轮与固定齿轮啮合时，可得到同步式动力输出；当滑动齿轮与固定齿轮脱开并接上接合套时，便可获得标准转速式动力输出。

动力输出轴的广泛采用，大大地提高下拖拉机的综合利用性能，当然也为结构和使用方面增添了复杂性。在使用各类拖拉机的动力输出轴时，应当注意以下 3 点。

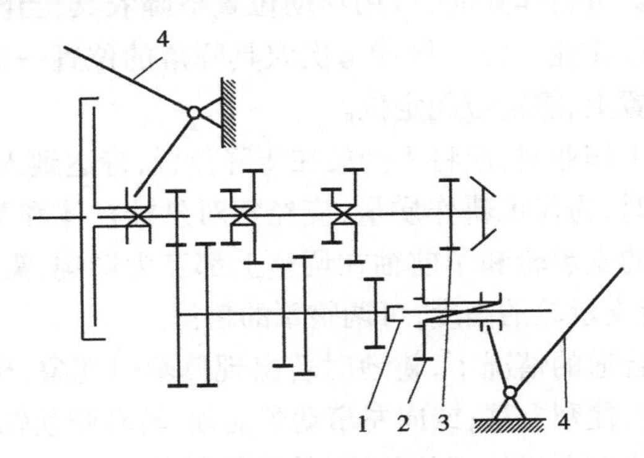

图 8.18　标准转速兼同步转速动力输出轴

1—接合套；2—滑动齿轮；3—固定齿轮；4—接合手柄

①必须先完全分离主离合器或动力输出轴离合器后，才能操纵手柄，接合或分离动力输出轴传动齿轮。

②拖拉机后退时，必须先使动力输出轴停止转动。

③在选择配套农机具时，应考虑好动力输出轴能否输出该农机具所必需的功率。

实施工作装置的维护保养作业

(1)动力输出轴的正确使用

①必须先完全分离主离合器或动力输出离合器后,才能操纵手柄,接合或分离动力输出轴传动齿轮。

②拖拉机后退时,必须先使动力输出轴停止转动。

③在选择配套农机具时,应考虑好动力输出轴能否输出该农机具所必需的功率。

④在使用同步式动力输出轴时,挂倒挡前,应分离动力输出轴,否则会使农机具的工作机构反转。

⑤在挂独立传动式动力输出轴时,必须先挂非独立式传动,使动力输出的相关部件快速运动起来,然后迅速操纵动力输出手柄,使其越过空挡直接进入独立传动位置。严禁在空挡位置直接挂独立传动。

⑥按照使用说明书,正确对动力输出轴进行调整和紧固。

(2)液压悬挂系统的使用与维护

①按试运转规程对拖拉机液压悬挂系统进行试运转,特别注意检查手柄自动回位情况。

②注意对油液预温,避免因油温过低、黏度过大使泵吸入空气油泵过热。因此,在使用前,应接合油泵接合手柄,使油液在低压下循环一段时间,以提高油温。

③经常检查液压系统的元件与管路有无渗漏现象并及时排除;发现提升农具有抖动现象时,要及时排除系统中的空气。

④耕深调节。悬挂带有限深轮的农具进行作业时,手柄应放在浮动位置。

悬挂无限深轮的农具进行作业时,可用浮动位置下降农具,当降到所需要的位置后,再将手柄扳回中立位置进行作业。为了保持每次农具降落的位置一定,可将定位卡块事先固定在调好的活塞杆的位置上,靠定位阀定位。

悬挂农具需强制入土作业时,应将手柄放在压降位置,待达到入土深度后再扳回到中立位置。拖拉机带犁耕地时,为保证耕作质量,应经常对悬挂杆体和犁的调整部位进行调整。中心拉杆,左右立柱、犁的支承轮和犁前轴在调整上都互为影响,需凭驾驶员的使用经验正确选择。一般来说,改变支承轮的高度,可调整犁的耕深。

在拖拉机轮距调整合适的情况下,耕地时若出现偏牵引现象,机头偏向已耕地,可松开左限位链,拧紧右限位链,使犁左移;或向左窜动犁前轴,转动犁前轴来调整。

⑤通过调整悬挂机构左右斜拉杆的长度,使机架保持前后水平状态。耕地作业时斜拉杆上的销子穿进长槽中,播种、中耕时销子穿进圆孔中。

通过调整上拉杆长度的方法使农具保持前后水平状态。如机架前低后高时,应调长上拉杆;反之,应调短上拉杆。只有保持机架前后水平状态,才能保证农具入土的工作部件具有合理的入土角和稳定工作。

根据不同的作业要求,合理地调整限位链长度和联接方法。两点悬挂耕地作业时,农具提升至运输位置后,限位链一端联接牵引叉,另一端联接下拉杆耳环螺栓并调紧限位链,以

限制运输时农具的横向摆动量。而作业中限位链松弛。三点悬挂播种、中耕作业时，限位链两端分别联接在两根下拉杆的前、后耳环螺栓上，作业时应适当调整，使拖拉机与农具轨迹不会偏斜。

⑥当悬挂农具短途运输时，为避免农具行驶中突然下降撞坏农具，可将油缸端盖上的定位阀压下，切断油缸下腔的回油。其方法是：当农具提升到最高位置，将定位阀用扳手或手钳压入阀座中。当到达作业区后，先将手柄扳到提升位置，使定位阀顶起后，再使农具下降。若不能下降，再重复几次提升动作，就可将定位阀从关闭状态打开。

长途运输时，悬挂机构的上拉杆和斜拉杆尽量调短，保证农具有最大的离地间隙，使通过性能好。调紧左右限位链，将定位阀压下，选择平坦路面低速行驶，转弯不能过急。

⑦田间作业地头转弯时，起或落农具应在机组直线行驶中进行，严禁作业中转弯或原地落农具作业。要严格遵守要组作业规程。

学习情境8.2　工作装置的故障诊断与排除

[学习目标]

1. 了解拖拉机驱动桥常见故障表现的现象。
2. 能分析拖拉机驱动桥常见故障的产生的原因。
3. 能正确、有效地排除拖拉机驱动桥常见故障。

[工作任务]

对拖拉机驱动常见故障进行分析和排除。

[信息收集与处理]

拖拉机是一种可移动的动力机械，依靠拖拉机上的工作装置去联接各种农机具才能完成各项作业。若工作装置有问题，则拖拉机不能完成正常的生产工作。常见的工作装置故障有液压系统堵塞、卡死、漏油、失调、液压系统零部件磨损及液压悬架系统故障等。

(1)液压系统堵塞

液压系统堵塞是指液压系统中低压油路被杂质堵塞。一般故障部位在滤网、滤网杯、滤网座油道、进油室油道、安全阀的排油小孔等处。

1)故障现象

由于拖拉机液压悬架系统工作油液为后桥壳体内的齿轮油，而发生堵塞会影响液压悬架系统的技术状态,致使进油不畅,液压油的压力和流量降低,导致农机具提升缓慢,甚至不能提升,等等。

2)故障分析

产生故障的原因主要是用油不净造成的。例如,长时间不更换液压油,不按规定清洁油污和杂质,等等。

(2)液压系统卡死

液压系统卡死一般是指操纵机构中某些零部件被卡住。例如,一些杂质、污物附在配合件的配合表面,使配合件卡滞,造成液压元件的动作失灵。

1)故障现象

液压系统中里、外拨叉片卡死,控制阀卡死,以及活塞卡死在液压缸中等造成不能及时而正确地传递动作,而使农具升降失灵。

2)故障分析

液压系统卡死主要是被污物卡住。例如,液压油不清洁,杂质过多,配合表面的几何尺寸精度和表面粗糙度达不到要求,零件配合间隙过小,液压缸内壁拉毛或锈蚀,活塞环磨损严重,等等。

(3)漏油

液压元件在使用过程中出现漏油,不可避免地要使液压悬架系统出现故障。例如,高压油路中某一部分发生漏油现象,就会使油压降低,严重时农具提升不起来。

1)故障现象

液压系统内部的油路、油道不能密封,使液压油渗漏。通常发生在液压系统的高压油路,如液压泵柱塞、垂直油管、液压缸、安全阀、控制阀及进出油阀等。

2)故障分析

密封圈产生漏油的原因有:当油冲有较大的机械杂质或缸壁锈蚀时,会使橡胶圈产生裂纹;长时间使用后,橡胶圈会老化变硬,弹性降低,失去密封性。

(4)失调

由于安装、调整不当等原因,容易使操纵机构中的某些杆件动作失调或卡滞,致使农机具升降时出现异常现象。

1)故障现象

一般表现为拨叉杆摆动而摆动杆不动,提升臂不能靠自重落下或提升高度不够,力调节机构失灵及成升降不灵,等等。

2)故障分析

产生故障的原因主要是拆卸、换件后,安装、调整不正确,包括拨叉杆安装调整不正确、提升臂固定螺钉拧得太紧、力调节弹簧失效、控制阀回位弹簧减弱或损坏、拨叉杆及偏心轮调整不当等。另外,在使用中不按规定进行保养或调整,有些零配件在长期使用中,如力调节弹簧产生残余变形、控制阀回位弹簧减弱或损坏等。

(5)磨损

液压元件在使用过程中出现磨损及损坏,零部件过度磨损后导致配合间隙增大,会导致

液压油路有泄漏，致使农具提升缓慢或不能提升。

1）故障现象

由于液压元件出现磨损及密封性受到破坏，影响泵油量和产生漏油，泵油无力，影响农具升降，漏油轻微时提升缓慢，严重时不能提升。

2）故障分析

产生故障的原因主要是由于油液中含有机械杂质，造成进出油阀及阀座磨损、控制阀与密封垫圈磨损、液压缸与活塞磨损、液压泵柱塞与阀体上的柱塞孔磨损及安全阀与阀座磨损等。控制阀进、出油口的磨损，通常是由于夹杂机械杂质的油流的冲刷作用引起的；安全阀的磨损还受到关闭时的冲击作用的影响。

实施工作装置故障处理作业

拖拉机液压悬架系统的故障主要是操纵失灵。故障原因大致有3个方面，即液压油脏污、液压元件磨损及损坏、操纵机构中某些杆件动作失调或卡滞。要减少液压悬架系统故障，应针对液压悬架系统产生故障的原因，采取相应的措施。

（1）选择品质合适的液压油

为了保证液压系统的正常工作，必须按照使用说明书的要求，根据季节变化的需要，选择适宜黏度的液压油。液压油黏度过大或过小，都会影响系统的正常工作。若黏度过大，就会增加流动阻力和通过滤清器的阻力，并在吸油过滤时使液压泵吸油不足，造成农具提升缓慢；在高压油过滤时易冲坏滤网，还会使阀门移动滞缓、系统动作不灵敏。若黏度过小，则会增加各部分缝隙的泄漏，也会导致液压泵吸油不足，同样会引起提升缓慢。为此，液压系统的用油一定要符合说明书的规定和要求。

（2）保证液压系统中的液压油的洁净

液压系统零部件要求有很高的清洁度，才能保证其正常工作。例如，控制阀的滑阀与阀套、柱塞与阀体的柱塞孔、活塞和液压缸等偶件都具有较高的配合精度，对脏污相当敏感，如有脏污、泥沙和尘埃等，会造成表面刮伤，造成早期失效和工作性能下降，故障率增加。又如，因液压油脏污而黏附过多的杂质污物发生堵塞时，将使液压泵进油不畅，造成液压油的压力和流量降低，使农机具提升缓慢。还有脏污的液压油容易加速液压元件的磨损，也会使液压油路出现泄漏，造成农机具提升缓慢或不能提升。为此，必须定期清洗液压系统中的污物和更换液压系统中的液压油。

（3）不要盲目进行拆装

由于液压系统中的液压元件结构比较复杂，也较精密，因此在排除故障时，使用维护人员要对液压系统的结构、性能、工作原理，以及各功能部件在拖拉机上的安装位置和相互关系十分清楚，并掌握排除故障的基本步骤，逐个分析和查找原因。如果对液压系统中的液压部件、元件结构不熟悉，就盲目拆装，极易使液压系统和元件损坏。如果在没有弄清构造和拆装注意事项的情况下盲目拆卸分解，有可能划伤配合表面、损伤结合面、破坏密封、装错位置、改变调整状态等，安装后不但原有故障不能排除，而且致使故障增多。

(4)正确装配与调整

装配错误与调整不当都会使液压系统操纵机构中某些杆件动作失调或卡滞。例如，上海SH-50型拖拉机安装液压升降机盖时，错误地将里、外拨叉杆的下端安装在液压泵摆动杆长滚柱的前方，致使控制阀经常处在回油位置，农具无法提升。又如，在没有压力表检查的条件下，轻易乱调安全阀，使安全阀开启压力过高或过低，引起液压系统工作失常。因此，对于液压系统不仅有操作使用技巧，更需要有调整维修知识，并且熟悉具体构造和拆装要求。

(5)定期检查维护，加强保养

拖拉机液压悬架系统在使用与维护中应做到以下6点：

①保养时应检查悬架农具升降速度及反应情况，如有异常要查找原因加以排除。同时，对悬架机构左、右提升杆及操纵连接杆件的活动处加上润滑脂。但对上、下拉杆的球铰节处不应涂润滑脂，以免黏附尘土和泥沙，反而增加磨损。

②一般拖拉机工作100 h左右，检查变速器及后桥壳体内齿轮油油面高度应在油尺的上限和下限之间，不足时应添加。工作150 h左右，打开右侧的检视窗，拆下液压泵滤清器，清洗滤清器的滤网，并检查滤网有无破损，检查滤网接头密封是否良好。工作500 h左右，更换齿轮油，更换齿轮油时，应熄火后趁热放出旧油，然后加入新油至规定油位，油底壳可不清洗。但以后要每年结合维修或农田作业前的检修，清除一次传动箱内残留的污物。变速器及后桥壳体内使用规定的齿轮油，加油时应过滤，力求清洁。

③不能将柴油机更换出来的废机油，不作任何处理就直接加入拖拉机液压系统中进行使用。由于废机油含有较多的杂质，会很快将配合精度高的液压元件的间隙磨损超标而引起泄漏；过多的污物还会堵塞滤清器滤网，造成吸油阻力增加；废机油中的水分及酸碱物质会使油液乳化，导致系统供油失常和液压元件密封装置被腐蚀，等等。

④及时检查液压管路是否密封良好，防止吸入空气，使油液乳化。

⑤拆装、维修要在清洁的环境中进行，尽可能在室内拆装。拆装前，要清除外部尘土和油泥，拆开的油管管口要用塑料薄膜封好管口。当更换金属油管时，要进行除锈处理，以防弄脏油液。

⑥长期不用液压系统时，可把液压油泵拆下保存。

参考文献

[1] 中国农业机械化科学研究院. 农业机械设计手册[M]. 北京:中国农业科学技术出版社,2007.

[2] 华中农业大学. 拖拉机汽车学:第二册[M]. 北京:中国农业出版社,2005.

[3] 高连兴,等. 拖拉机汽车学:下册[M]. 北京:中国农业出版社,2009.

[4] 李晓庆. 拖拉机构造[M]. 北京:机械工业出版社,2001.

[5] 谭影航. 拖拉机故障排除技巧[M]. 北京:机械工业出版社,2008.

[6] 刘东亚,等. 汽车底盘构造与维修[M]. 北京:北京大学出版社,2009.

[7] 蔡忠武. 中级农机修理工技能训练[M]. 北京:高等教育出版社,2002.

[8] 刘景泉. 农机实用手册[M]. 北京:人民交通出版社,1998.

[9] 鲁植雄. 农用汽车与拖拉机原理[M]. 北京:北京理工大学出版社,2000.

[10] 曹双乐. 农机驾驶与维修实用技术[M]. 北京:中国农业大学出版社,2008.

[11] 中国一拖集团有限公司. 东方红拖拉机使用保养说明书. 2009.

[12] 上海纽荷兰农业机械有限公司. SHN 拖拉机使用说明书. 2009.

[13] 江苏清拖农业装备有限公司. 江苏牌轮式拖拉机使用说明书. 2011.